主 编 简 介

　　侯银续，男，1982年2月出生，安徽省亳州市涡阳人，安徽大学生态学硕士，安徽省珍稀鸟类保护工作者联合会理事长，安徽省昆虫学会常务理事，安徽首届十佳民间公益人物。现就职于安徽省疾病预防控制中心，从事鸟类资源保育和病媒生物防制技术研究工作。近年来，他和团队从事自然教育公益科普活动，共发现安徽省鸟类分布新纪录20余种、兽类分布新纪录1种、蛇类新物种1种；个人发表论文30余篇，申报国家专利2项，主持国际和省部级课题研究10余项。

安徽省鸟类
分布名录与图鉴

ANHUI BIRD DISTRIBUTION
DIRECTORY AND FIELD GUIDE

· 上册 ·

侯银续

主编

全 国 百 佳 图 书 出 版 单 位
时代出版传媒股份有限公司
黄 山 书 社

图书在版编目（CIP）数据

安徽省鸟类分布名录与图鉴 / 侯银续主编 . — 合肥：
黄山书社 , 2018.10
　ISBN 978-7-5461-7721-2

　Ⅰ . ①安…　Ⅱ . ①侯…　Ⅲ . ①鸟类—分布—安徽—名录
Ⅳ . ① Q959.708-62

　中国版本图书馆 CIP 数据核字 (2018) 第 224723 号

安 徽 省 鸟 类 分 布 名 录 与 图 鉴
ANHUISHENG NIAOLEI FENBU MINGLU YU TUJIAN
　　　　　　　　　　　　　　　　　　　　　　　　侯银续　　主编

出 品 人	王晓光
总 策 划	韩开元
执 行 策 划	姚筱雯
责 任 编 辑	刘 羊　姚筱雯
责 任 印 制	戚 帅　李 磊
装 帧 设 计	尹 晨
出 版 发 行	时代出版传媒股份有限公司（http://www.press-mart.com）
	黄山书社（http://www.hspress.cn）
地 址 邮 编	安徽省合肥市蜀山区翡翠路 1118 号出版传媒广场 7 层　　230071
印 　 刷	安徽新华印刷股份有限公司
版 　 次	2019 年 3 月第 1 版
印 　 次	2019 年 3 月第 1 次印刷
开 　 本	787mm × 1092mm　1/16
插 　 图	1145 幅
字 　 数	1000 千
印 　 张	58.75
书 　 号	ISBN 978-7-5461-7721-2
定 　 价	498.00 元（全两册）

服务热线　0551-63533706

销售热线　0551-63533761

官方直营书店（http://hsss.tmall.com）

编委会名单

顾　　问：王岐山　杨兆芬　徐海根　崔　鹏　韩德民　江　浩　张保卫　王福根
主　　编：侯银续
副 主 编：虞　磊　马号号　史　杰

摄影作者：高厚忠　夏家振　张忠东　胡云程　黄丽华　李　航　杨远方　白林壮
　　　　　卜　标　丁　鹏　黄奕铭　侯银续　霍万里　贾陈喜　金　磊　匡中帆
　　　　　李必成　林清贤　刘东涛　刘学忠　刘兆瑞　吕晨枫　吕　昊　马号号
　　　　　牛友好　裴志新　钱栎屾　秦维泽　赛道建　史　杰　石　峰　王吉衣
　　　　　徐　蕾　薛　琳　叶　宏　杨　峰　张　健　张海波　钟平华　诸立新
　　　　　秦皇岛观（爱）鸟协会
插图绘制：姜秀玲

资助项目

安徽省省级文化强省建设专项资金项目（2016 年）

环境保护部生物多样性保护专项

Asian Waterbird Conservation Fund（10~027）

"十二五"农村领域国家科技计划课题：果树主要病虫害及自然灾害防控技术研究与示范

（2014BAD16B07）

湿地使者行动——湿地飞羽项目（WWA~WH~FY13~002）

阿拉善 SEE 基金会中华秋沙鸭越冬同步调查项目

序

"漠漠水田飞白鹭，阴阴夏木啭黄鹂。"在脊椎动物中，鸟类因其外形舒展流畅、羽色多彩美丽、姿态优美灵动、声音悦耳婉转且多善于飞翔而深受人们的喜爱与关注。自古以来，围绕鸟类的文艺作品和宗教神话故事层出不穷，庄子就曾以鹏鸟为志，抒发情怀，写下千古奇文；得益于鸟类的启发，人类在相关领域科学技术上的发明创造也是硕果累累，比如通过解剖掌握鸟类身体的独特飞行结构，人类发明了飞机，拉近了世界的距离。鸟类带来的益处不仅限于人类社会，它们种类繁多、种群数量大、分布范围广、适应能力强，处于生态金字塔的不同营养等级，是自然界生态平衡的重要维护者。

随着社会的发展和人口的增长，人类对大自然无度索取和对生态环境的日益破坏，不断侵蚀着野生动物的自然栖息地。从 1600 年到 1996 年近四百年间，至少有 164 种鸟类从地球上消失，很多现存鸟类濒临灭绝。地球生态系统的平衡来自物种间的相互依存，一个物种灭绝，意味着该物种的栖息地受到破坏，势必会威胁到同域其他物种的生存。包括人类在内的所有物种都生活在同一片蓝天下，爱护鸟类及其栖息的环境，不仅是保护生物多样性重要的工作内容之一，同时也是保护文化多样性与实现人与自然和谐相处的基础，是维护人类赖以生存与社会发展的生态基石。因此，鸟类保护成为当今社会高度重视的问题之一；保护和合理利用野生鸟类资源，既是一种国际共识，也是衡量一个国家和地区的自然环境、科学文化和社会文明的标志之一。

处在中国内陆腹地的安徽省，在鸟类保护方面早有经验，《安徽省志》也有关于鸟类的记载。安徽因地处古北界、东洋界两大动物地理区划的过渡区，淮河、长江、新安江等水系贯穿全省，拥有平原、丘陵、山地、河流、湖泊等多种生境，环境异质性丰富，为多种鸟类提供了适宜的栖息环境。近年来，随着安徽省环境、林业保护部门加大对环保事业的督查和投入，碧水蓝天再次回到人们的视野，安徽境内陆续观察到遗鸥、彩鹮、白额鹱、海南鸦等极其罕见的鸟种，在淮南大通煤矿塌陷区湿地持续多年观察到稳定的鸳鸯越冬种群，数量达一百余只。这足以证明安徽生态环境在持续改善，同时也有力展现了安徽复杂多样的生态环境为鸟类提供的丰富多元的活动空间。

淮北平原是华北平原的一部分，其地势平坦，河流密布，生态环境以农田为主体，并有零星散布的低山丘陵和两淮煤矿塌陷区湿地。江淮丘陵是长江与淮河的分水岭，也是大别山向东的延伸，其南有中国五大淡水湖之一的巢湖，西有临近大别山的农田生态系统，东部、北部有滁州低山丘陵，中间则有省会城市合肥这一孕育成熟的城市生态系统，多样化的生态环境使江淮丘陵地区成为安徽省鸟种数量最丰富的区域之一。皖西山地位于大别山区东部，地形复杂，森林植被类型多样化，海拔一千米以上的山峰数不胜数，省内大型水库也半数分布于此，多样化的环境为鸟类提供了得天独厚的栖息条件，如中国特有雉类——白冠长尾雉在此广泛分布。沿江平原地势低平，长江流经此地，这一区域湖泊密布，水网交织，为每年来越冬的水鸟提供了良好的栖息环境，以白头鹤为代表的各种鸟类在升金湖、菜子湖等湖泊每年均有稳定的越冬种群，数量多达数十万只。以黄山为代表的皖南山地，可区分为中山、低山、丘陵、台地和平原层次地貌格局，多样化的生态环境以及温和的气候条件为鸟类提供了极为优越的栖息环境，有蓝冠噪鹛等丰富的鹛类繁衍于此，更有中国特有的白颈长尾雉穿梭于山林间。值得一提的是安徽省鸟灰喜鹊广泛分布于全省各地，它以喜鹊登枝有好事的象征意义获得全省人民的喜爱。

随着全社会环保意识的增强，越来越多的人加入到观鸟和爱鸟的行列，人们对鸟类方面的知识需求与日俱增，亟须专业人士积极引导。为此，安徽著名鸟类保护工作者侯银续先生自 2002 年开始，长期组织环保志愿者和观鸟爱好者义务开展鸟类资源调查和保护，尤其自 2011 年参加环境保护部生物多样性保护专项——安徽鸟类多样性监测——工作以来，他所率领的团队凭借雄厚的专业知识和敏锐的野外观察能力，不断增加和丰富着安徽鸟类分布纪录。2015 年，侯银续等注册成立了安徽省珍稀鸟类保护工作者联合会，机构的成立旨在引导更多市民通过认识鸟类、发现鸟类，从而达到保护鸟类的目的。2019 年，在广大鸟类爱好者和动物保护主义人士的热切期盼中，由侯银续先生主编的《安徽省鸟类分布名录与图鉴》正式出版。该书汇集了侯银续先生 18 年来对安徽鸟类的研究成果，并参考相关文献、鸟类标本数据以及观鸟、拍鸟爱好者的观测数据编写而成，收录了安徽省内已有记录的鸟类 20 目 73 科 222 属共 456 种（491 种和亚种），以翔实的文字记录和生动传神的自然图片介绍每一种鸟类的外形特征、生活习性、地理分布，说明其保护与受胁等级，是安徽省至今最全面的一部鸟类种和亚种分布图志及鸟类普查科普著作。该书既可满足刚入门的鸟类爱好者所需要的基础知识，又可作为资深观鸟爱好者野外观鸟的工具图鉴，同时还为科研工作者提供了安徽省鸟类分布工具书。该书的顺利出版，是安徽省各界爱鸟人士保护鸟类生命线的一次积极探索和尝试。

徐海根

生态环境部南京环境科学研究所

2019 年 1 月 6 日

前　言

安徽省地处东洋界与古北界交汇区域，地理位置优越，鸟类物种丰富，吸引了国内外众多学者研究安徽鸟类。"A Handbook of the Birds of Eastern China"〔La Touche（1925~1934）〕记录了安徽鸟类60种，"A tentative list of Chinese birds"〔N.Gist Gee., Lacy I.Moffett, G.D.Wilder（1926）〕记录了安徽鸟类35种，"South China Birds"（Caldwell, 1931）记录了安徽鸟类27种，"Studies on birds in the Chinese provinces of Kiangsu and Anhwei"（Kolthoff, K., 1932）记录了安徽鸟类50种，"Notes on some birds of Honan and South Anhwei"（Chong, L.T., 1936）记录了安徽鸟类17种，"Notes on eastern Chinese birds"（Davis, W.B.and B.P.Glass., 1951）记录了安徽鸟类38种，《中国鸟类分布目录》〔郑作新（1955~1958）〕记录了安徽鸟类53种。20世纪60年代以后，国内外很多学者对安徽鸟类开展研究工作，尤其是本省鸟类研究力量的不断增强，使得安徽鸟类研究呈现出系统和蓬勃发展的势头。郑作新和钱法文（1960）、郑作新和徐亚君（1963）、王岐山等（1963；1965；1975；1977；1978a；1978b；1978c；1979a；1979b；1981；1983a；1983b；1983c；1986；1998）、胡小龙等（1978；1995）、林祖贤（1978）、李炳华等（1979；1987；1988；1992）、吴诗华等（1984a；1984b）、吴侠中等（1984；1987）、邢庆仁（1987）、高本刚（1987）、程炳功（1988）、徐麟木（1988）、王宗英等（1989）、项澄生（1983）、周世锷（1991）、郭超文（1991）、韩德民等（1993）、孙江和周开亚等（1994）、刘绪友等（1996）、周立志等（1998a；1998b；1998c；2010）、孙跃岐等（1997）、王松等（1999）、朱文中等（2001；2010）、刘昌利等（2005）、马克·巴特等（2005；2006）、李永民等（2006；2013）、江红星等（2007）、唐鑫生等（2008）、程元启等（2009）、刘彬等（2009）、陈军林等（2010）、王剑等（2010）、陈锦云等（2011）、侯银续等（2012a；2012b；2013a；2013b；2013c；2014）、罗子君等（2012）、刘鲁明和蒲发光等（2013）、杨二艳等（2014）、杨森等（2017）、周业勇（2017）、李莉（2017）、赵彬彬等（2018），均对安徽的鸟类资源进行过调查研究。2007年以后，"安徽观鸟会"（现更名为"安徽省珍稀鸟类保护工作者联合会"）利用观鸟科普、观测项目等在安徽各地广泛、系统地开展了鸟类调查和观测工作，积累了大量的观测数据，这些工作都为安徽鸟类的广泛深入研究奠定了基础。

尽管如此，在区系、分布等安徽鸟类科学研究领域仍有许多空白需要通过研究补充和完善。由于气候变化、生态景观的改变等因素导致很多鸟类的分布区发生了变化，居留型也与20世纪区别较大；随着现代分子生物学技术、鸣声研究新技术等引入，鸟类分类系统也在与时俱进；对于已经记录的鸟类，虽然具体分布地没有改变，但行政区划的变化、种和亚种的拆并以及不同文献中鸟类物种名存在着学名、俗名的变化，尤其近年来饲养鸟类的逃逸与放生个体等诸多因素给鸟类区系研究和野外鸟类识别、种群结构演替、鸟类区系研究和鸟类科普保育等工作带来不便，亟须对安徽鸟类区系分布进行系统地整理、修订，以便进行科学而规范的研究、管理、保育和普及。

《安徽省鸟类分布名录与图鉴》一书在比较国内外鸟类学研究的新进展、结合鸟类分子生物学及鸣声研究成果、对比中国和世界鸟类新旧分类系统的基础上，对安徽鸟类区系进行了系统整理，修订区系分布、科属种及种下分类的陈旧之处，如科属种的拆分与合并、亚种提升为独立种及名称的变动等。作为首部安徽地方性鸟类分布名录专著，本书在编写过程中系统地对安徽鸟类区系分布与全国鸟类区系分布进行比较研究，吸收安徽鸟类最新研究成果和观测数据，特别是各地涌现出来的观鸟者可靠真实的观察结果和用高清数码相机拍摄的照片数据；需要核实物种、亚种名称的准确性及辩证物种存在的可能性；需要查证标本采集地点、照片拍摄地点，核实鸟类分布的各种记录；需要辨正文献记录及其正确性，以便开展鸟类分布的深入调查与科学分类鉴定，从而推动鸟类和环境的长期监测工作，促进生物多样性和保护生物学研究；需要系统规范鸟类物种的名称，避免学名、俗名在不同文献和文件中的混乱现象，以便读者查证比较，促进鸟类环境监测、科学研究、保护管理和观鸟科普活动的深入开展。为此，在安徽大学、生态环境部南京环境科学研究所和王岐山、杨兆芬老师的大力支持下，本书结合作者18年来对安徽鸟类的研究成果，参考相关文献，吸收观鸟、拍鸟爱好者的观测数据编写而成。该书满足鸟类区系研究与自然保护、卫生防疫、鸟类科普、鸟撞防范、行政管理者及观鸟爱好者提升专业水平的需要，是一部集科学性、系统性、实用性为一体的专业基础资料。

本书分类系统基本上沿用郑作新（2000）的《中国鸟类种和亚种分类名录大全》和郑光美（2018）主编的《中国鸟类分类与分布名录（第三版）》。个别种、亚种的名称参考了世界鸟类学家联合会（IOC）最新的鸟类分类方法（Version 7.1）。书中共收录鸟类456种（491种及亚种），隶属于20目、73科、222属，占中国鸟类种数的31.6%〔中国鸟类1445种（2344种及亚种）（郑光美，2018）〕。核对了安徽鸟类物种的中文名、英文名、拉丁学名及其俗名、分布型和居留型，给出了物种的不同保护级别、鸟种分布地信息和一些稀有鸟种或新纪录的源参考文献及发现人，收录了部分历史上曾分布于安徽省境内但可能已经区域性灭绝的鸟种，如朱鹮 *Nipponia nippon*、斑嘴鹈鹕 *Pelecanus philippensis* 等，为了反映发现这些鸟的大致年代，尊重标本史料，有些具体分布地仍沿用原地名，如某某公社，有助于读者分析、比较、了解省内外鸟类物种的研究状况和环境与物种分布地的历史变迁，深入开展鸟类区系分布、保护生物学和自然科普的相关研究。

特别感谢杨兆芬老师提供了王岐山先生多年积累的珍贵鸟类观测记录、考察数据、书籍资料，并在本书编写过程中给予了大量有益建议和莫大的支持与鼓励！

特别感谢提供野外考察报告、研究资料和共同参与野外考察者：王岐山、杨兆芬、刘彬、周波、蒲发光、林清贤、熊鹏、薛委委、杨森、郝帅丞、陈锦云、陈军林、雍凡、汪浩、温跃东、李春林、张保卫、王伟侠、侯护林、高厚忠、黄奕铭、束印、袁玛丽、张成涛、沈永萍、杨梅艳、许春辉、刘志恒、黄丽华、杨欢、梁爽、卞正全、郑猛、张悦、吴文明、方剑波、张忠东、李敏、侯灏宇、王友、秦维泽、顾成波、金磊、黄嘉昱、蒯月亭、孙国辉、胡鹏、胡秋银、孙国富、詹双侯、王芳、刘洁、侯玉卿、韩德民、杜俊、龚逸伟、孙晓文、孙思文、王亚萌、霍强、李莉、夏家振、张有瑜、陈春玲、王新建、梁君、宁恕龙、邢雅俊、裴志新、王士春、甘圣怀、潘金、徐鹏、疏延祥、甘爽、刘湘毅、韩杰、吕淑银、杨婕频、刘文明、许锦屏、夏小龙、杨振明、夏凌昊、后德利、昝树婷、邹桂祎、徐小雨、王勋、张伟、曹玲亮、王丽君、谷登芝、黄赟、代艳丽、吴东艳、张剑、王灿、程王琨、陈贵、徐振明、褚玉鹏、高正辉、张晓玲、徐义流、潘海发、桂涛、曹一雄、赵岩、罗子君、张黎黎等。

感谢长期支持安徽鸟类保育工作的媒体记者：唐晓和、项磊、刘媛媛、王士龙、张梦怡、张伟伟、袁中锋、袁星红、李路、乐小美、乐天茵子、卫晓敏、刘海泉、沈俊、余海洋、赵莉、胡晓斌、孙超、郑静、袁兵、韩婷、陈媛媛、杨兵、卓也、项春雷、杜华柱、檀鑫超、程顺旺、武鹏、范柏文、韩志国等。

感谢多年来支持和共同参与鸟类保育活动的志趣相投的同志：贾伟、佘勇、徐应海、王琪、孙轲婧、洪萨丽、高岩、王争鸣、孙晓方、陈燃、朱勇、余冠军、陈延松、王贵林、屈满意、胡武祥、刘喜林、刘莹、马明璐、马旸、张春林、徐祎、储振华、宋小龙、纪欢、李峰、马金宝、赵根海、万和文、武梅梅、杨伟星、尹政、吴航、张敏、张文博、左漫漫、储莎、王金、王剑、王文娟、吴成权、吴俊妹、史鑫强、杨金环、陈宏伟、陈政、周浩、陈相蕾、窦灿、郑鹤鸣、史念念、陈卓、韩雪、张然、李红荣、车倩、王晋伟、荀荀齐、张波、周乾坤、李同亮、王希、崔迎亚、王军、江彬、钱宜元、束印、顾成波、史文博、张颖、倪良仁、费应梅、胡祁人、刘伟烨、马旭辉、王传娜、许金燕、张深彩、徐蕾、李玉梅、产朝、许小泥、李天成、李泽楠、陶汉卿、田阳、张本钰、黄辅友、武风、杨茹、李沐阳、朱然然、朱园园、张力智、江凤娟、张淑、范洁、宗梅、车汪沐晓、束家宽、许李林、朱俊涛、董枫红等。

感谢一起进行野外生态学研究的同学：杨陈、王明春、王震、陈思航、李东来等。

感谢长期支持自然科普教育和观鸟科普活动的老师：曹梦然、陶颖杰、王晓雪、王贞、许磊、徐鹏、李华春、王建民、杜家祥、王赛、王森、余慧敏、李子木、陈君、詹彤、许伟、张志忠、陈媛媛、仇洋、鲁玲燕等。

感谢长期关心和支持鸟类保护活动的领导和师长：徐海根、李进华、汤坚、周立志、顾长明、王福根、曹垒、江浩、崔鹏、张保卫、诸立新、谢颖锋、史晓群、汤秀琳、张金国、仇祝平、吴治安、曹义宏、李绍飞、陈众、万霞、方杰、陈萌萌、张文文、朱筱佳、伊剑锋、显生宙、韩玲等。

感谢支持安徽鸟类保护事业的其他社团组织的合作者：陈承彦、解焱、钟嘉、蒋倩、张伟、陶金金、龚燕、汪燕、施雪莲、陶旭东、钟瑞娟、张嘉颖、刘慧莉、傅咏芹、拱子凌等。

感谢自然保护区的领导和同仁：张剑、胡斌华、杨宇鹏、汪文革、徐文彬、朱书玉、单凯、朱文中、张宏、宋昀微、王芳、王煜、储勇、王文松、缪登岭、沈红梅等。

感谢长期以来对我工作支持和帮助的省卫健委和省疾控中心的领导和同仁：杜昌智、陈湄、刘志荣、黄发源、王建军、苏斌、李卫东、王业鹏、吴磊、张家林、杨广岚、杨雪峰、袁华玲、陈建民、陈李、石湖安、孙盼、吴明生等。

感谢在涡阳县帮扶期间给予关照和帮助的涡阳县卫计委和疾控中心的领导和同仁：刘化云、朱金岗、胡玉影、李军、高培、王红珊、孙金策、王在光、刘廷杰、李建光、刘泽中、俞明霞、赵磊、王礼全、王显夫、牛春燕、张红枫、尚欣、王刚、张琴琴、王勤勤等。

最后，要感谢安徽省省级文化强省建设专项（2016 年）、环境保护部生物多样性保护专项、Asian Waterbird Conservation Fund（10~027）、"十二五"农村领域国家科技计划课题：果树主要病虫害及自然灾害防控技术研究与示范（2014BAD16B07）、湿地使者行动——湿地飞羽项目（WWA~WH~FY13~002）、阿拉善 SEE 基金会中华秋沙鸭越冬同步调查项目给予的经费支持。

希望本书的出版能对安徽鸟类研究、自然保护管理、疫源疫病监测防控、保护生物学和生态学研究，以及国际交流发挥积极的作用，同时也为广大鸟类爱好者提供一部野外观鸟的工具图鉴。

由于编者水平所限，研究资料特别是某些县区观测数据不全，部分鸟种照片较难获得，书中难免存在不当之处甚至错误，敬请批评指正。

侯银续

2019 年 1 月于合肥

目录 Contents（上册）

绪 论

一、自然环境概况

（一）地理位置

安徽，位于华东腹地、中国大陆中东部，是襟江近海的内陆省份。地处淮河、长江中下游，距东海160~600千米。大体位于东经114°54'~119°37'，北纬29°41'~34°38'。东连江苏、浙江，西接湖北、河南，南邻江西，北靠山东，东西宽约450千米，南北长约570千米，土地面积14.01万平方千米，占全国总面积的1.46%，居华东第3位，全国第22位。1667年因江南省东西分置而建省。安徽得名于"安庆府"与"徽州府"之首字。因春秋时境内部分地区属于皖国，故简称为皖。

（二）行政区划

截至2018年8月31日，安徽共有16个省辖市（地级市），7个县级市，54个县，44个市辖区，县（市）中包含广德县、宿松县2个安徽试点省直管县（市）。2017年末，全省常住人口6254.8万人。

表1 2017年安徽省行政区划及常住人口

行政区	人口（万人）	下辖行政区
合肥市	796.5	瑶海区、庐阳区、蜀山区、包河区、肥东县、肥西县、长丰县、庐江县、巢湖市
芜湖市	369.6	镜湖区、弋江区、鸠江区、三山区、无为县、芜湖县、繁昌县、南陵县
蚌埠市	337.7	龙子湖区、蚌山区、禹会区、淮上区、五河县、固镇县、怀远县
淮南市	348.7	大通、田家庵区、谢家集区、八公山区、潘集区、凤台县、寿县
马鞍山市	230.2	花山区、雨山区、博望区、含山县、和县、当涂县
淮北市	222.8	相山区、杜集区、烈山区、濉溪县
铜陵市	160.8	铜官区、义安区、郊区、枞阳县
安庆市	464.3	迎江区、大观区、宜秀区、怀宁县、桐城市、潜山市、太湖县、宿松县、望江县、岳西县
黄山市	138.4	屯溪区、黄山区、徽州区、歙县、休宁县、黟县、祁门县
阜阳市	809.3	颍州区、颍泉区、颍东区、颍上县、界首市、临泉县、阜南县、太和县
宿州市	565.7	埇桥区、萧县、砀山县、灵璧县、泗县
滁州市	407.6	琅琊区、南谯区、天长市、明光市、全椒县、来安县、凤阳县、定远县
六安市	480.0	金安区、裕安区、叶集区、霍邱县、霍山县、金寨县、舒城县
宣城市	261.4	宣州区、郎溪县、广德县、宁国市、泾县、绩溪县、旌德县
池州市	144.9	贵池区、青阳县、石台县、东至县
亳州市	516.9	谯城区、蒙城县、涡阳县、利辛县

安徽省动物地理区分布图

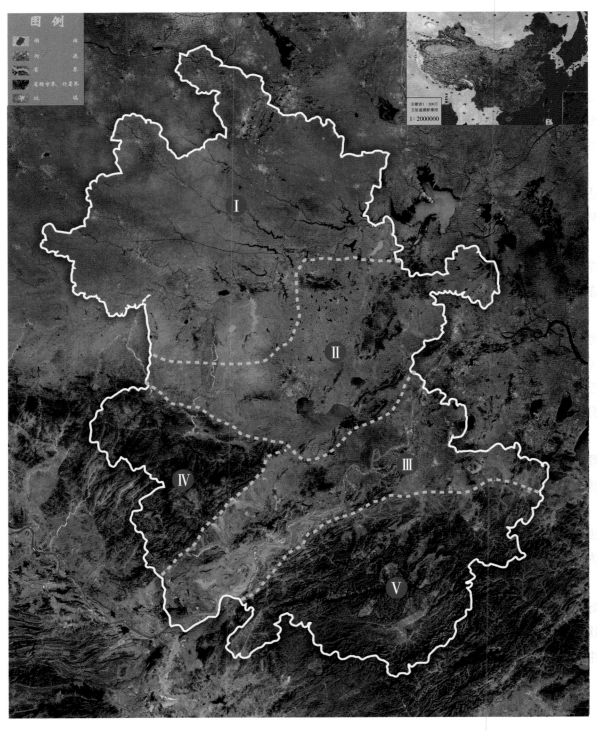

Ⅰ：淮北平原区　　Ⅱ：江淮丘陵区　　Ⅲ：沿江平原区

Ⅳ：皖西山地区　　Ⅴ：皖南山地区

（三）地形地貌

安徽既兼跨中国大陆南北两大板块，又位近欧亚大陆板块与北太平洋板块的衔接之处，长江、淮河横贯安徽，钱塘江正源新安江穿行皖南山区，分别流经本省长达 416 千米、430 千米和 242 千米。长江、淮河大致将全省划分为淮北平原、江淮丘陵和皖南山区三大自然区域。淮河流域北部，地势坦荡辽阔，为华北平原的一部分；江淮之间西耸大别山区，东绵丘陵，山地岗丘逶迤曲折；长江两岸地势低平，河湖交错，属于长江中下游平原；皖南山区层峦叠嶂，以山地丘陵为主。从而形成了安徽地势西南高、东北低，地形地貌区域分异程度较大，景观异质性高的特点。

安徽的地形地貌复杂，呈现多样性，山地、丘陵、台地（岗地）、平原、湿地等类型齐全，分别占全省土地总面积的 15.3%、14.0%、13.0%、49.6% 和 8.1%。依据地形特点，安徽省可大致分成下列五个地貌区。

1. 淮北平原区：包括沿淮及淮北广大地区，约占全省总面积的 26.6%，地势坦荡，由西北微微向东南倾斜，由淮河及其支流冲积而成，又经黄河数度南徙夺淮，加积了黄泛堆积物，海拔 15~20 米，仅东北部分布着海拔 100~300 米的低山、丘陵。

2. 江淮丘陵区：位于淮河平原与沿江平原之间，约占全省总面积 25%，由台地、丘陵和河谷平原组成，台地分布于该区中部和西部，海拔 50~80 米，大部分为剥蚀堆积台地；低山、丘陵主要分布于该区东部，海拔 100~300 米，呈北东向断续展布，由片岩、千枚岩、玄武岩、石灰岩等组成。江淮丘陵的核部，自东而西拱曲上升，地势略高，地面分别向南北倾斜，与皖西山地共同构成长江与淮河分水岭。

3. 沿江平原区：位于安徽省长江沿岸，约占全省总面积的 18.4%，属长江中下游平原的一部分，平原地势低平，河网密布，湖泊众多，海拔 10~60 米，由西向东渐次降低。平原上分布成片的低山、丘陵，海拔 300 米左右，以北东走向为主。长江安徽段河谷宽狭相间，宽段有江心洲发育。

4. 皖西山地区：位于安徽省西部，与鄂、豫两省接壤，约占全省总面积的 10%，为大别山脉的主体，平均海拔 500~1000 米，1500 米以上的高峰多座，其中主峰白马尖的海拔为 1777 米，山体多为北西走向，河谷深切，山间分布断陷盆地，多呈椭圆状。

5. 皖南山地区：位于安徽南部，与浙、赣两省毗连，约占全省总面积的 20%。由天目山—白际山、黄山和九华山组成，三大山脉之间为新安江、水阳江、青弋江谷地，地势由山地核心向谷地渐次下降，分别由中山、低山、丘陵、台地和平原组成层状地貌格局。山地多呈北东向和近东西向展布，其中最高峰是海拔为 1864 米的黄山莲花峰。山间大小盆地镶嵌其间，其中以休歙（徽州）盆地为最大。

（四）气候

安徽省位于我国东部季风区，"秦岭—淮河"重要地理分界线从安徽的北部穿过，因而淮河以北属于暖温带半湿润季风气候，长江以南属于亚热带湿润季风气候，江淮之间介于暖温带与亚热带的过渡地区。全省年平均气温 14~16℃，南北相差 2℃左右；年平均日照 1800~2500 小时，平均无霜期

200~250 天，平均降水量 800~1600 毫米。在中国气候大背景之下，本省因纬度位置、海陆位置都较适中，除具有雨热同期、大陆性季风气候显著的特征外，还具有气候温和、降水适当、四季分明、梅雨显著和过渡性明显的气候特征。

（五）水文

安徽省境内河流众多，河网密布，共有河流 2000 多条，流域面积在 100 平方千米以上的河流共 300 余条，总长度约 1.5 万千米。主要河流分属淮河、长江、钱塘江三大水系。在安徽省境内，淮河干流属中游河段，长江干流属下游河段，钱塘江属上游河段。其中淮河水系 6.69 万平方千米（包括废黄河 470 平方千米、复兴河 163 平方千米），长江水系 6.6 万平方千米，钱塘江水系 6500 平方千米。安徽省共有湖泊 580 多个，总面积为 1750 平方千米，大型 12 个、中型 37 个。其中巢湖水域面积 825 平方千米，为全省最大的湖泊，全国五大淡水湖之一。

（六）植物

安徽省地处中国南北方的过渡地带，气候上的南北过渡特征十分明显，且地貌类型多样，山地、丘陵、平原、岗地兼备，自然环境复杂多样，植物资源丰富多样。据不完全统计，全省有维管束植物 3200 多种，隶属于 205 科，1006 属，约占全国维管束植物科的 60.3%、属的 31.7%、种的 11.7%。其中蕨类植物 34 科、71 属、240 种，种子植物 171 科、938 属。种子植物中裸子植物 7 科、17 属、21 种，被子植物 164 科、921 属、2900 余种，约占全国种子植物科的 51.4%、属的 31.8%、种的 12.2%。特别在皖南山区中保存了丰富的古老科、属、种子遗植物。受地带性气候影响，本省植被自北向南从暖温带落叶阔叶林向中亚热带常绿阔叶林过渡，暖温带与亚热带植物区系成分相互渗透，植物种类丰富，起源古老，孑遗树种、特有属种较多，为野生动物创造了丰富的栖息环境。在全国植物区系中占有重要的地位。

从植物区系成分看，本省植物种类实际上为许多我国南方成分的分布区北界，又是某些我国北方成分的分布区南界，为南北植物区系间的汇集带和过渡区：其北部地区的植被属暖温带落叶阔叶林地带的南端，南部地区的植被属中亚热带常绿阔叶林地带的北缘。

1. 本省北部属于华北植物区系，这一地区由于地形及近代人为活动的结果，原始植被几乎荡然无存，区系成分比本省任何地区都单纯和贫瘠，更难找到特有种和第四纪以前的孑遗植物。目前现状以农耕地及其他人工植被为主，原来优势的森林群落可能是较耐旱的栎树林及榆树种类为主的落叶阔叶林和灌丛。然而，从现在该地区石灰岩山地的次生林中仍隐约可见到一些华北、内蒙古东部及东北平原区系成分，如大果榆、元宝槭、槲栎、槲树、山桑、尖叶鼠李等。此外，尚有少量亚热带区系成分向北渗透、延伸至温带的种系，如化香、黄檀、山槐、山胡椒、八角枫、鸡屎藤、苦木等。

2. 南部（长江以南，包括大别山南坡）属华东植物区系，它与华中、西南以及华南区系间亲缘关系较密切，尤其是华东与华中区系间的相似性早在第三纪已基本存在。典型的中部和西部成分有领春木、银雀树、水青冈、米心水青冈、马桑、尖叶黄杨、四川稠李、大金刚、藤黄檀等，这些种类多分布本省中山地区。同时，组成本地区森林植被的优势种及伴生树种，也多为华东、华中、西南以及华南的一些成分。本省南端的祁门、休宁及歙县南部一带，属于较为典型的中亚热带。由于复杂的地形和气候条件，这里有着丰富的南方植物区系成分，如罗浮栲、含笑、五月茶、三叶赤楠、藤黄檀、黄瑞木、杜英、罗浮冬青、毛冬青、粤蛇葡萄、福建假卫矛、红皮树、玉叶金花、狗骨柴等。

3. 东部为皖东丘陵、岗地，是大别山山系的延伸部分，由于长期以来人为活动的结果，天然植被几乎消失而代之以人工植被——农田和人工林。以个别次生林保存较好的山地（如琅琊山、皇甫山）植物种类成分分析，其区系组成大体上属于华东、华北的区系成分，与本省北部区系组成略为相似，森林植被是以榆科、壳斗科的栎属等一些种类为主，含有少量常绿灌木的落叶阔叶林。

4. 西部为皖西大别山区，是秦岭褶皱带的延伸部分，为长江、淮河的分水岭，一向被认为是我国地理上的南北分界线，是华北与华中、西南的植物区系的桥梁。全区境内山峰林立、岗峦起伏，植物资源十分丰富，其植被的种类组成及外貌明显地反映了我国暖温带落叶阔叶林向亚热带常绿阔叶林的过渡现象。其中，大别山北坡的霍山、金寨、六安一带的植被类型，是以含有常绿树种的落叶阔叶林及一些常绿、落叶阔叶混交林为主，区系组成为华东、华中成分，此外，还有部分华北成分；大别山南坡岳西、潜山、太湖一带植被类型虽与北坡较为相似，但亚热带的常绿成分比北坡有所增加，而且有些种类（如甜槠）起着建群作用，其植被外貌除常绿、落叶阔叶混交林外，尚有常绿阔叶林。区系成分与华东、华中及西南有着密切的亲缘关系。

二、地理区划和区系分布

（一）安徽动物地理

现生物种分布格局的形成是一个极其复杂的动态的时空过程，既取决于生物的历史扩散过程，又受到近期生态环境变化的影响（张荣祖，1999）。开展生物地理区物种格局的研究有助于理解动物区系的演变过程及其对环境变化的响应，对于开展物种资源保护与管理具有积极意义（张有瑜等，2008）。动物地理区划是研究动物地理分布和因地制宜合理利用、保护有益动物并防治有害生物的一种重要手段。它既反映了动物的分布规律、区系的发生和发展以及动物生态特征的区域变化，也反映了各地动物资源的主要特点和开发、利用、保育前景。因此，动物地理区划对于做好动物资源的开发利用、保护与管理、卫生防疫、自然资源调查及农业区划等工作，在理论上具有重要的学术价值，在生产实践中也有很强的指导意义（王岐山，1986）。

我国的动物地理区系分属于古北界和东洋界，其分界线自西向东依次为喜马拉雅山脉、横断山脉、秦岭、淮河。由于我国东部地区两界成分互相渗透的地带很宽，许多学者试图通过对不同生物类群的研究，来探索区系分异的内在规律，但由于所选择的研究对象、手段的不同，对两界在本区的精准界线划定上，尚存在争议（Huang，1985；刘春生等，1985；王岐山，1986；张荣祖，1999；Hoffmann，

2001；陈领，2004；张有瑜等，2008；吴海龙等，2017）。

依据地理分布资料和多年的实际调查，在研究安徽陆栖脊椎动物区系的基础上，王岐山（1986）提出了以江淮分水岭作为世界动物地理区划中的古北界和东洋界在我国东部安徽省的分界线，这条分界线具体在安徽为西起金寨，东经六安、寿县、长丰、定远以至来安；将全省划分为淮北平原区、江淮丘陵区、大别山区、沿江平原区及皖南山区共五个动物地理分布区。张有瑜等（2008）采用地理信息系统技术，通过生境适宜性分析，预测物种的分布范围，获得数字化的分布图，依据物种组成的相似性将本省划分成 425 个地理单元，研究 154 种繁殖鸟类的区系分布规律，结果表明在相似性系数为 0.692 时聚为 2 组：大别山北缘—巢湖一线以北地区（I 组）和以南地区（II 组）；相似性系数为 0.781 时，425 个地理单元可以聚为 7 组：淮北平原地区（IA），淮河南岸（IB），大别山区（IIAa），江淮之间丘陵区（IIAb11），长江以南丘陵区（IIAb12），安庆沿江平原（IIAb2）和皖南山区（IIB）。由于样本量的局限和江淮地区监测数据不足，大别山北缘至巢湖的划线还不能够反映合肥周边地区鸟类分布的实际情况。

自 2008 年始，作者在皖南山区的黄山、石台、歙县，沿江湿地的石臼湖、升金湖、黄湖、大官湖、泊湖、龙感湖，大别山区的金寨、岳西、霍山，江淮地区的巢湖、董铺水库、南艳湖、大蜀山、紫蓬山、清溪公园、科学岛、长丰埠里乡、滁州皇甫山，淮河流域的瓦埠湖，淮北平原地区的涡阳林场、涡阳西阳、蒙城、亳州等地系统开展了繁殖鸟类和越冬鸟类观测工作，基于对十余年的观测数据和历史研究资料的分析，我们鸟类观测的结果与王岐山（1986）对安徽动物地理区划和分布区的划分基本一致。由于淮河中下游平原以南丘陵地区的鸟类与淮河以北有很大差异——如黑领椋鸟 2009 年分布区北扩至合肥市区，2011 年扩展至长丰县境内，至今尚未在淮河及以北地区观测到；绿头鸭、斑嘴鸭少量群体在长丰县以南的江淮丘陵地区留居繁殖，淮河以北地区尚未记录；蓝喉蜂虎在本省仅分布到淮河以南地区等。因此，对于鸟类来说，沿淮平原以南的江淮丘陵区是古北、东洋两界互相渗透的热点区，从繁殖鸟类的区系成分来看，东洋界物种占优势。

依据张荣祖（1999）的研究，我国动物地理区可划分为 2 界、3 亚界、7 区、19 亚区，并各自拥有典型代表性的生态动物地理群。因此淮河流域及以北的淮北平原隶属于古北界、东北亚界、II 华北区、II A 黄淮平原亚区（温带森林—森林草原、农田动物群），淮河以南的丘陵、山地则属于东洋界、中印亚界、VI 华中区、VI A 东部丘陵平原亚区（亚热带林灌、草地—农田动物群）。由于鸟类的地理分布的区域分异，受气候因素影响较深，又与地形地貌和植被分布大体一致，因此可将安徽鸟类地理区具体划分为淮北平原区、江淮丘陵区、皖西山地区、沿江平原区及皖南山地区共 5 个地理分布区，这种划分既与全国动物地理区划相衔接，也与安徽省兽类地理分布相接近。

（二）安徽鸟类区系

安徽地处温带与亚热带气候区的交汇区和古北、东洋两界动物地理区划的过渡带，动植物南北成分互相渗透、交汇，候鸟、旅鸟频繁过境；加之，地理区位独特，地形地貌复杂，生态环境多样，植被类型丰富和环境异质性高，孕育了安徽丰富的野生动物资源和鸟类多样性。安徽野生鸟类，截至2018年经作者甄别、统计，迄今共知有456种（491种及亚种），分隶于20目73科222属，其中雀形目、鸻形目、雁形目及隼形目为优势类群；其中繁殖鸟类18目59科151属231种。

现将各目的种数及所属的分布型列成表2，将安徽各地理区分布鸟类的种数和所属的分布型列成表3，将安徽各地理区繁殖鸟类的种类和所属的分布型列成表4，将安徽各地理区鸟类的居留型列成表5。

表2 安徽鸟类各目的种数及分布型统计

目　别	科数	属数	种数	分布型种数（占比）		
				东洋型	古北型	广布型
潜鸟目	1	1	1		1（100%）	
䴙䴘目	1	2	4		3（75%）	1（25%）
鹱形目	1	1	1			1（100%）
鹈形目	2	2	4	1（25%）	2（50%）	1（25%）
鹳形目	3	15	23	9（39.13%）	10（43.48%）	4（17.39%）
雁形目	1	13	38	1（2.63%）	37（97.37%）	
鹤形目	3	10	18	6（33.33%）	11（61.11%）	1（5.56%）
鸻形目	8	24	53	2（3.78%）	50（94.34%）	1（1.88%）
鸥形目	2	5	13		12（92.31%）	1（7.69%）
隼形目	3	19	35	11（31.43%）	21（60.00%）	3（8.57%）
鸮形目	2	9	14	6（42.86%）	4（28.57%）	4（28.57%）
夜鹰目	1	1	1			1（100%）
鸡形目	1	8	9	5（55.56%）	3（33.33%）	1（11.11%）
鸳形目	2	5	7	2（28.57%）	1（14.29%）	4（57.14%）
戴胜目	1	1	1			1（100%）
佛法僧目	3	6	7	6（85.71%）		1（14.29%）
鹃形目	1	4	12	8（66.66%）	2（16.67%）	2（16.67%）
雨燕目	1	2	3	1（33.33%）	1（33.33%）	1（33.34%）
鸽形目	1	1	4	3（75%）	1（25%）	
雀形目	35	93	208	86（41.35%）	110（52.88%）	12（5.77%）
合　计	73	222	456	148（32.46%）	268（58.77%）	40（8.77%）

表 3　安徽各地理区分布鸟类分布型

地理区	分布鸟类				分布型种数（占比）		
	目数	科数	属数	种数	古北型	东洋型	广布型
淮北平原	18	59	139	264	176（66.67%）	60（22.73%）	28（10.60%）
江淮丘陵	19	66	178	362	229（63.26%）	99（27.35%）	34（9.39%）
沿江平原	18	59	167	327	208（63.61%）	89（27.22%）	30（9.17%）
皖西山地	17	52	133	224	94（41.96%）	101（45.09%）	29（12.95%）
皖南山地	18	60	175	307	135（43.97%）	141（45.93%）	31（10.10%）

表 4　安徽各地理区繁殖鸟类分布型

地理区	繁殖鸟类				分布型种数（占比）		
	目数	科数	属数	种数	古北型	东洋型	广布型
淮北平原	17	49	96	128	43（33.59%）	60（46.88%）	25（19.53%）
江淮丘陵	17	53	119	169	43（25.44%）	96（56.81%）	30（17.75%）
沿江平原	17	50	112	152	37（24.34%）	88（57.89%）	27（17.77%）
皖西山地	17	48	112	160	33（20.63%）	100（62.50%）	27（16.87%）
皖南山地	18	55	140	210	40（19.05%）	140（66.67%）	30（14.28%）

表 5　安徽省各地理区鸟类居留型

地理分布区	留鸟种数	夏候鸟种数	冬候鸟种数	旅鸟种数（占比）	迷鸟种数	合计种数	分布区鸟种数
淮北平原	74	62	111	68（25.76%）	3	319	264
江淮丘陵	103	76	139	114（31.49%）	3	435	362
沿江平原	92	70	131	89（27.22%）	9	391	327
皖西山地	103	66	57	37（16.52%）	0	263	224
皖南山地	137	82	85	54（17.59%）	0	358	307

注：由于部分鸟种不止一种居留型，所以居留型合计总数大于该地理分布区鸟种总数

　　分析表 2、表 3、表 4 及表 5，根据鸟类所属的居留型、分布型、自然环境以及全省鸟类的地理分布状况，可以看出安徽鸟类区系特征有以下几点：

　　（1）安徽鸟类区系兼具古北界和东洋界南北两方种类的特点，对比两者成分，充分体现了两界成分相互渗透、交流、过渡的状态，总体上表现为古北种自南向北、东洋种从北向南逐渐递增的格局。

　　在安徽分布鸟类中古北界的鸟类 268 种，占比 58.77%，东洋界的鸟类 148 种，占比 32.46%，其中在皖西和皖南山地古北界鸟类成分接近东洋界成分，且占比 41% 以上，而在本省中东部和北部地区古北界鸟类占绝对优势，占比超过 63%，可见古北界鸟类在本省分布鸟类群落中总体占优势，这也与很多候鸟迁徙停歇或越冬于本省中南部地区有关。在我省繁殖鸟类中古北界鸟类 51 种，占比 22.1%；东洋界鸟类 146 种，占比 63.2%，在淮河以南地区的繁殖鸟类中东洋界鸟类超过 56%，淮河以北地区

接近 50%，皖西和皖南山地均超过 60%，可见东洋界鸟类在本省繁殖鸟类中占绝对优势，并有向古北区不断挤压的趋势。如栗背短脚鹎、黑领椋鸟等近年在本省的分布区不断北移。因此，对于鸟类而言，安徽省淮河湿地以南地区在动物地理区上可整体划归东洋界，过渡带的南界在向淮河以北推移。

（2）安徽是迁徙候鸟的重要停歇地、中转站和越冬地。本省地处东亚—澳大利亚候鸟迁徙通道，是鸟类迁徙的重要停歇地和大量候鸟的越冬地。安徽分布有迁徙旅鸟 12 目 32 科 71 属 128 种〔包括古北界 119 种（占 93.0%）、东洋界 2 种、广布种 7 种〕，约占总数的 28.1%，这些旅鸟在春、秋迁徙季节，沿着一定的线路在不同环境中短暂停歇，补充能量后继续迁徙。从表 5 中各地理区旅鸟分布的数量和比例来看，安徽各地理区都是鸟类迁徙的重要通道，各区均有约 40 种以上的旅鸟或迷鸟迁徙停歇，由于大别山的地理阻隔，从皖西山地迁徙的鸟类相对较少，约 40 种；淮北平原、江淮丘陵、沿江平原和皖南山地是古北界鸟类每年秋冬季节迁徙的主要通道，迁徙路线大致为从安徽北部、东部、西部迁至江淮中东部（约 117 种），到达沿江湖泊平原后部分向西、向东分散越冬或继续南迁。江淮丘陵区和沿江平原区在鸟类迁徙途中发挥的停歇地和中转站的作用尤为突出。

（3）繁殖鸟类的丰富度区域分异与地貌环境异质性和常住人口密度（人类干扰强度）密切相关。皖南山区景观复杂，拥有全省的大部分林地，属省内水热条件较好的亚热带地区，拥有保护区 14 个，分别对安徽省的中亚热带常绿阔叶林等森林生态系统及其珍稀野生动物进行了较好的保护，且人口密度低，是安徽繁殖鸟类丰富度最高的区域，有繁殖鸟 210 种，占安徽省繁殖鸟类总数的 90.9%；其次是江淮丘陵（169 种，73.2%）和皖西山地（160 种，69.3%）。在人口密度最高的淮北平原，环境异质性低，人口密度高，繁殖鸟类种类最少；其次是沿江平原。

现将本省各鸟类地理分布区中的鸟类概况，分述如下：

1. 淮北平原鸟区

本区系指本省淮河以北及淮河沿岸的平原地区，地势平坦辽阔，仅东北部有少数低山、孤丘分布。本区的地带性植被为落叶阔叶林，并有一些针叶林及针叶阔叶混交林。由于长期农垦，自然植被几乎破坏殆尽，除萧县皇藏峪、淮北相山一带的丘陵地区尚有小面积落叶阔叶林之外，几无森林可见，仅在村庄附近、坟地和道路两侧有人工栽植的零星林木。该区地貌类型较为单一，鸟类物种多样性相对较低，而密度高，主要是一些在安徽广布的种类，也有少量特有的北方种类，为候鸟重要迁徙停歇地，计分布有 18 目 59 科 139 属 264 种，其中繁殖鸟类 17 目 49 科 96 属 128 种，本区已具有古北界的区系特点，但仍具广泛渗透区的特征。

优势种有〔树〕麻雀、喜鹊、棕头鸦雀、东方大苇莺、山斑鸠、黑尾蜡嘴雀、灰椋鸟、乌鸫、黑水鸡、白头鹎、珠颈斑鸠等；区域性代表种有家燕、大山雀、红尾伯劳、黑卷尾、乌灰鸫、四声杜鹃、雉鸡、小鹏鹛、远东树莺、棕扇尾莺、震旦鸦雀等，其中雉科的石鸡为中亚型北方鸟类，在全省仅见于本区皇藏峪。

2. 江淮丘陵鸟区

本区系指本省中东部大别山向东北延伸的丘陵和岗地，大部分地区海拔高度为 60~300 米，少数低山可达 300~500 米。本区的北界西起霍邱南，向东经寿县、长丰、凤阳至明光；南界西起庐江，向东经无为、含山止于和县。本区的地带性植被以落叶树种为主，并有少量的常绿阔叶种类以及落叶阔叶与常绿阔叶混交林，马尾松林在区内植被类型中占显著地位。由于近年来松材线虫的危害导致马尾松林在江淮地区急剧减少，对鹭科等鸟类繁殖活动产生较大影响。本区农业植被具有明显的过渡性，历史上长期为小麦、油菜、水稻、杂粮等。该区计分布有 19 目 66 科 178 属 362 种，其中繁殖鸟类 17 目 53 科 119 属 169 种，本区鸟类区系已属东洋界华中区，繁殖鸟类中东洋型有 100 种，占比 59.5%，草鸮、灰胸竹鸡、白胸翡翠、栗背短脚鹎、栗腹矶鸫等是典型的南方鸟类，本区是它们在国内秦岭以东最北分布界限。优势种有黑脸噪鹛、白头鹎、黄腹山雀、银喉长尾山雀、〔树〕麻雀、黑水鸡、暗绿绣眼鸟、灰喜鹊、八哥、喜鹊、山斑鸠、乌鸫、黑尾蜡嘴雀、小䴙䴘等；区域性代表种有白鹭、红嘴鸥、草鹭、水雉、彩鹬、灰头麦鸡、蓝翡翠、红翅凤头鹃、小鸦鹃、火斑鸠、黑枕黄鹂、山鹪莺、虎纹伯劳、橙头地鸫、金腰燕、棕头鸦雀、仙八色鸫等。黑领椋鸟已经北扩至本区的长丰县境内，另有斑嘴鸭、绿头鸭、东方白鹳、凤头䴙䴘等越冬鸟类少量留居繁殖。

3. 沿江平原鸟区

本区系指本省长江两岸呈带状分布的平原地区，海拔高度在 10 米左右。本区北与大别山区和江淮丘陵区为界，南与皖南山区相邻。村庄、堤岸有零星树木及竹林，岗地、丘陵有人工栽植的马尾松林，沿江众多湖泊湿地为很多水生鸟类的越冬地。该区计分布有 18 目 59 科 167 属 327 种，其中繁殖鸟类 17 目 50 科 112 属 152 种，代表种有：白头鹎、〔树〕麻雀、金翅雀、黑水鸡、小䴙䴘、山斑鸠、喜鹊、灰喜鹊、领雀嘴鹎、黑脸噪鹛、灰胸竹鸡、小灰山椒鸟等。鸟类以在此越冬或迁徙停歇的水禽为主要类群。本区水网纵横、湖泊众多，秋冬季节有大群雁、鸭及鹤类从北方飞来。鸭科中小天鹅、豆雁、灰雁、鸿雁、白额雁、绿头鸭、斑嘴鸭、罗纹鸭、针尾鸭、绿翅鸭、赤膀鸭等数量非常多，秧鸡科的骨顶鸡常和野鸭栖息在一起，鹤科中的白枕鹤、白头鹤在冬季分别可见上百只的大群，丹顶鹤、灰鹤也有零星分布，白鹤迁徙时可见于本区西部人烟稀少的湖滩，东方白鹳等常结成小群在湖滩活动，湖岸带白琵鹭、普通鸬鹚、苍鹭、红嘴鸥、凤头麦鸡、赤麻鸭等最为常见。本区的猛禽种类不少，冬季常见有黑鸢、普通鵟、白尾鹞、鹊鹞等。由于缺乏连片森林，故典型森林鸟类较少，仅在村庄附近见有珠颈斑鸠、白头鹎、黑卷尾、丝光椋鸟、八哥、乌鸫及棕背伯劳等南方树栖鸟类。

由于沿江湿地湖泊是大量古北型水鸟的越冬地，因此沿江平原鸟区的古北型鸟类比例相对较高。

4. 皖西山地鸟区

本区系指本省西南部的大别山及其向东延伸的低山和丘陵，主峰白马尖海拔高度 1777 米。本区南以庐江、桐城、潜山、太湖、宿松与沿江平原区为界，北以金寨、霍山以东、舒城南与江淮丘陵区相邻。森林植被类型为落叶与常绿阔叶混交林，以落叶阔叶树种为主，有明显的垂直分带现象。针叶林占很大面积，马尾松、杉木、黄山松往往成大面积纯林。农业植被比例较小。该区计分布有鸟类 17 目 52 科 133 属 224 种，其中繁殖鸟类 17 目 48 科 112 属 160 种，代表种有：黑鸢、大山雀、黄腹山雀、红头长尾山雀、红嘴蓝鹊、白颊噪鹛、小鳞胸鹪鹛、灰鹡鸰、领雀嘴鹎、棕头鸦雀、山麻雀、红角鸮、大嘴乌鸦、白颈鸦、橙头地鸫、强脚树莺、淡尾鹟莺等。本区森林种类成分增多并有高山鸟类出现,如鹰科、雉科、杜鹃科、鸱鸮科、啄木鸟科、鹎科、鸦科、鸫科、画眉科及莺科等,鸟类区系和皖南山区的关系较为密切。白冠长尾雉在本省为本区所特有,栖息在海拔高度 500~1200 米的落叶阔叶林中,勺鸡多分布在 700 米以上,为大别山亚种,与皖南之勺鸡东南亚种有所不同。红头穗鹛、灰眶雀鹛、冠纹柳莺、方尾鹟等南方鸟类的分布,在秦岭以东多以长江为其最北界线,在大别山北部地区有分布。在海拔高度 1000 米以上较高地带的代表性鸟类有北红尾鸲、紫啸鸫、灰林鵯、蓝鹀等。在海拔高度 500 米以上的中山地带,鸟的种类较多,优势种有冠纹柳莺、远东树莺、画眉等,常见种有小杜鹃、棕颈钩嘴鹛、中杜鹃、红翅凤头鹃、红嘴蓝鹊、丝光椋鸟、大嘴乌鸦、黑冠鹃隼。在海拔高度 500 米以下的低山地带,鸟种丰富,代表性鸟种有黑鸢、池鹭、珠颈斑鸠、黑枕黄鹂、黄臀鹎、蓝喉蜂虎、寿带等;另有大量中华秋沙鸭、小天鹅、鸿雁等雁鸭类,白鹤、白枕鹤等鹤类,黑鹳、东方白鹳、白琵鹭等鹳形目冬候鸟迁徙停歇或越冬于此。

5. 皖南山地鸟区

本区系指本省长江以南地区,为安徽南部的中山、低山和丘陵,最高峰为黄山莲花峰,海拔高度 1864 米。本区的北界,西起东至县,向东经贵池、青阳、南陵、宣城,止于广德南部,南抵省界。该区的地带性植被类型为中亚热带常绿阔叶林带,也有马尾松林、杉木林及毛竹林。垂直分带现象十分明显,但与大别山的相比,同一垂直带的海拔高度明显有所升高。间有常绿阔叶和落叶阔叶混交林的上限则达 1500 米。农业植被比重也大于大别山区,并以水稻、玉米等为主,经济林、果林的种类较多。本区具有相对较典型的东洋界性质,是安徽鸟类最丰富的区域之一,该区计分布有 18 目 60 科 175 属 307 种,其中繁殖鸟类 18 目 55 科 140 属 210 种,优势种有白头鹎、金腰燕、红头长尾山雀、棕头鸦雀、冠纹柳莺、红嘴蓝鹊、红尾水鸲、画眉、领雀嘴鹎、棕头鸦雀等;区域性代表种有灰树鹊、黑领噪鹛、黄腹山雀、强脚树莺、灰眶雀鹛、红头穗鹛、黑短脚鹎、黄臀鹎、灰喉山椒鸟、灰胸竹鸡、绿翅短脚鹎、林雕、蛇雕、丽星鹩鹛、栗耳凤鹛、烟腹毛脚燕、灰头鸦雀、比氏鹟莺等。本区鸟类十分丰富,其种数约占全省的三分之二,而繁殖鸟类种数则占到全省的约 91%。白鹇、白颈长尾雉、橙腹叶鹎、小黑领噪鹛、大拟啄木鸟、棕噪鹛、短尾鸦雀等多种鸟类在本省为本区所特有,海南鸦、鸳鸯等珍稀、濒危鸟类也于此区山溪、水库隐蔽处繁殖栖息。就鸟类的垂直分布而言,它和植被的分布有着密切的关系。以黄山为例,在马尾松林带(海拔 200~400 米)和常绿与落叶阔叶混交林及常绿阔叶林带(海拔 400~600 米)的鸟的种类及数量较多,如丝光椋鸟、黑枕黄鹂、暗灰鹃鵙、领雀嘴鹎、发冠卷尾、红嘴蓝鹊、灰树鹊、红头穗鹛、蓝翡翠等;在常绿与落叶阔叶混交林带(海拔 600~1200 米)和落叶阔叶林带(海拔 1200~1500 米),代表性鸟类有红嘴相思鸟、黑短脚鹎、松鸦、紫啸鸫、斑胸钩嘴鹛、棕脸鹟莺等;在山地矮林带(海拔 1500~1700 米)和山顶草丛带(海拔 1700~1860 米)代表性鸟类有蓝鹀、煤山雀、烟腹毛脚燕、林雕、红翅旋壁雀等;也有一些泛垂直地带性鸟类,从山脚至北海均可见到,如灰胸竹鸡、画眉、大山雀、红尾水鸲和白额燕尾等。

三、鸟类保护

（一）特有鸟类

中国鸟类特有种，即在地理分布上只局限于某一特定地区，而不见于其他地区的物种，有 9 种分布于安徽，包括灰胸竹鸡（*Bambusicola thoracicus*）、白颈长尾雉（*Syrmaticus ellioti*）、白冠长尾雉（*Syrmaticus reevesii*）、宝兴歌鸫（*Turdus mupinensis*）、乌鸫（*Turdus mandarinus*）、银喉长尾山雀（*Aegithalos glaucogularis*）、蓝冠噪鹛（*Garrulax courtoisi*）、棕噪鹛（*Garrulax berthemyi*）、蓝鹀（*Emberiza siemsseni*）。有两种鸟类——勺鸡（安徽亚种 *Pucrasia macrolopha joretiana*）和橙头地鸫（安徽亚种 *Geokichla citrina courtoisi*）的模式标本产地在安徽霍山，研究模式标本产地对动植物的系统研究，种质资源的原地保存、保护以及准确确定保护对象具有重要意义。

为了保护野生动物，拯救珍贵、濒危野生动物，维护生物多样性和生态平衡，推进生态文明建设，1988 年 11 月 8 日第七届全国人民代表大会常务委员会第四次会议通过《中华人民共和国野生动物保护法》，2016 年 7 月 2 日第十二届全国人民代表大会常务委员会第二十一次会议对本法进行了第二次修订。本法规定保护的野生动物，是指珍贵、濒危的陆生、水生野生动物和有重要生态、科学、社会价值的陆生野生动物。国家对野生动物实行保护优先、规范利用、严格监管的原则，鼓励开展野生动物科学研究，培育公民保护野生动物的意识，促进人与自然和谐发展。国家对珍贵、濒危的野生动物实行重点保护。

国家重点保护的野生动物分为一级保护野生动物和二级保护野生动物。国家重点保护野生动物名录，由国务院野生动物保护主管部门组织科学评估后制定，并每五年根据评估情况确定对名录进行调整。国家重点保护野生动物名录报国务院批准公布。本省有一级重点保护鸟类 13 种，二级重点保护鸟类 73 种，共计 86 种。

地方重点保护野生动物，是指国家重点保护野生动物以外，由省、自治区、直辖市重点保护的野生动物。地方重点保护野生动物名录，由省、自治区、直辖市人民政府组织科学评估后制定、调整并公布。根据 1992 年 11 月 8 日安徽省政府发布的《安徽省地方重点保护野生动物名录》，本省地方重点保护野生鸟类有省 I 级 27 种、省 II 级 21 种，共计 48 种。

有重要生态、科学、社会价值的陆生野生动物名录（简称"三有名录"，2016 年 6 月以前表述为国家保护的有益的或者有重要经济、科学研究价值的陆生野生动物名录），是由国务院野生动物保护主管部门组织科学评估后制定、调整并公布。根据 2000 年 8 月 1 日国家林业局发布的三有名录，本省有三有保护鸟类 310 种。

世界自然保护联盟濒危物种红色名录（IUCN Red List of Threatened Species 或称 IUCN 红色名录）

是从 1963 年开始编制，是全球动植物物种保护现状最全面的名录，也被认为是生物多样性状况最具权威的指标。此名录是由世界自然保护联盟编制及维护。IUCN 红色名录是根据严格准则去评估数以千计物种及亚种的绝种风险所编制而成的。准则是根据物种及地区厘定，旨在向公众及决策者反映保育工作的迫切性，并协助国际社会避免物种灭绝。物种保护级别被分为 9 类，根据数目下降速度、物种总数、地理分布、群族分散程度等准则分类，最高级别是绝灭 Extinct（EX），其次是野外绝灭 Extinct in the Wild（EW），极危 Critically Endangered（CR）、濒危 Endangered（EN）和易危 Vulnerable（VU）4 个级别统称"受威胁"，其他顺次是近危 Near Threatened（NT）、无危 Least Concern（LC）、数据缺乏 Data Deficient（DD）、未评估 Not Evaluated（NE）。根据 IUCN 红色物种名录（2017-2）本省有极危鸟类（CR）3 种，濒危鸟类（EN）10 种，易危鸟类（VU）20 种，近危鸟类（NT）24 种，无危（LC）398 种。

华盛顿公约（CITES）的精神在于管制而非完全禁止野生物种的国际贸易，其用物种分级与许可证的方式，以达成野生物种市场的永续利用性。该公约管制国际贸易的物种，可归类成三项附录，附录 I 的物种为若再进行国际贸易会导致灭绝的动植物，明确规定禁止其国际性的交易；附录 II 的物种则为目前无灭绝危机，管制其国际贸易的物种，若仍面临贸易压力，族群量继续降低，则将其升级入附录 I。附录 III 是各国视其国内需要，区域性管制国际贸易的物种。根据《濒危野生动植物种国际贸易公约附录》，本省鸟类列入 CITES 附录 I 的鸟类有 15 种，列入附录 II 的鸟类有 57 种，列入附录 III 的鸟类有 8 种。

现将安徽繁殖鸟类中重点保护及濒危鸟种在各地理区中的分布种数列成表 6。分析表 6 可知繁殖鸟类中列入我国《国家重点保护野生动物名录》和 CITES 附录 I、II 中的 69 种重点保护鸟类，以及列入 IUCN 红色名录受胁等级的 8 种受胁鸟类在皖南山地的丰富度最高（67 种，占 87.0%），其次是江淮丘陵（49 种，占 63.6%）和皖西山地（46 种，占 59.7%），再次是沿江平原（38 种，占 49.4%）。由此可见，我省繁殖鸟类中珍稀、濒危物种丰富度高值区主要集中在安徽省南部。因此，安徽省南部地区是繁殖鸟类多样性保护的重点区域。

表 6 安徽繁殖鸟类中重点保护及濒危鸟种在各地理区中的分布

地理区	国家保护等级			省级		CITES			IUCN				
	国 I	国 II	三有	省 I	省 II	附录 I	附录 II	附录 III	CR	EN	VU	NT	LC
淮北平原	1	13	100	17	8	1	12	3	1	1	1	3	123
江淮丘陵	2	23	117	20	8	4	19	3	1	2	3	4	160
沿江平原	2	17	108	20	9	3	15	3	1	2		2	148
皖西山地	1	21	106	20	7	1	18	3		2	3	2	154
皖南山地	3	30	135	22	9	4	26	3	1	3	2	4	201

四、鸟类的基础知识

（一）鸟类形态特征

鸟类的外部形态是识别、分类、鉴定和描述的基础。以下分为头部、颈部、躯干部、尾部和后肢，将常用名词术语分别介绍。

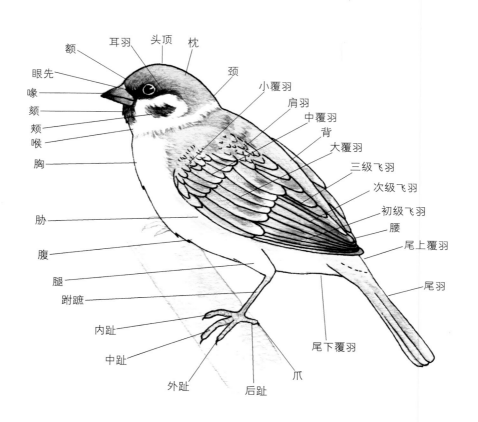

1. 头部

（1）器官名称：嘴（角质喙）：分成上嘴、下嘴、嘴峰、嘴底、嘴端（喙先端）、嘴缘、嘴甲等。外鼻孔、鼻沟、嘴须、蜡膜、眼、脸、外耳孔。

额（前头）：头的上前部，与上嘴基部相连；头顶（顶冠部）：额后的头上正中的区域；后头（后枕）：头上面的后部。羽冠（冠羽）：头顶或后头耸起的羽毛，如戴胜、孔雀；枕冠：后头延长的羽毛，如秋沙鸭、白鹭；肉冠：头顶裸露的皮肤突起，如雉鸡；额甲（额板）：额部的角质化板，如黑水鸡、骨顶鸡；面盘：两眼向前，其周围的羽毛排列成人面状，如长耳鸮、短耳鸮。眼先：眼的前方与嘴角之间的区域；眼圈：眼的周缘形成圈状，如金眶鸻、小白额雁；耳羽（耳覆羽）：覆盖于外耳孔的羽毛；

颊：眼、喉之间的区域；颏：接近下嘴基部的一小块区域；喉：颏后的区域。

（2）纵纹名称：顶冠纹（中央冠纹）：纵走于头顶正中，如冠纹柳莺；眉纹（眉斑）：纵走于眼的上缘，如白眉鸭；贯眼纹（过眼纹、穿眼纹）：从眼先、额或下嘴基部向后穿过眼而达于眼的后方，如棕背伯劳；颊纹（颧纹）：纵走于颊部，如白眉鸭；髭纹（颚纹）：始于下嘴基部，从颊与喉之间向后延伸，如三道眉草鹀具黑色髭纹；颏纹：纵穿于颏中央的纵纹，如〔树〕麻雀。

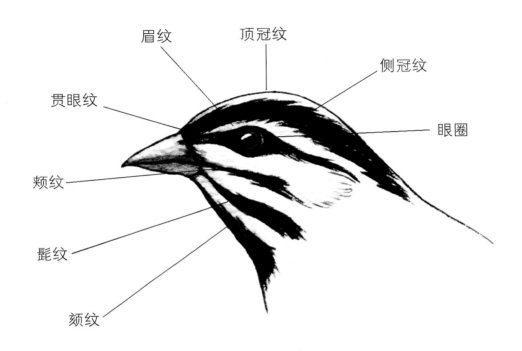

2. 颈部

颈的背面、腹面、侧面分别称为后颈、前颈、颈侧，其间无明显分界。上颈：后颈的上半部；下颈：后颈的下半部；颈侧：颈部的两侧。

3. 躯干部

背：躯干的背部（自颈后至腰前缘之间的区域），可分为上背和下背。

肩：背的两侧，两翅附着处叫肩。

肩羽：肩部的羽毛。

背肩部（翕）：上背、肩、两翅的内侧覆羽总称。

腰：背以后的区域。其前为下背，其后为尾上覆羽。

胸：躯干下面最前的部分，前接前颈，后接腹部。可分为上胸、下胸和胸侧。

腹：胸以后至尾下覆羽前的区域。腹的两侧叫腹侧。

肛孔：腹后的泄殖腔。

胁：翅下方的体侧部分。

4. 翅（翼）和羽毛

飞羽：在前肢骨上着生的一列大而强硬的大型羽毛。依其着生部位，由外向内依次可分为初级飞羽、次级飞羽、三级飞羽。

初级飞羽：着生在掌骨和指骨上，通常为9或10枚。是翅上最发达的正羽（即由羽轴和羽片组成）；次级飞羽：在初级飞羽内侧，附着在尺骨上，较初级飞羽短而数目多；三级飞羽：着生在尺骨上，实为最内侧的次级飞羽，而羽色和形状常与次级飞羽不同，如罗纹鸭、鸳鸯。

覆羽：覆盖于飞羽基部的小型羽毛。翅的上下均有分布，翅上面的叫上覆羽，下面的叫下覆羽。

初级覆羽：覆盖于初级飞羽基部的覆羽；次级覆羽：覆盖于次级飞羽基部的覆羽，次级覆羽又明显分成三层，即大覆羽、中覆羽和小覆羽。

翼镜：或称翅斑，翼上特别明显的色斑，通常为初级飞羽或次级飞羽的不同羽色区段所构成，如鸭科鸟类。

翼端：翼的先端。依其形状的不同可分为：圆翼（最外侧飞羽较其内侧的为短）、尖翼（最外侧飞羽最长，其内侧数枚飞羽逐渐短缩）和方翼（最外侧飞羽与其内侧数枚飞羽几乎等长）。

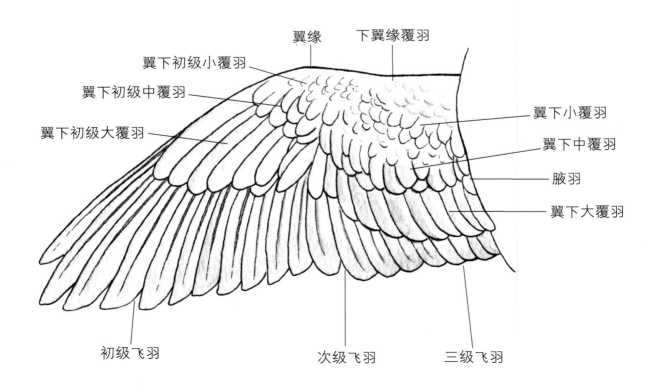

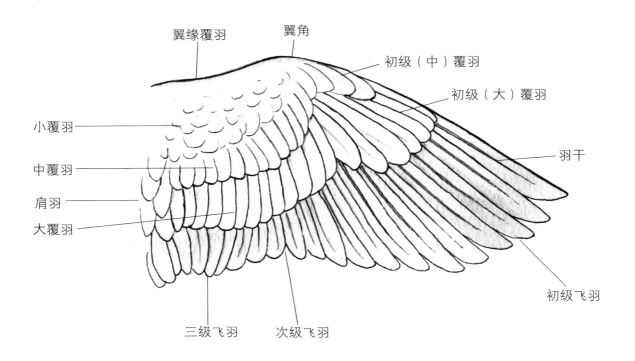

翼缘覆羽　翼角

初级（中）覆羽

初级（大）覆羽

小覆羽

中覆羽

肩羽

大覆羽

羽干

初级飞羽

三级飞羽　次级飞羽

5. 尾部

尾羽：鸟类的尾椎骨在体内，在尾椎骨末端的尾综骨上，着生的羽毛。依据尾羽形状的不同可分为：平尾、圆尾、楔尾、凹尾、叉尾等。

平尾：中央尾羽与外侧尾羽长度几近相等。

圆尾：中央尾羽稍长于外侧尾羽，形成圆形尾端。

楔尾：中央尾羽比外侧尾羽明显较长，且羽轴强硬，形成楔形尾端。

凹尾：中央尾羽略短于外侧尾羽，形成凹形尾端。

叉尾：中央尾羽较外侧尾羽明显较短。

6. 后肢

后肢：可分成股、胫、跗蹠、趾4个部分。股多隐而不见，胫被羽或裸出，跗蹠、趾是重要的分类依据，4个部分可总称为腿，跗蹠和趾可合称为脚。

跗蹠：是鸟类腿的最明显的部分，长短各有不同，它是由三块蹠骨和一部分跗骨愈合而成的。

趾：鸟类以趾着地，通常为4趾（第5趾退化），3前1后，向前的3个趾依其所在的内、中、外的位置分别称为内趾（第2趾）、中趾（第3趾）、外趾（第4趾）。依据趾排列的不同，可分为各种足型：常态足、异趾足、并趾足、前趾足和对趾足（如啄木鸟）；有些水鸟趾间具半蹼或全蹼；趾端均具爪，有些水鸟如鹭科的中趾爪内侧有梳状齿（栉状缘）；爪强而锐利的如猛禽，爪长而直的如云雀。

（二）鸟类的生态类群

鸟类长期生活在不同的自然环境中，其身体的形态和结构发生许多生态适应性的变化，依据鸟类的形态和习性，可将鸟类大致分成游禽、涉禽、猛禽、陆禽、攀禽和鸣禽等许多生态类群，这种分类不甚准确，但在学习工作中很方便实用，只要通过生态类群的名字，便可大致了解其生活习性或形态特点。

游禽：指适于水中觅食且大部分时间在水面上生活的鸟类，包括雁形目、潜鸟目、鹏鹛目、䴙䴘形目、鹈形目、鸥形目等。适于在水中游泳，取食鱼虾、水草或到陆地上觅食，羽毛紧密、尾脂腺发达、嘴扁平或尖长、尾短、趾间有蹼、两腿较短且飞翔时向后伸，翼善飞翔且速度较快，大多数不善于在陆地上行走。

涉禽：适应在水边生活的鸟类，飞翔能力强而多数不会游泳，例如鹭、鹳、鹤、鹮、鸻、鸌、鹬、秧鸡、琵鹭、鹬鸻等。嘴、颈和脚都细长，脚趾也较长，能涉水，从水中、水底、污泥或地面上觅食。

猛禽：适应于在空中翱翔并捕获猎物（鼠类、蜥蜴、昆虫和小型鸟类等），包括隼形目、鸮形目等掠食性鸟类。其形态特点是翅膀强大、嘴和脚爪坚强且钩曲有力，休息时停栖在高树或岩石上，飞翔能力强，不善于在地面行走和在灌丛中穿过，栖息地点常不固定。在生态系统中，猛禽个体数量较其他类群少，但是却处于食物链的顶层，扮演了十分重要的旗舰物种角色。

陆禽：适应于在陆地上生活的鸟类，例如雉、鹧、竹鸡、石鸡、勺鸡、孔雀等。这类鸟的体格健壮结实、喙坚硬、后肢强而有力，适于挖土，善于奔跑或快速飞行，通常雌、雄鸟的羽色差别明显，多为雄鸟艳丽，雌鸟暗淡。

攀禽：趾适于攀缘生活，例如鹦形目、鹃形目和䴕形目中的啄木鸟等，趾为对趾足（第2、3两趾向前，第1、4两趾向后），脚趾强健，爪锐利，适于攀树，尾羽的羽轴强韧，啄木时起着支持鸟体的作用，嘴直而尖，能从树皮下寻找昆虫。夜鹰目和佛法僧目的趾型为并趾足（3趾向前且基部合并，1趾向后），雨燕目属前趾足（4趾均向前），不能在地上行走和站立。

鸣禽：鸣管和鸣肌发达，主要为雀形目中善于鸣叫的小型鸟类，其种数约占鸟类总数的一半，例如百灵、家燕、画眉、八哥、柳莺、黄鹂、山雀等，体态轻捷、活动灵巧，擅长鸣叫和筑巢。

（三）鸟类的迁徙

鸟类的迁徙是指鸟类中的某些种类，每年春季和秋季沿着相对固定的路线、有规律地定时地在繁殖地和越冬地之间的往返移居现象，这些有迁徙行为的鸟类叫候鸟，通常迁徙是一年两次，即春季由越冬地迁到繁殖地，秋季由繁殖地迁到越冬地，迁徙日期因种而异，同时也受环境因子制约。

根据是否迁徙和迁徙习性的不同，可分为留鸟、候鸟和迷鸟。

1. 留鸟：终年留居在繁殖地（出生地），无迁徙习性。如雉鸡、白头鹎、棕背伯劳、大山雀、灰喜鹊、〔树〕麻雀等，但有些鸟类如啄木鸟、山斑鸠、大山雀等常根据季节的变化为了寻找食物离开繁殖地，在一定的范围内活动，到第二年春天仍然返回繁殖地，这些称为游荡鸟，也叫漂泊鸟。

2. 候鸟：春秋两季沿着固定的路线在繁殖地和越冬地之间进行有规律迁徙的鸟类叫候鸟，如雁、鸭、天鹅等，由于候鸟所在地区地理位置的不同，又可分为以下三种类型：

（1）夏候鸟：夏季在本地繁殖，秋季飞到南方较温暖的地区越冬，第二年春天返回本地繁殖，对本地来说，这些鸟类叫夏候鸟，通常每年 4~5 月迁来，9~10 月离去，11 月已不再见到，5 月为迁来的盛期。有些繁殖区分布很广的鸟类如杜鹃、家燕等是中国的夏候鸟，有些繁殖区分布不太广泛的鸟类如小云雀，在长江以北是夏候鸟，但在长江以南是留鸟，黑卷尾在长江和华北一带是夏候鸟，但在云南和海南岛则是留鸟。

（2）冬候鸟：夏季在北方繁殖，秋季飞来本地越冬，第二年春天又飞回北方，这些在本地越冬的鸟类叫冬候鸟，通常 9~10 月飞来，4~5 月北返，在本地越冬的时间可长达 8 个月，例如赤麻鸭、绿翅鸭、琵嘴鸭、扇尾沙锥、红嘴鸥、云雀等，但对东北地区来说，它们都是夏候鸟，因为它们都在东北地区繁殖。

（3）旅鸟：夏季在北方繁殖，冬季在南方越冬，只在春秋两季迁徙时途经本地停歇，如中杓鹬、金斑鸻是中国的旅鸟，黄鹡鸰、黄眉柳莺、黄胸鹀等在中国中部为旅鸟，路过本地的时间，春季 3~5 月，秋季 9~11 月，每年 4 月和 10 月为迁徙盛期，有少数种类如沙锥于 8 月下旬在本地便可见到。旅鸟常在迁徙途中，选择适宜的栖息地停留几天或更长时间进行觅食，以补充长途迁飞的体力消耗。

3. 迷鸟：候鸟在迁徙途中，由于气候条件的剧烈变化例如狂风，使迁徙的鸟类飞离了原来的路线，出现在其分布区以外的地方，例如沙丘鹤（加拿大鹤）的繁殖地在北美洲北部和西伯利亚东北端，越冬地在美国南部和墨西哥北部，其迁徙路线是从北美洲北部到南美洲，但在中国的沿江、沿海湿地偶然出现过，对中国来说，沙丘鹤应是迷鸟。

安徽省鸟类分布
名录与图鉴

水鸟

黑喉潜鸟　Black-throated Loon

拉丁名	*Gavia arctica*
目科属	潜鸟目 GAVIIFORMES
	潜鸟科 Gaviidae（Loons）
	潜鸟属 *Gavia* Forster，1788

【形态特征】体长约 68cm 的大型游禽。繁殖羽：头浅灰，喉及前颈闪辉墨绿色，上体黑色具白色方形横纹；颈侧及胸部具黑白色细纵纹。非繁殖羽：冬季嘴灰色，先端和嘴峰黑色；喉、颈侧及下体白，两胁白色斑块明显，胸侧有黑色细纵纹；上体黑，头顶及后颈灰黑色，第一年亚成鸟冬季上体具白色鳞状纹。

【区系分布】古北型，北方亚种 *G.a.viridigularis* 在安徽为罕见迷鸟，见于濉溪县后朱家塌陷区湿地（杨森等，2017 年 2 月 11 日）。

【生活习性】在内陆淡水水域繁殖，冬季常成散群在沿海越冬。飞行时颈部向前伸出。

【受胁和保护等级】LC（IUCN，2017）；中国三有保护鸟类。

小䴙䴘　Little Grebe

拉丁名	*Tachybaptus ruficollis*	
目科属	䴙䴘目 PODICIPEDIFORMES	
	䴙䴘科 Podicipedidae（Grebes）	
	小䴙䴘属 *Tachybaptus* Reichenbach，1853	

【俗　　称】水葫芦

【形态特征】体长约 27cm 的小型游禽。眼睛黄色，嘴基有黄色斑块。繁殖羽：颊和颈侧深红色。非繁殖羽：喉白，颊和颈侧黄褐色。幼鸟头颈密布黑色条纹。

【区系分布】广布型，多为留鸟。普通亚种 *T.r.poggei* 分布于安徽全境。见于萧县皇藏峪、明光（女山湖等）、滁州（琅琊山、皇甫山等）、淮北、亳州、蒙城、涡阳、阜阳、淮南（孔店等）、瓦埠湖、合肥（大蜀山、安徽大学、骆岗机场、大房郢水库、义城、董铺水库、清溪公园等）、肥东、肥西（上派、紫蓬山等）、巢湖、六安、金寨（青山、天堂寨、马鬃岭等）、霍山黑石渡、庐江、芜湖（市郊、机场等）、岳西（汤池、鹞落坪等）、望江、马鞍山、石臼湖、升金湖、龙感湖、黄湖、泊湖、大官湖、武昌湖、菜子湖、破罡湖、白荡湖、枫沙湖、陈瑶湖、贵池、青阳（九华山等）、石台、清凉峰、牯牛降、宣城、宁国西津河、黄山（汤口、屯溪等）、歙县。

【生活习性】栖息于清水及有丰富水生生物的湖泊、沼泽及涨过水的稻田。受惊后潜水逃离，繁殖期亲鸟常背负幼鸟出行。

【受胁和保护等级】LC（IUCN，2017）；中国三有保护鸟类。

◉ 摄影　高厚忠、夏家振、张忠东

凤头䴙䴘 Great Crested Grebe

拉丁名	*Podiceps cristatus*
目科属	䴙䴘目 PODICIPEDIFORMES
	䴙䴘科 Podicipedidae（Grebes）
	䴙䴘属 *Podiceps* Latham，1787

【俗　　称】浪花儿、浪里白

【形态特征】体长 50cm 的大型游禽，是䴙䴘目中体形最大者。嘴尖而长，颈细长。繁殖羽：嘴暗褐色，头顶有黑色冠羽，虹膜红色，头侧白色，颊有红褐色饰羽向后延伸至后枕侧。非繁殖羽：嘴粉红色，身体大部分白色，仅头、颈后、背部褐色。

【区系分布】古北型，指名亚种 *P.c.cristatus* 在安徽为常见冬候鸟，部分为留鸟。见于淮北、颍上八里河、淮南（淮河大桥、孔店等）、瓦埠湖、合肥（大房郢水库、董铺水库、骆岗机场、南艳湖、清溪公园等）、肥西（紫蓬山等）、巢湖、霍邱、枞阳、庐江汤池、宿松、望江、东至、升金湖、泊湖、龙感湖、大官湖、武昌湖、菜子湖、白荡湖、枫沙湖、陈瑶湖、牯牛降、宣城。

【生活习性】栖息于中大型开阔水域。主要以鱼类为食，受惊后潜水逃离，繁殖期雌雄双方常做绚丽的求偶舞蹈，亲鸟常背负幼鸟出行。

【受胁和保护等级】LC（IUCN，2017）；中国三有保护鸟类。

◎摄影　夏家振

黑颈䴙䴘　Black-necked Grebe

拉丁名	*Podiceps nigricollis*		
目科属	䴙䴘目 PODICIPEDIFORMES		
	䴙䴘科 Podicipedidae（Grebes）		
	䴙䴘属 *Podiceps* Latham，1787		

【**俗　　称**】艄板儿

【**形态特征**】体长约30cm的中小型游禽。虹膜红色，嘴尖略上扬。繁殖羽：头、颈、胸、背为黑色，耳后有一黄色耳簇，胁部棕红色，腹部白色。非繁殖羽：以黑白色为主，背、颈和头顶黑色，其余为白色。

【**区系分布**】古北型，指名亚种 *P.n.nigricollis* 在安徽（郑光美，2018）为冬候鸟。

【**生活习性**】冬季常集群栖息于开阔的中大型水库或湖泊等，有时与其他水鸟混群。

【**受胁和保护等级**】LC（IUCN，2017）；中国三有保护鸟类。

角鸊鷉　Horned Grebe

拉丁名	*Podiceps auritus*
目科属	鸊鷉目 PODICIPEDIFORMES
	鸊鷉科 Podicipedidae（Grebes）
	鸊鷉属 *Podiceps* Latham，1787

【形态特征】体长 33cm 的中小型游禽，虹膜红色；嘴尖而直，黑色，先端黄白色。繁殖羽：头、后颈及背部黑色，眼后有橙黄色饰羽。非繁殖羽：颊、喉、前颈、下体和体侧白色，飞行时次级飞羽白色明显。

【区系分布】古北型，指名亚种 *P.a.auritus* 在安徽为旅鸟和冬候鸟。见于合肥、泊湖、升金湖、龙感湖、菜子湖。

【生活习性】冬季集群或与黑颈鸊鷉混群栖息于开阔的中大型水库或湖泊等湿地。

【受胁和保护等级】VU（IUCN，2017）；LC（中国物种红色名录，2004）；国家Ⅱ级重点保护野生动物。

白额鹱　Streaked Shearwater

拉丁名	*Calonectris leucomelas*
目科属	鹱形目 PROCELLARIIFORMES
	鹱科 Procellariidae（Shearwaters）
	猛鹱属 *Calonectris* Cory，1881

【形态特征】体长约 48cm 的大型鹱，翼展长达 1.2m，上体棕褐色，下体白色，头部偏白，头顶密布褐色纵纹。

【区系分布】广布型，在安徽为罕见迷鸟，曾在合肥董铺水库观察并拍摄到一只亚成鸟（金磊，2011年 11 月 21 日）。

【生活习性】典型的海洋性鸟类，在海岛繁殖，飞行能力强，常紧贴海面飞行，发现食物后猛然扎下捕食。

【受胁和保护等级】NT（IUCN，2017）；中国三有保护鸟类。

◎摄影　赛道建、金磊

卷羽鹈鹕　Dalmatian Pelican

拉丁名	*Pelecanus crispus*
目科属	鹈形目 PELECANIFORMES
	鹈鹕科 Pelecanidae（Pelicans）
	鹈鹕属 *Pelecanus* Linnaeus，1758

【**形态特征**】体长约 170cm 的超大型游禽。身体灰白色，枕部有柳叶状卷曲的冠羽，眼周裸皮灰色，嘴铅灰色，无蓝黑色斑点，喉部有巨大的橙黄色喉囊，脚灰色，初级飞羽黑色。

【**区系分布**】古北型，本种过去曾作为斑嘴鹈鹕的新疆亚种 *Pelecanus philippensis crispus*，现已提升为种。在安徽为旅鸟和冬候鸟。见于颍上八里河、合肥董铺水库、巢湖、金寨梅山水库、东至升金湖。

【**生活习性**】在大型湖泊水库等湿地越冬。喜食鱼类，擅长游泳，飞行时振翅缓慢，头部后缩似白鹭。

【受胁和保护等级】VU（IUCN，2017）；VU（中国物种红色名录，2004）；CITES 附录 I（2003）；国家 II 级重点保护野生动物（1989）。

◉ 摄影　林清贤、高厚忠

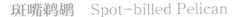

斑嘴鹈鹕 Spot-billed Pelican

拉丁名	*Pelecanus philippensis*
目科属	鹈形目 PELECANIFORMES
	鹈鹕科 Pelecanidae（Pelicans）
	鹈鹕属 *Pelecanus* Linnaeus，1758

【**俗　　称**】花嘴鹈鹕

【**形态特征**】体长约 140cm 的大型游禽，小于白鹈鹕和卷羽鹈鹕。上体夏季银灰色，冬季白色，枕及后颈有长而蓬松的冠羽，初级飞羽深灰色；眼周裸皮橙黄色；嘴粉红或肉黄色，上下嘴边缘有一列蓝黑色斑点，喉囊紫色；脚黑褐色。

【**区系分布**】东洋型，分布在亚洲南部。中国曾在长江下游和福建有记录，现在可能已绝迹。斑嘴鹈鹕（*Pelecanus philippensis philippensis*）在安徽最近的分布记录是 1963 年。王岐山、胡小龙于 1963 年 10 月在肥西县巢湖岸

边采集到 1 只雌鸟（翅长 600mm），逍遥津动物园于 1972 年 9 月、1973 年 10 月又收购 2 只。亦见于本省山区水库（王岐山等，1986 年；王岐山等，1977 年）。

【**生活习性**】集群栖息于湖泊、海口及大型河流。

【**受胁和保护等级**】NT（IUCN，2017）；NT（中国物种红色名录，2004）；CITES 附录 I（2003）；国家 II 级重点保护野生动物（1989）。

摄影 李航

白鹈鹕 Great White Pelican

拉丁名	Pelecanus onocrotalus
目科属	鹈形目 PELECANIFORMES
	鹈鹕科 Pelecanidae（Pelicans）
	鹈鹕属 Pelecanus Linnaeus，1758

【俗　　称】犁鹕、塘鹅、逃河

【形态特征】体长约 157cm 的大型游禽。体羽粉白，仅初级飞羽和次级飞羽黑色，头后有短羽冠，眼周裸皮粉红色，嘴铅蓝色，喉囊黄色，脚肉红色。繁殖期前额会隆起似瘤。

【区系分布】古北型，国内主要分布在西北部。在安徽为罕见迷鸟。见于灵璧县灵西运河、安庆石门湖、东至升金湖。

【生活习性】常集群，在大型湖泊水库等湿地越冬，喜食鱼类。

【受胁和保护等级】LC（IUCN，2017）；LC（中国物种红色名录，2004）；国家Ⅱ级重点保护野生动物。

● 摄影　高厚忠、夏家振

普通鸬鹚 Great Cormorant

拉丁名	*Phalacrocorax carbo*
	鹈形目 PELECANIFORMES
目科属	鸬鹚科 Phalacrocoracidae（Cormorants）
	鸬鹚属 *Phalacrocorax* Brisson，1760

【俗　　称】鱼鹰、鸬鹚

【形态特征】体长约90cm的大型游禽。全身黑色，嘴、脚亦黑色。嘴基部裸皮黄色，颊和上喉白色，繁殖期面颊裸皮上出现红点，头及颈饰以白色丝状羽，两胁具白色斑块。

【区系分布】广布型，中国亚种 *P.c.sinensis* 在安徽为常见冬候鸟，部分为留鸟，见于淮北、颍上八里河、明光、滁州、凤阳、淮南、瓦埠湖、长丰、合肥（董铺水库、义城、大房郢水库、清溪公园等）、巢湖、肥西、金寨（天堂寨、马鬃岭等）、霍邱、霍山、舒城、桐城、芜湖、当涂、枞阳、太湖、望江、宿松、东至、贵池（白沙湖、十八索等）、郎溪、石臼湖、龙感湖、黄湖、大官湖、泊湖、武昌湖、菜子湖、白荡湖、枫沙湖、升金湖、宣城、黄山。

【生活习性】冬季集群栖息于中小型水域，常站立在水域周围的枯树之上，集群迁徙飞行时呈人字形。擅长捕鱼，过去常被渔民驯养用来捕鱼。

【受胁和保护等级】LC（IUCN，2017）；LC（中国物种红色名录，2004）；安徽省Ⅱ级重点保护野生动物（1992）；中国三有保护鸟类。

● 摄影　高厚忠、夏家振

苍鹭 Grey Heron

拉丁名	*Ardea cinerea*
目科属	鹳形目 CICONIIFORMES
	鹭科 Ardeidae（Herons，Egrets，Bitterns）
	鹭属 *Ardea* Linnaeus，1758

【俗　　称】灰鹭、老等、青庄、深水径

【形态特征】体长约 93cm 的大型涉禽。上体灰色，贯眼纹及冠羽黑色，头颈及下体白色，初级飞羽黑色。繁殖羽有 4 枚黑色冠羽，冬季脱落。前颈有 2~3 列黑色纵纹。

【区系分布】广布型，普通亚种 *A.c.jouyi* 在安徽为留鸟和冬候鸟，全省分布。见于淮北、滁州（皇甫山、琅琊山等）、临泉、亳州、阜阳、蒙城、淮南（淮河大桥、孔店）、瓦埠湖、合肥（义城、大房郢水库、董铺水库、骆岗机场、清溪公园等）、巢湖、肥西、六安、金寨（天堂寨、马鬃岭）、芜湖、石臼湖、庐江汤池、东至、龙感湖、黄湖、大官湖、泊湖、菜子湖、破罡湖、白荡湖、枫沙湖、陈瑶湖、武昌湖、升金湖、青阳九华山、宣城、清凉峰、黄山。

【生活习性】性孤僻，常在水边站立，喜欢独自觅食鱼虾。冬季有时成大群。

【受胁和保护等级】LC（IUCN，2017）；LC（中国物种红色名录，2004）；中国三有保护鸟类。

◉摄影　夏家振、高厚忠、杨远方

草鹭　Purple Heron

拉丁名	*Ardea purpurea*
目科属	鹳形目 CICONIIFORMES
	鹭科 Ardeidae（Herons，Egrets，Bitterns）
	鹭属 *Ardea* Linnaeus，1758

【俗　　称】紫鹭、草当、黄庄

【形态特征】体长约 80cm 的大型涉禽，身体修长，顶冠黑色并具两道饰羽，颈棕色且颈侧具黑色纵纹。背及覆羽灰色，飞羽黑色，其余体羽红褐色。

【区系分布】东洋型，普通亚种 *A.p.manilensis* 在安徽为夏候鸟，见于亳州、阜阳、寿县、合肥（安徽大学、清溪公园等）、肥西紫蓬山、巢湖、六安、霍邱、金寨（天堂寨、马鬃岭）、芜湖、安庆（汤池、机场等）、望江、枞阳、宿松、东至、贵池、龙感湖、黄湖、泊湖、菜子湖、升金湖、青阳（九华山、陵阳）、石臼湖、宣城、宁国西津河、清凉峰、牯牛降、黄山。

【生活习性】栖息于稻田、芦苇地、湖泊及溪流。性孤僻，常单独在有芦苇的浅水中，低颈歪头伺机捕鱼及其他动物。

【受胁和保护等级】LC（IUCN，2017）；LC（中国物种红色名录，2004）；中国三有保护鸟类。

摄影　夏家振

大白鹭 Great Egret

拉丁名	*Ardea alba*
	鹳形目 CICONIIFORMES
目科属	鹭科 Ardeidae（Herons，Egrets，Bitterns）
	鹭属 *Ardea* Linnaeus，1758

【俗　　称】白鹭鸶、白鹤鹭

【形态特征】体长约95cm的大型涉禽。全体白色，无羽冠。颈较长，中上部有一近于直角的弯曲。繁殖羽：嘴黑色，胫下部略带粉红色，脚和趾黑色，眼先蓝绿色，背及前颈下部披有蓑羽。非繁殖羽：嘴和眼先变为黄色，背及前颈下部蓑羽消失。

【区系分布】古北型，指名亚种 *A.a.alba* 在安徽为冬候鸟，普通亚种 *A.a.modesta* 在安徽为留鸟和冬候鸟，在长丰及合肥周边繁殖。见于明光、滁州（皇甫山等）、淮北、阜阳、阜南、颍上、凤台、蒙城、怀远、蚌埠、固镇、五河、天长、来安、凤阳、定远、全椒、淮南孔店、瓦埠湖、合肥（义城、大房郢水库、董铺水库、清溪公园等）、肥东、肥西、长丰、巢湖、庐江（汤池等）、六安、金寨（天堂寨、马鬃岭等）、霍山黑石渡、舒城、桐城、芜湖、当涂（石臼湖等）、枞阳、望江、宿松、无为、东至、贵池、青阳、宣城、郎溪、南陵、龙感湖、黄湖、大官湖、泊湖、武昌湖、菜子湖、白荡湖、枫沙湖、陈瑶湖、升金湖、清凉峰。

【生活习性】一般单独或成小群，在湿润或漫水的地带活动。

【受胁和保护等级】LC（IUCN，2017）；CITES 附录Ⅲ（2003）；中国三有保护鸟类。

◉摄影　高厚忠、夏家振

中白鹭　Intermediate Egret

拉丁名	*Ardea intermedia*
目科属	鹳形目 CICONIIFORMES
	鹭科 Ardeidae（Herons，Egrets，Bitterns）
	鹭属 *Ardea* Linnaeus，1758

【俗　　称】春锄

【形态特征】体长约 68cm 的中型涉禽。全体白色，无羽冠，眼先黄色，脚和趾黑色。繁殖羽：嘴黑色，背及前颈下部有蓑羽。非繁殖羽：嘴变为黄色，但先端黑色，蓑羽消失。与大白鹭的区别在于嘴较粗短、嘴端黑色，嘴裂未及眼下。

【区系分布】东洋型，指名亚种 *A.i.intermedia* 在安徽为夏候鸟。见于滁州（皇甫山等）、淮北、阜阳、阜南、颍上、蒙城、涡阳、定远、全椒、霍邱、淮南孔店、寿县、合肥（义城、安徽大学、蜀峰湾、董铺水库）、长丰杜集、肥西（圆通山、紫蓬山）、肥东、巢湖、庐江（汤池等）、六安、金寨（天堂寨、马鬃岭）、霍山、马鞍山、当涂（石臼湖等）、芜湖、枞阳、望江、怀宁、东至、贵池、南陵、郎溪、龙

感湖、黄湖、泊湖、菜子湖、白荡湖、升金湖、青阳（九华山、吴家山等）、宣城、清凉峰、宁国西津河、黄山。

【生活习性】栖息在稻田、湖畔、沼泽地等。与其他鹭鸟混群营巢。

【受胁和保护等级】LC（IUCN，2017）；LC（中国物种红色名录，2004）；中国三有保护鸟类。

◉ 摄影　夏家振

白鹭　Little Egret

拉丁名	*Egretta garzetta*
目科属	鹳形目 CICONIIFORMES
	鹭科 Ardeidae（Herons，Egrets，Bitterns）
	白鹭属 *Egretta* Forster，1817

【俗　　称】鹭鸶、小白鹭

【形态特征】体长约60cm的中型涉禽。全体白色，嘴及腿黑色，趾黄色。繁殖羽：眼先黄绿色或带有红色，枕部有2枚细长饰羽，肩、背有蓑状饰羽伸至尾端，前颈也有蓑状饰羽。非繁殖羽：饰羽消失。

【区系分布】广布型，指名亚种 *E.g.garzetta* 在安徽为留鸟和夏候鸟，分布于全省各地。见于淮北、明光女山湖、滁州（皇甫山等）、阜阳、阜南、颍上、亳州、蒙城、涡阳、怀远、凤阳、来安、天长、定

远、全椒、淮南（淮河大桥、潘集、上窑、孔店）、凤台、寿县、合肥（安徽大学、义城、大房郢水库、骆岗机场、董铺水库、清溪公园、大蜀山等）、肥西（紫蓬山、圆通山等）、肥东、长丰、巢湖、六安、霍邱、金寨（天堂寨、马鬃岭、青山等）、霍山、舒城、鹞落坪、和县、含山、无为、庐江、芜湖、马鞍山、当涂（石臼湖等）、枞阳、望江、怀宁、潜山、太湖、岳西、宿松、东至、贵池、青阳九华山、南陵、繁昌、安庆、龙感湖、黄湖、大官湖、泊湖、武昌湖、菜子湖、破罡湖、白荡湖、枫沙湖、陈瑶湖、升金湖、宣城、郎溪、广德、泾县、宁国、旌德、绩溪、休宁、黟县、祁门、清凉峰、石台、黄山、歙县、太平。

【生活习性】栖息、觅食于稻田、河岸、湖畔等。成散群进食，常与其他鹭鸟混群。

【受胁和保护等级】LC（IUCN，2017）；LC（中国物种红色名录，2004）；CITES 附录Ⅲ（2003）；中国三有保护鸟类。

●摄影　夏家振、张忠东

黄嘴白鹭　Chinese Egret

拉丁名	*Egretta eulophotes*
目科属	鹳形目 CICONIIFORMES
	鹭科 Ardeidae（Herons，Egrets，Bitterns）
	白鹭属 *Egretta* Forster，1817

【俗　　称】唐白鹭

【形态特征】体长约 68cm 的中型涉禽。全身白色。繁殖期：嘴橘黄色，眼先蓝色，枕部有丝状的饰羽。非繁殖期：嘴黑色，下嘴基部黄色，脚绿色。

【区系分布】古北型。过去分布广泛，现已稀少，繁殖于辽东半岛、山东及江苏的沿海岛屿。分布于安徽（郑光美，2018），冬候鸟，见于当涂石臼湖（采集一只雌性标本）（王岐山等，1980，1983）、望江、东至、宿松、升金湖（升金湖考察组，1987；Malcolm C.Coulter，1989）。

【生活习性】一般在沿海滩涂浅水地带觅食，在海岛繁殖。

【受胁和保护等级】VU（IUCN，2017）；NT 几近 VU（中国物种红色名录，2004）；国家 II 级重点保护野生动物（1989）。

◎ 摄影　薛琳、林清贤、秦皇岛市观（爱）鸟协会

牛背鹭 Cattle Egret

拉丁名	*Bubulcus ibis*
目科属	鹳形目 CICONIIFORMES
	鹭科 Ardeidae（Herons，Egrets，Bitterns）
	牛背鹭属 *Bubulcus* Bonaparte，1855

【俗　　称】黄头鹭、黄头鹭鸶、放牛郎

【形态特征】体长约 50cm 的中型涉禽。嘴橙黄色，脚、趾黑色。繁殖羽：头、颈、背中央饰羽橙黄色，其余体羽为白色。非繁殖羽：全体白色，无饰羽。

【区系分布】东洋型，普通亚种 *B.i.coromandus* 在安徽为夏候鸟，分布于全省各地。见于滁州（皇甫山等）、淮北、阜阳、颍上八里河、亳州、蒙城、涡阳、淮南、瓦埠湖、长丰、合肥（大蜀山、清溪公园、安徽大学、骆岗机场、义城等）、肥东太子山、肥西（圆通山、紫蓬山）、巢湖、六安、金寨（青山、天堂寨、马鬃岭）、芜湖、马鞍山、当涂湖阳、青阳（九华山、吴家山）、升金湖、武昌湖、龙感湖、黄湖、大官湖、泊湖、菜子湖、白荡湖、清凉峰、牯牛降、宣城、宁国西津河、黄山。

【生活习性】与水牛等关系密切，常与其相伴，捕食水牛走动时从草地上惊飞的昆虫。

【受胁和保护等级】LC（IUCN，2017）；LC（中国物种红色名录，2004）。CITES 附录Ⅲ（2003），中国三有保护鸟类。

●摄影　胡云程、高厚忠、夏家振

池鹭　Chinese Pond Heron

拉丁名	*Ardeola bacchus*
目科属	鹳形目 CICONIIFORMES
	鹭科 Ardeidae（Herons，Egrets，Bitterns）
	池鹭属 *Ardeola* Boie，1822

【俗　　称】红毛鹭

【形态特征】体长约 45cm 的中型涉禽。繁殖羽：头、颈、胸均红栗色，上体有黑色蓑羽，其余各羽白色。非繁殖羽：无蓑羽，头、颈至胸有暗褐色和白色相间的纵纹，幼鸟纵纹更多。飞行时背的灰黑色和翅的白色对比明显。

【区系分布】东洋型，在安徽为夏候鸟，分布于全省各地。见于淮北、明光女山湖、滁州（皇甫山、琅琊山等）、阜阳、临泉、亳州、蒙城、涡阳、合肥（安徽大学、骆岗机场、义城、大蜀山、清溪公园）、肥东、长丰、肥西（紫蓬山、圆通山）、巢湖、六安、金寨（青山、天堂寨、马鬃岭、长岭公社）、岳西（鹞落坪、汤池）、芜湖、马鞍山、石臼湖、安庆、升金湖、龙感湖、黄湖、大官湖、泊湖、菜子湖、武昌湖、青阳（九华山、陵阳）、宣城、宁国西津河、清凉峰、石台、牯牛降、黄山、歙县。

【生活习性】栖息于稻田或其他漫水地带，单独或呈分散小群活动。

【受胁和保护等级】LC（IUCN，2017）；LC（中国物种红色名录，2004）；中国三有保护鸟类。

● 摄影　杨远方、夏家振

绿鹭 Striated Heron

拉丁名	*Butorides striatus*
目科属	鹳形目 CICONIIFORMES
	鹭科 Ardeidae（Herons，Egrets，Bitterns）
	绿鹭属 *Butorides* Blyth，1852

【形态特征】体长约 45cm 的中型涉禽。全身大致灰绿色，头枕部具有黑色冠羽，肩和背有铜绿色蓑羽，翅和尾青绿色，翼上覆羽，羽缘白色，胸灰色，喉、腹中央白色，嘴黑。幼鸟下体有纵纹。

【区系分布】东洋型，黑龙江亚种 *B.s.amurensis* 南迁越冬时经过安徽，为旅鸟；华南亚种 *B.s.actophila* 在安徽为不常见的夏候鸟，主要分布于淮河以南地区。见于滁州皇甫山、阜阳、合肥（西郊、安徽大学、中国科技大学、合肥工业大学、安徽农业大学、逍遥津）、金寨（天堂寨、马鬃岭）、肥东、六安、巢湖、庐江汤池、升金湖、芜湖、青阳（九华山、陵阳）、安庆、宣城、牯牛降。

【生活习性】性孤僻羞怯。栖于池塘、溪流、芦苇地及稻田。是一种十分聪明的鹭鸟，能利用蔬菜等作为诱饵，吸引鱼类，伺机捕食。

【受胁和保护等级】LC（IUCN，2017）；LC（中国物种红色名录，2004）；中国三有保护鸟类。

◉ 摄影　胡云程、夏家振、高厚忠

夜鹭 Black-crowned Night Heron

拉丁名	*Nycticorax nycticorax*
目科属	鹳形目 CICONIIFORMES
	鹭科 Ardeidae（Herons，Egrets，Bitterns）
	夜鹭属 *Nycticorax* Forster，1817

【俗　　称】夜鹤、夜游鹤

【形态特征】体长约 60cm 的中型涉禽。体型粗胖，颈短，头顶具有黑色顶冠，枕部具有 2 条白色长饰羽，背部黑色，腰、翅及尾灰色，下体白色。嘴黑，跗蹠及脚趾黄色，亚成鸟体褐色，满布纵纹。

【区系分布】广布型，指名亚种 *N.n.nycticorax* 在安徽为留鸟，分布于全省各地。见于萧县皇藏峪、明光女山湖、滁州（皇甫山等）、淮北、阜阳、阜南、颍上、亳州、蒙城、涡阳、固镇、凤阳、定远、来安、天长、全椒、淮南（潘集、孔店）、寿县（瓦埠湖等）、合肥（安徽大学、骆岗机场、义城、大蜀山、董铺水库、清溪公园等）、长丰、肥东、肥西紫蓬山、巢湖、六安、金寨（青山、天堂寨、马鬃岭）、霍邱、霍山、无为、含山、庐江、芜湖、繁昌、马鞍山、当涂（石臼湖等）、桐城、枞阳、望江、宿松、怀宁、太湖、潜山、东至、贵池、南陵、铜陵、当涂、郎溪、宣城、宁国西津河、广德、黄湖、龙感湖、泊湖、武昌湖、菜子湖、白荡湖、升金湖、青阳（九华山等）、清凉峰、牯牛降、黄山。

【生活习性】白天在树上休息，黄昏时开始活跃，发出深沉的呱呱叫声。

【受胁和保护等级】LC（IUCN，2017）；LC（中国物种红色名录，2004）；中国三有保护鸟类。

◉ 摄影　杨远方、高厚忠、夏家振

海南鸭　White-eared Night Heron

拉丁名	*Gorsachius magnificus*		
目科属	鹳形目 CICONIIFORMES		
	鹭科 Ardeidae（Herons，Egrets，Bitterns）		
	虎斑鸭属 *Gorsachius* Bonaparte，1855		

【俗　　称】海南虎斑鸭、中国夜鹭、白耳夜鹭

【形态特征】体长 56cm 的中型涉禽，顶冠黑色，上体暗褐色，飞羽石板灰色，眼后有白纹向后延伸到耳覆羽上方。下体白色，有褐色鳞状斑。嘴粗短，黑色，嘴基和眼先绿色，脚淡绿色。

【区系分布】东洋型，在安徽为夏候鸟，分布于安徽西南部（郑光美，2018）。见于霍山（La Touche，1925-34；郑作新，1976）、黄山寨西（虞磊，2012 年 7 月 5 日）、宁国（熊鹏，拍摄于 2016 年 8 月 13 日）、金寨（2017 年 4 月 29 日，张保卫等在天马保护区监拍到 1 只夜间觅食的海南鸭，这是继 1925 年 5 月后近百年来在大别山区唯一的一次记录，这个保护区也是目前已知其分布地理区的最北边界）。

【生活习性】栖息于林中小溪周围草丛，常于晨昏活动。

【受胁和保护等级】EN（IUCN，2017）；EN（中国物种红色名录，2004）；国家 II 级重点保护野生动物（1989）。

◉ 摄影　李必成

黄苇鳽　Yellow Bittern

拉丁名	*Ixobrychus sinensis*
目科属	鹳形目 CICONIIFORMES
	鹭科 Ardeidae（Herons，Egrets，Bitterns）
	苇鳽属 *Ixobrychus* Billberg，1828

【俗　　称】黄斑苇鳽、黄小鹭

【形态特征】体长约35cm的小型涉禽。颈长，脚短，顶冠黑色，全身皮黄，初级飞羽、次级飞羽和尾羽黑色。嘴黄色，脚黄绿色。

【区系分布】东洋型，在安徽为夏候鸟，分布于安徽各地。见于滁州（琅琊山等）、明光女山湖、淮北、阜阳、亳州、怀远、蒙城、涡阳、淮南（焦岗湖、孔店）、合肥（义城、清溪公园、安徽大学、骆岗机场等）、巢湖、庐江汤池、六安、当涂（石臼湖、湖阳公社）、芜湖、安庆（机场等）、贵池牛头山马料湖、龙感湖、黄湖、泊湖、武昌湖、白荡湖、枫沙湖、升金湖、宣城、宁国西津河、黄山屯溪。

【生活习性】栖息于浓密的芦苇丛中，常站在芦苇之上。

【受胁和保护等级】LC（IUCN，2017）；LC（中国物种红色名录，2004）；中国三有保护鸟类。

● 摄影　杨远方、胡云程、夏家振

紫背苇鳽　Von Schrenck's Bittern

拉丁名	*Ixobrychus eurhythmus*
目科属	鹳形目 CICONIIFORMES
	鹭科 Ardeidae（Herons，Egrets，Bitterns）
	苇鳽属 *Ixobrychus* Billberg，1828

【俗　　称】秋小鹭

【形态特征】体长约 35cm 的小型涉禽。雄鸟头顶黑褐色，其余上体紫栗色，翅覆羽棕黄色，飞羽灰色，飞行时灰色飞羽和紫栗色上体色彩对比明显。雌鸟背有白斑，下体有褐色纵纹。

【区系分布】古北型，在安徽为旅鸟。分布于安徽（郑光美，2018）。见于合肥（安徽大学、董铺水库等）、肥西、当涂（石臼湖、湖阳）、黄山屯溪。

【生活习性】栖息于浓密的芦苇丛中，常立在芦苇之上。

【受胁和保护等级】LC（IUCN，2017）；LC（中国物种红色名录，2004）；中国三有保护鸟类。

● 摄影　薛琳

栗苇鳽　Cinnamon Bittern

拉丁名	*Ixobrychus cinnamomeus*	
目科属	鹳形目 CICONIIFORMES	
	鹭科 Ardeidae（Herons，Egrets，Bitterns）	
	苇鳽属 *Ixobrychus* Billberg，1828	

【俗　　称】栗小鹭

【形态特征】体长约 40cm 的小型涉禽。雄鸟头及上体包括两翅栗红色，下体棕黄色，喉和胸部有黑白色纵纹。雌鸟色深，背有白色斑点，下体有黑褐色纵纹，幼鸟斑点和纵纹更明显。

【区系分布】东洋型，在安徽为夏候鸟。见于滁州（皇甫山等）、亳州、合肥（义城、大蜀山、清溪公园、安徽大学、西郊、牛角大圩）、巢湖、当涂（石臼湖、湖阳西峰）、芜湖、泊湖、庐江汤池、黄山屯溪。

【生活习性】性孤僻，晨昏活跃，受惊时一跃而起，飞行低，振翅缓慢有力。营巢在芦苇或深草中。

【受胁和保护等级】LC（IUCN，2017）；LC（中国物种红色名录，2004）；中国三有保护鸟类。

◉ 摄影　夏家振

黑苇鳽　Black Bittern

拉丁名	*Dupetor flavicollis*		
目科属	鹳形目 CICONIIFORMES		
	鹭科 Ardeidae（Herons，Egrets，Bitterns）		
	黑鳽属 *Dupetor* Heine *et* Reichenow，1890		

【**俗　称**】黄颈黑鹭、黑鳽

【**形态特征**】体长约 55cm 的中型涉禽。雄鸟通体近黑色，喉、前颈、颈侧及上胸橙黄色，有黑褐色纵纹，腹以下铅黑色，雌鸟上体褐色较重。嘴大而长，形似匕首。

【**区系分布**】东洋型，指名亚种 *D.f.flavicollis* 在安徽为夏候鸟。见于阜阳、合肥（安徽大学、清溪公园、牛角大圩、蜀峰湾）、肥东、六安、金寨（天堂寨、马鬃岭）、鹞落坪、当涂石臼湖、芜湖、安庆、龙感湖、黄湖、泊湖、青阳（九华山、长垅等）、休宁行村、清凉峰、牯牛降、宣城、黄山。

【**生活习性**】性胆小，白天喜在森林及植物茂密缠结的沼泽地活动，夜晚飞至其他地点进食。营巢于水上方或沼泽上方的密林植被中。

【**受胁和保护等级**】LC（IUCN，2017）；LC（中国物种红色名录，2004）；中国三有保护鸟类。

◉ 摄影　夏家振、张忠东、李航

大麻鳽　Eurasian Bittern

拉丁名	*Botaurus stellaris*
目科属	鹳形目 CICONIIFORMES
	鹭科 Ardeidae（Herons，Egrets，Bitterns）
	麻鳽属 *Botaurus* Stephens，1819

【俗　　称】大麻鹭、鸡鹤

【形态特征】体长约 70cm 的大型涉禽。身体粗壮，颈、脚也较粗短。顶冠黑色，上体大体呈黄褐色，有黑色粗斑，下体偏棕黄，并伴有黑褐色纵纹。飞羽偏褐色，与身体颜色对比较明显。嘴黄褐色，脚、趾黄绿色。

【区系分布】古北型，指名亚种 *B.s.stellaris* 在安徽为冬候鸟。见于淮北、阜阳、亳州、淮南、瓦埠湖、滁州、合肥（清溪公园、义城、大房郢水库）、巢湖、当涂（石臼湖、湖阳西湖、湖阳公社）、芜湖、贵

池牛头山马料湖、宿松毛坝龙湖圩、升金湖、黄湖、泊湖、武昌湖、菜子湖、黄山。

【**生活习性**】善于隐蔽，喜欢高大芦苇丛。站立时喜欢嘴垂直上指。飞行缓慢，振翅有力。

【**受胁和保护等级**】LC（IUCN，2017）；LC（中国物种红色名录，2004）；中国三有保护鸟类。

⊙摄影 牛友好、夏家振

黑鹳 Black Stork

拉丁名	*Ciconia nigra*		
目科属	鹳形目 CICONIIFORMES		
	鹳科 Ciconiidae（Storks）		
	鹳属 *Ciconia* Brisson，1760		

【俗　　称】黑老鹳、黑巨鹳

【形态特征】体长约 100cm 的大型涉禽，眼周裸皮、嘴、脚均为红色，除下体自下胸至尾下为白色之外，其余体羽均为黑色，有金属紫色和绿色光泽。幼鸟体羽褐色。

【区系分布】古北型，在安徽为冬候鸟和旅鸟。见于五河、明光、合肥、巢湖、舒城、升金湖、安庆七里湖、泊湖、菜子湖、枫沙湖、贵池（牛头山、十八索）、青阳（九华山、庙前公社等）、牯牛降、当涂。

【生活习性】栖于沼泽地区、池塘、湖泊的浅水地带，也出现在山区大型溪流。

【受胁和保护等级】LC（IUCN，2017）；LC（中国物种红色名录，2004）；CITES 附录 Ⅱ（2003）；
国家 Ⅰ 级重点保护野生动物（1989）。

◉ 摄影　夏家振

东方白鹳　Oriental Stork

拉丁名	*Ciconia boyciana*	
目科属	鹳形目 CICONIIFORMES	
	鹳科 Ciconiidae（Storks）	
	鹳属 *Ciconia* Brisson，1760	

【俗　　称】老鹳

【形态特征】体长约 110cm 的大型涉禽，全体白色，初级飞羽和次级飞羽黑色。嘴粗壮，呈紫黑色，眼周裸皮为朱红色，脚、趾也是朱红色。

【区系分布】古北型，在安徽为冬候鸟和留鸟。见于颍上八里河、五河、霍邱城西湖、明光、瓦埠湖、合肥、巢湖、当涂（石臼湖等）、桐城、庐江、望江、宿松、贵池、郎溪、升金湖、泊湖、龙感湖、武昌湖、菜

子湖、枫沙湖、陈瑶湖、繁昌县沿江滩地白马洲、黄山。在武昌湖和合肥有少量留居繁殖种群。

【生活习性】冬季在大型湿地集群越冬，常随上升气流集群盘旋。沿江湿地周围有部分个体在高压电塔上筑巢繁殖。

【受胁和保护等级】EN（IUCN，2017）；EN（中国物种红色名录，2004）；CITES 附录 I（2003）；国家 I 级重点保护野生动物。

◉ 摄影　夏家振、张忠东

黑头白鹮　Black-headed Ibis

拉丁名	*Threskiornis melanocephalus*	
目科属	鹳形目 CICONIIFORMES	
	鹮科 Threskiornithidae（Ibises，Spoonbills）	
	白鹮属 *Threskiornis* G.R.Gray，1842	

【形态特征】体长约76cm的中型涉禽。喙、头部和颈部均为黑色，喙长而下弯。

【区系分布】古北型。1989年5月17日见于铜陵成德洲（孙江，周开亚等，1994）。省内已灭绝，国内近年鲜有记录。

【生活习性】栖息于湖边、河岸、水稻田、沼泽和潮湿草原等开阔湿地。主要以鱼、昆虫以及小型两栖爬行动物等为食。

【受胁和保护等级】NT（IUCN，2017）；EN（中国物种红色名录，2004）；国家Ⅱ级重点保护野生动物。

● 摄影　李航

朱鹮 Crested Ibis

拉丁名	*Nipponia nippon*
目科属	鹳形目 CICONIIFORMES
	鹮科 Threskiornithidae（Ibises，Spoonbills）
	朱鹮属 *Nipponia* Reichenbach，1852

【形态特征】体长约76cm 偏粉色的中型涉禽。脸朱红色，喙长而下弯，先端红色，颈后饰羽长。夏羽头颈及上体为鼠灰色，冬季为白色。腿绯红。飞行时飞羽下面红色。

【区系分布】古北型，曾在中国东部、朝鲜及日本为留鸟，现野外几近灭绝，仅在陕西南部洋县尚有一个小种群。在安徽曾分布于东至、旌德、南陵、歙县（La Touche，1931）。

【生活习性】在森林周围的水稻田、河滩、池塘、溪流和沼泽等湿地生活。性孤僻而沉静，胆怯怕人，平时成对或小群活动。

【受胁和保护等级】EN（IUCN，2017）；EN（中国物种红色名录，2004）；CITES 附录 I（2003）；国家 I 级重点保护野生动物。

● 摄影　夏家振

彩鹮 Glossy Ibis

拉丁名	*Plegadis falcinellus*
目科属	鹳形目 CICONIIFORMES
	鹮科 Threskiornithidae（Ibises，Spoonbills）
	彩鹮属 *Plegadis* Kaup，1829

【**形态特征**】体长约 60cm 的中型涉禽。全身深棕色，但翼上闪耀着绿色和紫色的金属光泽，眼部上下有白色眉纹和颊纹。

【**区系分布**】广布型，片段化分布于欧洲、亚洲、非洲和大洋洲。在安徽为罕见旅鸟，见于淮北（杨峰，2017 年 4 月 19 日）。

【**生活习性**】常结小群栖息在湖边、河岸、水稻田、沼泽和潮湿草原等湿地，以小鱼和小型无脊椎动物为食。

【受胁和保护等级】LC（IUCN，2017）；EN（中国物种红色名录，2004）；国家Ⅱ级重点保护野生动物。

● 摄影　杨峰

白琵鹭　Eurasian Spoonbill

拉丁名	*Platalea leucorodia*
目科属	鹳形目 CICONIIFORMES
	鹮科 Threskiornithidae（Ibises，Spoonbills）
	琵鹭属 *Platalea* Linnaeus，1758

【俗　　称】琵琶鹭、琵琶嘴鹭

【形态特征】体长约85cm的大型涉禽，长长的黑色喙下端颜色变为皮黄，并变宽呈琵琶状。脚黑色。全体白色，虹膜黄色。眼先、眼周、颏和喉的裸皮黄色，自眼先至眼有一黑线。繁殖羽冠羽黄色，胸有黄色环带。

【区系分布】古北型，指名亚种 *P.l.leucorodia* 在安徽为冬候鸟。见于淮北、颍上八里河、淮南（上窑、瓦埠湖、孔店）、巢湖、霍邱城西湖、石臼湖、菜子湖、黄湖、泊湖、龙感湖、升金湖、白荡湖、枫沙湖、庐江汤池、贵池十八索、黄山。

【生活习性】喜泥泞水塘、湖泊或泥滩，在水中缓慢前进，嘴往两旁甩动以寻找食物。

【受胁和保护等级】LC（IUCN，2017）；LC（中国物种红色名录，2004）；CITES 附录Ⅱ（2003）；国家Ⅱ级重点保护野生动物（1989）。

●摄影　夏家振

黑脸琵鹭　Black-faced Spoonbill

拉丁名	*Platalea minor*
目科属	鹳形目 CICONIIFORMES
	鹮科 Threskiornithidae（Ibises，Spoonbills）
	琵鹭属 *Platalea* Linnaeus，1758

【形态特征】体长约 76cm 的大型涉禽，长长的黑色嘴下端变宽呈琵琶状，脸部裸露呈黑色。全身白色，腿黑色。繁殖期枕部有浅黄色冠羽，胸口也变为浅黄色。

【区系分布】古北型，在安徽为冬候鸟。曾见于铜陵，拍摄于升金湖（高厚忠，2010 年）、合肥（金磊，2014 年）。

【生活习性】在近海岛屿繁殖，喜欢在沿海滩涂或者浅水地带觅食，有时与白琵鹭混群。

【受胁和保护等级】EN（IUCN，2017）；EN（中国物种红色名录，2004）；CITES 附录 II（2003）；国家 II 级重点保护野生动物（1989）。

◎摄影　李航

大天鹅 Whooper Swan

拉丁名	*Cygnus cygnus*	
目科属	雁形目 ANSERIFORMES	
	鸭科 Anatidae（Ducks，Geese，Swans）	
	天鹅属（鹄属）*Cygnus* Bechstein，1803	

【俗　　称】大鹄、白鹅、哑声天鹅、黄嘴天鹅

【形态特征】体长约 150cm 的大型游禽，全体白色，颈较长，与躯体等长或比躯体长，在水面时颈垂直向上，头向前平伸。嘴基部高，嘴黑色，但上嘴基部的黄色斑面积较大，向前从两侧伸到鼻孔之下，嘴先端和脚黑色。幼鸟通体淡灰褐色。

【区系分布】古北型，在安徽为冬候鸟。见于凤阳花园湖、明光女山湖、滁州、合肥、庐江黄陂湖。

【生活习性】集群在大型湖泊越冬，生性安静而叫声悠长。在水面起飞需助跑，飞行时颈向前伸直，两脚向后伸至尾下。

【受胁和保护等级】LC（IUCN，2017）；NT 几近符合 VU（中国物种红色名录，2004）；国家 II 级重点保护野生动物（1989）。

● 摄影 诸立新

小天鹅　Tundra Swan

拉丁名	*Cygnus columbianus*	
目科属	雁形目 ANSERIFORMES	
	鸭科 Anatidae（Ducks，Geese，Swans）	
	天鹅属（鹄属）*Cygnus* Bechstein，1803	

【俗　　称】鹄、短嘴天鹅、啸声天鹅

【形态特征】体长约 140cm 的大型游禽，全体白色，体型较大天鹅小，颈和嘴也较短，嘴黑色，嘴基

黄色斑向前伸不到鼻孔之下。

【区系分布】古北型，欧亚亚种 *C.c.bewickii* 在安徽为冬候鸟。见于淮北、淮南、瓦埠湖、合肥（安徽大学、大房郢水库）、肥东、巢湖、庐江（汤池、黄陂湖）、郎溪南漪湖、太湖花凉亭水库、黄湖、龙感湖、大官湖、泊湖、武昌湖、菜子湖、白荡湖、枫沙湖、七里湖、升金湖、宣城、清凉峰。

【生活习性】叫声清脆，集群在大型湖泊越冬，以水生植物为食。

【受胁和保护等级】LC（IUCN，2017）；NT 几近符合 VU（中国物种红色名录，2004）；国家Ⅱ级重点保护野生动物（1989）。

◎摄影　高厚忠、张忠东、夏家振

鸿雁　Swan Goose

拉丁名	*Anser cygnoides*	
目科属	雁形目 ANSERIFORMES	
	鸭科 Anatidae（Ducks，Geese，Swans）	
	雁属 *Anser* Brisson，1760	

【俗　　称】大雁、草雁

【形态特征】体长约 88cm 的大型游禽，嘴黑色，脚橙黄色。前额靠近嘴基处有一白色细环纹，颈部颜色一分为二，前颈白色、后颈棕褐色。上体大致为灰褐色，尾上覆羽及尾端白色，胸、腹淡黄褐色，胁有暗色横斑，下腹至尾下覆羽白色。

【区系分布】古北型，在安徽为冬候鸟。见于淮北、阜阳、淮南、瓦埠湖、合肥（合肥工业大学、董铺水库等）、巢湖、贵池十八索、石臼湖、龙感湖、大官湖、武昌湖、白荡湖、陈瑶湖、菜子湖、枫沙湖、泊湖、黄湖、升金湖、宣城、清凉峰。

【生活习性】成群栖于湖泊，并在附近的草地田野取食。

【受胁和保护等级】VU（IUCN，2017）；VU（中国物种红色名录，2004）；安徽省Ⅱ级重点保护野生动物（1992）；中国三有保护鸟类。

◉ 摄影　夏家振、张忠东

豆雁 Bean Goose

拉丁名	*Anser fabalis*
目科属	雁形目 ANSERIFORMES
	鸭科 Anatidae（Ducks，Geese，Swans）
	雁属 *Anser* Brisson，1760

【俗　　称】大雁

【形态特征】体长约 85cm 的大型游禽，通体灰褐色且具白色和黑色横纹，喙黑色而前端橘黄色，先端黑色。与短嘴豆雁 *A.serrirostris* 形态接近，主要区别在于体型更大，颈更细长，喙较长且喙基相对较薄，喙上的橘黄色亚端斑较小，头颈轮廓似天鹅。

【区系分布】古北型，在安徽为冬候鸟。西伯利亚亚种 *A.f.sibiricus*（同 *A.f.middendorffii*）迁徙时见于中国东北部及北部，冬季越冬于长江下游及东南沿海省份（如海南、台湾）。安徽见于明光女山湖、淮北、阜阳、临泉、颍上八里河、凤阳花园湖、淮南（上窑、孔店等）、瓦埠湖、合肥、巢湖、庐江汤池、贵池十八索、青阳九华山、当涂石臼湖、武昌湖、泊湖、黄湖、菜子湖、陈瑶湖、龙感湖、大官湖、枫沙湖、升金湖、牯牛降、黄山。

【受胁和保护等级】LC（IUCN，2017）；LC（中国物种红色名录，2004）；安徽省 Ⅱ 级重点保护野生动物（1992）；中国三有保护鸟类。

● 摄影　夏家振

短嘴豆雁　Tundra Bean Goose

拉丁名	*Anser serrirostris*	
目科属	雁形目 ANSERIFORMES	
	鸭科 Anatidae（Ducks，Geese，Swans）	
	雁属 *Anser* Brisson，1760	

【俗　　称】大雁

【形态特征】与豆雁相近，但体型较小，颈较粗短，喙较短，下喙基部较厚，喙上的橘黄色斑较大且有些个体橘黄色延伸至嘴基，头颈轮廓似麻鸭。

【区系分布】古北型，在安徽为冬候鸟。指名亚种 *A.s.serrirostris* 迁徙时见于中国东北部及北部，冬季出现在长江下游及东南沿海省份（如海南、台湾）。安徽见于明光女山湖、淮北、阜阳、临泉、颍上八里河、凤阳花园湖、淮南（上窑、孔店等）、瓦埠湖、合肥、巢湖、庐江汤池、贵池十八索、青阳九华山、当涂石臼湖、武昌湖、泊湖、黄湖、菜子湖、陈瑶湖、龙感湖、大官湖、枫沙湖、升金湖、牯牛降、黄山。

【受胁和保护等级】LC（IUCN，2017）；LC（中国物种红色名录，2004）；安徽省 II 级重点保护野生动物（1992）；中国三有保护鸟类。

● 摄影　夏家振、张忠东

白额雁　Greater White-fronted Goose

拉丁名	*Anser albifrons*	
目科属	雁形目 ANSERIFORMES	
	鸭科 Anatidae（Ducks，Geese，Swans）	
	雁属 *Anser* Brisson，1760	

【俗　　称】鸿大雁

【形态特征】体长约75cm的大型游禽，体羽大致灰褐色。嘴粉红色，上嘴基部和额之间有白色环斑。胸腹部色深。

【区系分布】古北型，太平洋亚种 *A.a.frontalis* 在安徽为冬候鸟。见于阜阳、淮南、长丰、肥东、肥西、巢湖、大官湖、泊湖、黄湖、菜子湖、龙感湖、升金湖。

【**生活习性**】同其他雁类。

【**受胁和保护等级**】LC（IUCN，2017）；LC（中国物种红色名录，2004）；国家Ⅱ级重点保护野生动物（1989）。

◉ 摄影　夏家振、张忠东

小白额雁 Lesser White-fronted Goose

拉丁名	*Anser erythropus*
目科属	雁形目 ANSERIFORMES
	鸭科 Anatidae（Ducks，Geese，Swans）
	雁属 *Anser* Brisson，1760

【俗　　称】弱雁

【形态特征】体长约 60cm 的中型游禽，体羽大致灰褐色，与白额雁相似，但体型较小，羽色较深，嘴和颈也较短，特别是上嘴基部和额之间的白色环在额部较白额雁大，且向后可延伸到两眼之间的头顶部，眼圈金黄色。

【区系分布】古北型，在安徽为冬候鸟。见于滁州、升金湖、菜子湖、陈瑶湖、大官湖、泊湖、石臼湖。

【生活习性】同其他雁类。

【受胁和保护等级】VU（IUCN，2017）；VU（中国物种红色名录，2004）；安徽省 II 级重点保护野生动物（1992）；中国三有保护鸟类。

◉ 摄影　夏家振、秦皇岛市观（爱）鸟协会

灰雁 Greylag Goose

拉丁名	*Anser anser*	
目科属	雁形目 ANSERIFORMES	
	鸭科 Anatidae（Ducks，Geese，Swans）	
	雁属 *Anser* Brisson，1760	

【俗　　称】大雁、红嘴雁

【形态特征】体长约 84cm 的大型游禽，上体灰褐色，羽色较淡，颈部具有浅色纵纹，翼上覆羽羽缘白色，尾下覆羽白色。嘴和脚粉红色。

【区系分布】古北型，东方亚种 *A.a.rubrirostris* 在安徽为冬候鸟。见于明光女山湖、淮北、阜阳、淮

南、瓦埠湖、合肥、长丰、肥东、肥西、巢湖、石臼湖、郎溪南漪湖、黄湖、龙感湖、泊湖、菜子湖、升金湖、清凉峰。

【生活习性】同其他雁类。

【受胁和保护等级】LC（IUCN，2017）；LC（中国物种红色名录，2004）；安徽省Ⅱ级重点保护野生动物（1992）；中国三有保护鸟类。

● 摄影　张忠东、夏家振

雪雁 Snow Goose

拉丁名	*Anser caerulescens*	
目科属	雁形目 ANSERIFORMES	
	鸭科 Anatidae（Ducks，Geese，Swans）	
	雁属 Anser Brisson，1760	

【俗　　称】白雁

【形态特征】体长约 80cm 的大型游禽，全身白色，仅飞羽黑色。嘴巴和脚粉红色。此外还有蓝色型个体，除头部外其余羽色偏黑。

【区系分布】古北型，繁殖于北美极地苔原，在北美亚热带及温带越冬。在安徽为罕见迷鸟。指名亚种 *A.c.caerulescens* 见于安徽沿江湿地，曾摄于升金湖（尹莉，2014 年 1 月）。

【生活习性】同其他雁类。常与豆雁混群。

【受胁和保护等级】LC（IUCN，2017）；安徽省Ⅱ级重点保护野生动物（1992）；中国三有保护鸟类。

斑头雁　Bar-headed Goose

拉丁名	*Anser indicus*
目科属	雁形目 ANSERIFORMES
	鸭科 Anatidae（Ducks，Geese，Swans）
	雁属 *Anser* Brisson，1760

【俗　　称】白头雁、黑纹头雁

【形态特征】体长约 70cm 的大型游禽，头部白色，头顶具有两道黑色横纹，脸部有一条白色条带延伸至肩部。身体其余部分大都灰白色，嘴巴和脚黄色。

【区系分布】古北型，繁殖于青藏高原，在我国西藏南部地区和中部地区越冬。安徽省内为罕见迷鸟。见于升金湖等沿江湖泊湿地。

【生活习性】同其他雁类。

【受胁和保护等级】LC（IUCN，2017）；LC（中国物种红色名录，2004）；安徽省Ⅱ级重点保护野生动物（1992）；中国三有保护鸟类。

◎摄影　高厚忠、夏家振

黑雁　Brant Goose

拉丁名	*Branta bernicla*
目科属	雁形目 ANSERIFORMES
	鸭科 Anatidae（Ducks，Geese，Swans）
	黑雁属 *Branta* Scopoli，1769

【形态特征】体长约70厘米的中型大雁。头、颈、胸、嘴及脚黑褐色，虹膜褐色，背及两翼灰褐色，尾下覆羽白色，胸侧及胁部多近白色纹。颈部两侧各具一个特征性白色横纹，在颈前后断开，未能联成颈环。幼鸟颈部无白斑，而翅上多白色横纹。

【区系分布】古北型，繁殖于北美洲、西伯利亚极地的苔原冻土带，越冬于南方沿海的草地及河口。黑

腹亚种 *B.b.nigricans* 在安徽为罕见迷鸟。曾摄于安庆沿江湖泊湿地（赵凯，2017 年 1 月）。

【生活习性】性活跃，喜集群，常成群活动和栖息，主要以植物性食物为食。

【受胁和保护等级】LC（IUCN，2017）；安徽省Ⅱ级重点保护野生动物；中国三有保护鸟类。

红胸黑雁　Red-breasted Goose

拉丁名	*Branta ruficollis*
目科属	雁形目 ANSERIFORMES
	鸭科 Anatidae（Ducks，Geese，Swans）
	黑雁属 *Branta* Scopoli，1769

【**形态特征**】体长约 54cm 的小型大雁，嘴短，全身以黑色为主，脸部、颈部和胸口橙红色，嘴基后方、胁部和尾下覆羽白色，翼上覆羽也有白色条纹。

【**区系分布**】古北型，繁殖于西伯利亚泰梅尔半岛，在欧洲东南部越冬。安徽省内为罕见迷鸟。见于升金湖（马克·巴特，2008 年 12 月 11 日）。

【**生活习性**】小巧的大雁，性格喧闹，喜欢停歇在大型湖泊周边。

【**受胁和保护等级**】VU（IUCN，2017）；EN（中国物种红色名录，2004）；CITES 附录 II（2003）；国家 II 级重点保护野生动物（1989）。

赤麻鸭　Ruddy Shelduck

拉丁名	*Tadorna ferruginea*
目科属	雁形目 ANSERIFORMES
	鸭科 Anatidae（Ducks，Geese，Swans）
	麻鸭属 *Tadorna* Fleming，1822

【俗　　称】黄凫、黄鸭、喇嘛鸭、红雁

【形态特征】体长约 64cm 的大型戏水鸭。全体黄褐色，雄鸟繁殖羽有细的黑色颈环，雌鸟和雄鸟非繁殖羽均无黑色颈环。飞羽黑色，翅上覆羽白色，具绿色翼镜，飞行时前后对比明显。嘴和脚黑色。

【区系分布】古北型，在安徽为冬候鸟。分布于全省各地，见于淮北、滁州、凤阳、明光、定远、阜南、颍上、凤台、怀远、五河、固镇、淮南、寿县（瓦埠湖等）、合肥（义城、董铺水库等）、肥东、肥西、长丰、巢湖、庐江（汤池等）、六安、舒城、霍邱、芜湖、当涂、贵池、郎溪、宣城、桐城、枞阳、望江、宿松、东至、石臼湖、升金湖、龙感湖、黄湖、泊湖、武昌湖、菜子湖、白荡湖、枫沙湖、陈瑶湖。

【生活习性】冬季栖息于大型湿地，如大雁般在草地泥滩觅食。

【受胁和保护等级】LC（IUCN，2017）；LC（中国物种红色名录，2004）；中国三有保护鸟类。

◎摄影　夏家振、高厚忠

翘鼻麻鸭 Common Shelduck

拉丁名	*Tadorna tadorna*
	雁形目 ANSERIFORMES
目科属	鸭科 Anatidae（Ducks，Geese，Swans）
	麻鸭属 *Tadorna* Fleming，1822

【俗　　称】翘鼻鸭、冠鸭

【形态特征】体长约63cm的大型戏水鸭，体羽大致为黑白两色。头、上颈、初级飞羽及尾端为黑色，翼镜绿色，胸至背有栗色环带。下体白色，腹中央具黑色纵带。嘴红色，向上翘，繁殖期雄鸟上嘴基部有一红色皮质肉瘤，脚和趾肉红色。

【区系分布】古北型，在安徽为冬候鸟。在淮河以南湿地越冬，见于淮南孔店、瓦埠湖、合肥、长丰、肥西、肥东、巢湖、霍邱城西湖、庐江汤池、石臼湖、升金湖、龙感湖、泊湖、武昌湖、菜子湖、白荡湖、黄山。

【生活习性】越冬习性似赤麻鸭，但繁殖时更喜欢盐水湖泊。

【受胁和保护等级】LC（IUCN，2017）；LC（中国物种红色名录，2004）；中国三有保护鸟类。

◉ 摄影　夏家振

棉凫 Cotton Pygmy Goose

拉丁名	*Nettapus coromandelianus*
目科属	雁形目 ANSERIFORMES
	鸭科 Anatidae（Ducks，Geese，Swans）
	棉凫属 *Nettapus* Brandt，1836

【俗　　称】小棉鸭

【形态特征】体长约 33cm 的小型戏水鸭，是最小的鸭科鸟类。雄鸟头、颈大致为白色，头顶黑色，颈环和背部暗绿色。初级飞羽黑褐色，飞羽中部形成大的白色翅斑，飞行时十分明显。雌鸟有白色眉纹及黑色贯眼纹，背褐色，无颈环，下颈有黑褐色斑纹。

【区系分布】东洋型，指名亚种 *N.c.coromandelianus* 在安徽为夏候鸟。见于合肥、巢湖、六安金安区、当涂（石臼湖、湖阳公社）、升金湖、菜子湖、龙感湖、安庆（皖河口、秦潭湖）。

【生活习性】喜栖息于多水草浮萍的河流水塘，营巢于树洞之中。

【受胁和保护等级】LC（IUCN，2017）；EN（中国物种红色名录，2004）；中国三有保护鸟类。

◎摄影 夏家振、黄丽华

鸳鸯　Mandarin Duck

拉丁名	*Aix galericulata*
目科属	雁形目 ANSERIFORMES
	鸭科 Anatidae（Ducks，Geese，Swans）
	鸳鸯属 *Aix* Boie，1828

【形态特征】体长约 45cm 的中小型戏水鸭。繁殖羽：雄鸟头上有艳丽的冠羽、颈侧有矛形的栗色领羽、翅上有一对栗黄色的扇状直立帆羽，色彩艳丽，翼镜蓝绿色，嘴橙红色。非繁殖羽：雄鸟饰羽消失。雌鸟体褐色，眼周白色并向眼后延伸，胸和胁有淡色斑点。

【区系分布】古北型，在安徽为冬候鸟和留鸟。见于淮北、亳州、滁州皇甫山、五河天岗湖、淮南（近郊、舜耕山）、瓦埠湖、肥东岱山湖、合肥（南艳湖、董铺水库）、霍山黑石渡、佛子岭水库、金寨、霍邱城西湖、石臼湖、安庆江心洲、太平湖、升金湖、菜子湖、清凉峰、牯牛降、石台、黄山、宣城、宁国西津河、休宁、黟县。2013 年在石台县秋浦河发现有一个繁殖种群。近几年在淮南大通湿地发现上百只越冬种群，数量稳定。金寨天马保护区近年也发现 300 余只越冬种群，保护区内亦观察到少量个体留居繁殖。

【生活习性】繁殖期喜活动于靠近林子的宽阔河流或大型溪流，营巢于树洞。越冬于大型湖泊水库。

【受胁和保护等级】LC（IUCN，2017）；NT 几近符合 VU（中国物种红色名录，2004）；国家 II 级重点保护野生动物（1989）。

◉ 摄影　夏家振、杨远方

赤颈鸭　Eurasian Wigeon

拉丁名	*Anas penelope*
目科属	雁形目 ANSERIFORMES
	鸭科 Anatidae（Ducks，Geese，Swans）
	鸭属 *Anas* Linnaeus，1758

【俗　　称】红鸭

【形态特征】体长约48cm的中型戏水鸭。雄鸟繁殖羽嘴灰色，先端黑色，头和颈红褐色，前额黄色，背和两胁灰白，且具暗褐色波状细纹，翅上覆羽白色，飞行时可见白色覆羽和绿色翼镜；雌鸟大致为黑褐色，翼镜暗灰褐色。

【区系分布】古北型，在安徽为冬候鸟，分布于全省各地。见于淮北、临泉、颍上八里河、凤阳、淮南、瓦埠湖、合肥（义城、清溪公园等）、巢湖、六安、舒城、霍邱城西湖、枞阳、贵池十八索、望江、东至、升金湖、龙感湖、泊湖、菜子湖、陈瑶湖、破罡湖、石台。

【生活习性】喜欢与其他野鸭混群，栖息于湖泊河口等湿地。

【受胁和保护等级】LC（IUCN，2017）；LC（中国物种红色名录，2004）；CITES 附录Ⅲ（2003）；中国三有保护鸟类。

◉ 摄影　薛琳、林清贤、匡中帆

赤膀鸭　Gadwall

拉丁名	*Anas strepera*
目科属	雁形目 ANSERIFORMES
	鸭科 Anatidae（Ducks，Geese，Swans）
	鸭属 *Anas* Linnaeus，1758

【俗　　称】漈凫

【形态特征】体长约 50cm 的中型戏水鸭，雄鸟嘴黑色，脚橙黄色，尾黑色。全体大致为棕色，杂有黑褐色斑纹，贯眼纹黑褐色。翅上有宽的棕栗色横带和黑白两色翼镜，飞行时尤为明显。雌鸟嘴橙黄色，嘴峰黑色，头较扁平。

【区系分布】古北型，指名亚种 *A.s.strepera* 在安徽为冬候鸟。见于淮北、阜阳、淮南、瓦埠湖、凤阳、舒城、合肥、巢湖、六安、霍邱城西湖、芜湖、枞阳、望江、东至、陈瑶湖、升金湖、龙感湖、黄湖、大官湖、武昌湖、菜子湖、清凉峰。

【生活习性】喜欢开阔淡水湖泊湿地，经常与其他野鸭混群。

【受胁和保护等级】LC（IUCN，2017）；LC（中国物种红色名录，2004）；中国三有保护鸟类。

◎ 摄影　夏家振

罗纹鸭 Falcated Duck

拉丁名	*Anas falcata*
目科属	雁形目 ANSERIFORMES
	鸭科 Anatidae（Ducks，Geese，Swans）
	鸭属 *Anas* Linnaeus，1758

【俗　　称】扁头鸭、葭凫

【形态特征】体长约 48cm 的中型戏水鸭。繁殖羽：雄鸟头顶暗栗色，头两侧和颈部以及冠羽绿色，额基有一白斑，前颈基部有一黑色领环。三级飞羽弯长呈镰刀状，翼镜绿黑色。下体杂有黑白相间的波浪状细纹，尾下覆羽两侧有黄色三角形块斑。雌鸟上体黑褐色，肩背有 V 字形羽和棕色羽缘。

【区系分布】古北型，在安徽为冬候鸟。分布于安徽各地，见于淮北、滁州、明光、阜阳、阜南、颍上、怀远、五河、固镇、蚌埠、凤阳、淮南、瓦埠湖、合肥（董铺水库、义城等）、肥西紫蓬山、巢湖、舒城、霍邱、庐江、芜湖、当涂（石臼湖等）、青阳九华山、宣城、枞阳、望江、宿松、贵池、郎溪、东至、升金湖、陈瑶湖、枫沙湖、龙感湖、大官湖。

【生活习性】集群栖息于开阔湖泊中央，有时与其他野鸭混群。

【受胁和保护等级】NT（IUCN，2017）；NT 几近 VU 濒危（中国物种红色名录，2004）；中国三有保护鸟类。

● 摄影　夏家振、张忠东

花脸鸭　Baikal Teal

拉丁名	*Anas formosa*
目科属	雁形目 ANSERIFORMES
	鸭科 Anatidae（Ducks，Geese，Swans）
	鸭属 *Anas* Linnaeus，1758

【**形态特征**】体长约 40cm 的小型戏水鸭。繁殖羽：雄鸟脸部由黄、绿、黑、白等多种颜色组成花纹状，胸部棕色，肩羽长，翼镜绿色。尾下覆羽黑褐色。雌鸟上体大致为暗褐色，嘴后有一白色圆斑，两胁暗褐色且有浅棕色羽缘。

【**区系分布**】古北型，在安徽为冬候鸟。见于颍上、五河、凤阳、寿县（瓦埠湖等）、合肥、肥西（紫蓬山等）、巢湖、霍邱、庐江、当涂（石臼湖等）、芜湖、枞阳、菜子湖、陈瑶湖、东至、升金湖、青阳九华山、宣城、郎溪、清凉峰、牯牛降、黄山。

【**生活习性**】冬季喜欢集群或与其他鸭类混群，栖息于各种淡水或咸水水域，包括湖泊、江河、水库、水塘、沼泽、河湾以及农田原野等各类生境。

【**受胁和保护等级**】LC（IUCN，2017）；VU（中国物种红色名录，2004）；CITES 附录 II（2003）；中国三有保护鸟类。

◉ 摄影　薛琳

绿翅鸭 Green-winged Teal

拉丁名	*Anas crecca*
目科属	雁形目 ANSERIFORMES
	鸭科 Anatidae（Ducks，Geese，Swans）
	鸭属 *Anas* Linnaeus，1758

【俗　　称】巴鸭

【形态特征】体长约 37cm 的小型戏水鸭。繁殖羽：雄鸟头深栗色，从眼周到后颈有一绿色逗号形带斑，尾下覆羽黑色，但两侧各有一黄色三角形块斑。肩、背及两胁为黑白相间的细纹，翼镜绿色。雌鸟上体为暗褐色，头侧棕灰色。

【区系分布】古北型，指名亚种 *A.c.crecca* 在安徽为冬候鸟。分布于安徽各地，见于淮北、亳州、蒙城、涡阳、滁州（琅琊山等）、阜阳、临泉、淮南十涧湖、瓦埠湖、合肥（大房郢水库、董铺水库、安徽大学、南艳湖、清溪公园等）、巢湖、金寨、霍山黑石渡、当涂（石臼湖、湖阳西峰）、芜湖、庐江汤池、青阳（九华山、陵阳）、宣城、宁国西津河、贵池牛头山、陈瑶湖、菜子湖、升金湖、龙感湖、黄湖、大官湖、泊湖、武昌湖、白荡湖、枫沙湖、破罡湖、清凉峰、牯牛降、黄山。

【生活习性】冬季成群活动，栖息于湖泊、池塘、河道等不开阔的湿地水域，性胆小，经常隐匿在芦苇荡中。

【受胁和保护等级】LC（IUCN，2017）；LC（中国物种红色名录，2004）；CITES 附录Ⅲ（2003）；
中国三有保护鸟类。

◎ 摄影　夏家振、张忠东

绿头鸭　Mallard

拉丁名	*Anas platyrhynchos*
目科属	雁形目 ANSERIFORMES
	鸭科 Anatidae（Ducks，Geese，Swans）
	鸭属 *Anas* Linnaeus，1758

【俗　　称】野鸭

【形态特征】体长约 58cm 的大型戏水鸭，家鸭的祖先。繁殖羽：雄鸟头绿色，有一白色领环。胸栗色，翼镜蓝绿色，尾上、下覆羽黑色。嘴黄绿色，脚橙红色。雌鸟嘴橙黄色，贯眼纹黑褐色，全体褐色，有暗褐色斑纹。

【区系分布】古北型，指名亚种 *A.p.platyrhynchos* 在安徽为冬候鸟和留鸟。分布于全省各地，见于滁州（皇甫山、琅琊山等）、淮北、阜阳、颍上、临泉、亳州、蒙城、五河、蚌埠、淮南（淮河大桥、孔店等）、寿县（瓦埠湖等）、合肥（安徽大学、义城、大房郢水库、大蜀山、董铺水库、南艳湖等）、肥东、巢湖、六安、舒城、霍山、霍邱、当涂石臼湖、芜湖、青阳九华山、枞阳、太湖、宣城、贵池、望江、东至、升金湖、龙感湖、黄湖、大官湖、泊湖、武昌湖、菜子湖、破罡湖、白荡湖、枫沙湖、陈瑶湖、石台、清凉峰、牯牛降、黄山。少量个体在合肥、长丰、肥东和肥西等地繁殖。

【生活习性】喜栖息于各种湿地生境，食性较其他鸭子更杂，有时混群于家鸭之中，与家鸭产生杂交

个体。

【受胁和保护等级】LC（IUCN，2017）；LC（中国物种红色名录，2004）；中国三有保护鸟类。

◉ 摄影　高厚忠、霍万里、夏家振

斑嘴鸭　Spot-billed Duck

拉丁名	*Anas poecilorhyncha*
目科属	雁形目 ANSERIFORMES
	鸭科 Anatidae（Ducks，Geese，Swans）
	鸭属 *Anas* Linnaeus，1758

【**俗　　称**】谷鸭

【**形态特征**】体长约 60cm 的大型戏水鸭。雌雄同色，雌鸟色淡。嘴黑色，前端黄色，脚橙黄色。体羽棕褐色，翼镜蓝色或绿色，三级飞羽的外翈具宽阔的白缘，形成白斑。

【**区系分布**】古北型，普通亚种 *A.p.zonorhyncha* 在安徽为冬候鸟和留鸟。分布于全省各地，见于淮北、明光、凤阳、滁州（皇甫山等）、阜阳、颍上、蒙城、涡阳、怀远、五河、淮南（上窑、孔店等）、寿县（瓦埠湖等）、合肥（安徽大学、大房郢水库、大蜀山、董铺水库、清溪公园等）、肥东、肥西紫蓬山、巢湖、霍邱、霍山黑石渡、芜湖、马鞍山、石臼湖、庐江汤池、枞阳、宿松、望江、青阳九华山、贵池、郎溪、东至、陈瑶湖、菜子湖、龙感湖、黄湖、大官湖、枫沙湖、白荡湖、武昌湖、泊湖、升金湖、清凉峰、宣城、黄山。少量个体在合肥、肥东、肥西、长丰、铜陵等地繁殖。

【生活习性】喜栖息于各种湿地生境，受惊后经常成对在水域上空盘飞。

【受胁和保护等级】LC（IUCN，2017）；LC（中国物种红色名录，2004）；中国三有保护鸟类。

◎摄影　高厚忠、夏家振

针尾鸭 Northern Pintail

拉丁名	*Anas acuta*
目科属	雁形目 ANSERIFORMES
	鸭科 Anatidae（Ducks，Geese，Swans）
	鸭属 *Anas* Linnaeus，1758

【俗　　称】尖尾鸭、针尾凫

【形态特征】体长约 75cm 的大型戏水鸭。繁殖羽：雄鸟头暗褐色，颈侧有白色纹路，向下与胸部白色相连，中央一对尾羽特别长。背灰色，有黑色细纹。翼镜绿色，胸腹白色，尾下覆羽黑色。雌鸟体羽大致为褐色，有黑褐色斑，无翼镜，尾较短，但较尖。

【区系分布】古北型，在安徽为冬候鸟。见于淮北、明光、滁州、五河、颍上八里河、凤阳、霍邱城西湖、瓦埠湖、淮南、合肥、长丰、肥东、巢湖、当涂（石臼湖等）、芜湖、宣城、贵池十八索、郎溪、枞阳、菜子湖、陈瑶湖、东至、升金湖、大官湖、龙感湖、破罡湖、枫沙湖。

【生活习性】更偏好咸水的野鸭，喜欢单独或混群于其他野鸭之中。

【受胁和保护等级】LC（IUCN，2017）；LC（中国物种红色名录，2004）；CITES 附录Ⅲ（2003）；中国三有保护鸟类。

● 摄影　夏家振

白眉鸭　Garganey

拉丁名	*Anas querquedula*
目科属	雁形目 ANSERIFORMES
	鸭科 Anatidae（Ducks，Geese，Swans）
	鸭属 *Anas* Linnaeus，1758

【俗　　称】巡凫

【形态特征】体长约38cm的小型戏水鸭。繁殖羽：雄鸟头、颈淡栗色，有长白眉纹伸到头后，上体棕褐色，肩、翅蓝灰色，肩羽延长成黑白两色的尖形。翼镜绿色，其前后各有一条白色边。胸棕黄，杂有暗褐色波纹；两胁棕白，有灰白色波纹。雌鸟在白色眉纹之下还有一条不明显的白纹，呈双眉状。

【区系分布】古北型，在安徽为旅鸟。见于淮北、阜阳、临泉、淮南、寿县（瓦埠湖、安丰塘）、合肥（清溪公园、南艳湖、义城等）、巢湖、肥西、肥东、六安、霍邱城西湖、芜湖、当

涂（石臼湖、湖阳西峰）、菜子湖、陈瑶湖、泊湖、武昌湖、升金湖、黄山。

【生活习性】性胆怯，春秋迁徙季常单独或成对在湖泊水库等湿地停留。

【受胁和保护等级】LC（IUCN，2017）；LC（中国物种红色名录，2004）；CITES 附录Ⅲ（2003）；中国三有保护鸟类。

◉ 摄影　张忠东

琵嘴鸭　Northern Shoveler

拉丁名	*Anas clypeata*
目科属	雁形目 ANSERIFORMES
	鸭科 Anatidae（Ducks，Geese，Swans）
	鸭属 *Anas* Linnaeus，1758

【俗　　称】铲土鸭、琵琶嘴鸭

【形态特征】体长约 50cm 的中型戏水鸭。嘴长大于头长，先端扩大成铲状。繁殖羽：雄鸟头部暗绿，眼黄色，下颈至上胸白色。背黑色，尾羽白色。下胸至腹、肋栗色，下腹白色，尾下覆羽黑色。飞行时翅上覆羽灰蓝色，初级飞羽暗褐色，翼镜暗绿色。嘴黑色，脚橙红色。雌鸟嘴暗褐色，嘴的周边橙色，全体主要为褐色，并布有棕色纵纹。

【区系分布】古北型，在安徽为冬候鸟。见于淮北、颍上八里河、淮南、合肥（清溪公园、义城等）、巢湖、肥西、当涂（石臼湖、湖阳）、芜湖、武昌湖、泊湖、大官湖、升金湖、菜子湖、枫沙湖。

【生活习性】常集群或混群于其他野鸭之中，铲形的嘴强化了滤食能力，同时也能够在浅水泥地里挖掘食物。

【受胁和保护等级】LC（IUCN，2017）；LC（中国物种红色名录，2004）；CITES 附录Ⅲ（2003）；中国三有保护鸟类。

◉ 摄影　霍万里、夏家振

赤嘴潜鸭　Red-crested Pochard

拉丁名	*Netta rufina*
目科属	雁形目 ANSERIFORMES
	鸭科 Anatidae（Ducks，Geese，Swans）
	狭嘴潜鸭属 *Netta* Kaup，1829

【**形态特征**】体长约 55cm 的大型潜水鸭。繁殖羽：雄鸟嘴巴、眼睛和头部红色，头部羽毛蓬松，胸部和尾下覆羽黑色，腹部和翼下覆羽白色，背部灰色。雌鸟嘴巴黑色，前端黄色；头部色彩分明；眼上方深褐色，下方白色。身体总体呈褐色。

【**区系分布**】古北型，主要越冬区在南亚次大陆至中国西南。在安徽为迷鸟，见于望江县武昌湖、五河县天岗湖（杨森、李春林等，2017）。

【**生活习性**】栖息于有植被或芦苇的湖泊、缓水河流。擅长游泳和潜水，杂食性，主要以水生植物和鱼虾贝壳类为食。

【**受胁和保护等级**】LC（IUCN，2017）；LC（中国物种红色名录，2004）；中国三有保护鸟类。

◉ 摄影　薛琳

红头潜鸭　Common Pochard

拉丁名	*Aythya ferina*
目科属	雁形目 ANSERIFORMES
	鸭科 Anatidae（Ducks，Geese，Swans）
	潜鸭属 *Aythya* Boie，1822

【形态特征】体长约 45cm 的中型潜水鸭。繁殖羽：雄鸟嘴铅黑色，脚灰黑，头栗红色，眼红色。上体淡灰色，有灰色波状细纹。胸黑色，腹和两肋白色，尾下覆羽黑色。非繁殖羽：雄鸟头和颈的羽色分界模糊，头至上颈略带黑色。雌鸟头、颈和胸暗褐色，眼黑色，背、肋和腹灰色有暗褐色细纹。

【区系分布】古北型，在安徽为冬候鸟。见于淮北、阜阳、颍上八里河、淮南、寿县（安丰塘、瓦埠湖）、花园湖、长丰、肥东、肥西、巢湖、石臼湖、霍邱城西湖、庐江黄陂湖、贵池十八索、宣城南漪湖、升金湖、菜子湖、泊湖。

【生活习性】常集大群栖息于中大型水域的深水区，擅长潜水取食水草。

【受胁和保护等级】VU（IUCN，2017）；中国三有保护鸟类。

◉ 摄影　夏家振

青头潜鸭　Baer's Pochard

拉丁名	*Aythya baeri*
目科属	雁形目 ANSERIFORMES
	鸭科 Anatidae（Ducks，Geese，Swans）
	潜鸭属 *Aythya* Boie，1822

【俗　　称】东方白眼鸭、白目凫、青头鸭

【形态特征】体长约 45cm 的中型潜水鸭。嘴和脚灰黑色，繁殖羽：雄鸟头部绿色近黑，眼白色，背黑褐色，胸暗栗色，腹、翼镜和尾下覆羽白色，胁部具有褐色鳞状粗纹。雌鸟头、颈、胸及背暗褐色，眼褐色，嘴角有一红栗色圆斑。与白眼潜鸭的区别为棕色多些，赤褐色少些，腹部白色延及体侧。

【区系分布】古北型，在安徽为冬候鸟和留鸟。见于淮北（46 只，杨森，2016年 12 月）、明光女山湖、阜阳、颍上八里河、临泉、五河沱湖、淮南、寿县（安丰塘、瓦埠湖）、花园湖、合肥（义城等）、霍邱城西湖、庐江黄陂湖、枞阳陈瑶

湖、菜子湖、黄湖、泊湖、升金湖、芜湖、宣城南漪湖。近年观测拍摄于合肥义城（2只，纸麻雀，2013年2月25日）和六安市金安区（2只，黄丽华等，2014年7月15日）。

【生活习性】性胆怯，常成对或者与白眼潜鸭混群栖息于多水生植物的中大型水域的深水区，潜水取食。近年来发现在安徽省内可能有繁殖种群。

【受胁和保护等级】CR（IUCN，2017）；VU（中国物种红色名录，2004）；中国三有保护鸟类。

◉摄影　李航、夏家振、黄丽华

白眼潜鸭　Ferruginous Pochard

拉丁名	*Aythya nyroca*
目科属	雁形目 ANSERIFORMES
	鸭科 Anatidae（Ducks，Geese，Swans）
	潜鸭属 *Aythya* Boie，1822

【俗　　称】白眼鸭、白眼凫

【形态特征】体长约 41cm 的中型潜水鸭。雄鸟头、颈和胸亮褐色，眼白色，颈胸交界处有一条不明显的黑褐色领环。上体暗褐色，翼镜白色，尾下覆羽白色。雌鸟大致和雄鸟相似，但羽色较暗，眼褐色。与青头潜鸭的区别为两胁少白色。

【区系分布】古北型，在安徽为冬候鸟。见于淮北、阜阳、淮南、升金湖（14 只，周波，2008 年 1 月 16 日）、合肥义城（5 只，纸麻雀，2013 年 2 月 25 日）、巢湖。

【生活习性】性胆怯，常成对或集小群栖息于多水生植物的中大型水域的深水区。

【受胁和保护等级】NT（IUCN，2017）；中国三有保护鸟类。

○摄影　杨远方、夏家振

凤头潜鸭 Tufted Duck

拉丁名	*Aythya fuligula*
目科属	雁形目 ANSERIFORMES
	鸭科 Anatidae（Ducks，Geese，Swans）
	潜鸭属 *Aythya* Boie，1822

【俗　　称】泽凫、凤头鸭

【形态特征】体长约 40cm 的中型潜水鸭。雌雄均有长的辫状冠羽，嘴宽大，眼黄色。雄鸟全体黑色，但腹部、两胁和翼镜为白色。雌鸟全体大致为褐色，两胁有褐色斑纹，腹部白色。

【区系分布】古北型，在安徽为冬候鸟。见于淮北、颍上八里河、花园湖、淮南、寿县（安丰塘、瓦埠湖）、合肥、巢湖、石臼湖、霍邱城西湖、庐江黄陂湖、芜湖、枞阳（陈瑶湖、老湾姚岗村）、菜子湖、升金湖、大官湖、武昌湖、宣城南漪湖。

【生活习性】集群或混群栖息于中大型水域的深水区，潜水取食。

【受胁和保护等级】LC（IUCN，2017）；LC（中国物种红色名录，2004）；中国三有保护鸟类。

安徽省鸟类分布名录与图鉴

◉ 摄影　夏家振

124

斑背潜鸭 Greater Scaup

拉丁名	*Aythya marila*
目科属	雁形目 ANSERIFORMES
	鸭科 Anatidae（Ducks，Geese，Swans）
	潜鸭属 *Aythya* Boie，1822

【**形态特征**】体长约 45cm 的中型潜水鸭。嘴蓝灰色，眼金黄色。雄鸟头、颈、胸和尾上、尾下覆羽均为黑色，背白色，并有波状黑色细横纹，翼镜白色。雌鸟褐色，嘴基有白色宽环，飞行时头、颈的黑色和身体的白色以及翅上的黑白两色对比都很明显。本种与凤头潜鸭存在普遍的杂交现象，杂交个体中雌鸟特征介于两者之间，嘴部白环较斑背潜鸭雌鸟窄。

【**区系分布**】古北型，东方亚种 *A.m.nearctica* 在安徽为冬候鸟。见于颍上八里河、寿县（安丰塘、瓦埠湖）、合肥（董铺水库等）、巢湖、霍邱城西湖、菜子湖、白荡湖、青阳九华山。

【**生活习性**】本种全球数量极大，但国内越冬数量不多，多在北方沿海越冬。省内可能混群于凤头潜鸭之间。主要以甲壳类、水生昆虫、软体动物、小型鱼类等水生动物为食。

【**受胁和保护等级**】LC（IUCN，2017）；LC（中国物种红色名录，2004）；中国三有保护鸟类。

◉ 摄影　薛琳

鹊鸭　Common Goldeneye

拉丁名	*Bucephala clangula*
目科属	雁形目 ANSERIFORMES
	鸭科 Anatidae（Ducks，Geese，Swans）
	鹊鸭属 *Bucephala* Baird，1858

【形态特征】体长约 46cm 的中型潜水鸭。头黑色带有绿色光泽，眼金黄色，两颊有大块白色圆斑。上体和尾下覆羽黑色，颈及下体白色，翅大部分黑色，但次级飞羽白色。雌鸟头至上颈褐色，有白色领环，两颊无白斑。

【区系分布】古北型，指名亚种 *B.c.clangula* 在安徽为冬候鸟。见于滁州、颍上八里河、寿县（安丰塘、瓦埠湖）、霍邱城西湖、花园湖、黄陂湖、菜子湖、升金湖、石臼湖、宣城南漪湖。

【生活习性】与其他野鸭混群在中大型水域的深水区，潜水取食，食物主要为昆虫及其幼虫、蠕虫、甲壳类、软体动物、小鱼、蛙以及蝌蚪等各种淡水和咸水水生动物。

【受胁和保护等级】LC（IUCN，2017）；LC（中国物种红色名录，2004）；中国三有保护鸟类。

斑脸海番鸭　White-winged Scoter

拉丁名	*Melanitta fusca*
目科属	雁形目 ANSERIFORMES
	鸭科 Anatidae（Ducks，Geese，Swans）
	海番鸭属 *Melanitta* Boie，1822

【形态特征】体长约56cm的中大型海鸭。雄鸟全身黑色，嘴巴以黄色为主，边缘带粉色而基部黑色，眼下向眼后方延伸出一条上扬的白斑，次级飞羽白色，脚粉色。雌鸟整体深灰色，眼下方前后各有一圆形斑块。

【区系分布】古北型，在安徽为旅鸟和冬候鸟。西伯利亚亚种 *M.f.stejnegeri* 见于芜湖青弋江（1对。胡

文钰等，2014年12月6日）。

【生活习性】通常在内陆繁殖，海上越冬。冬天会流连于湖泊和河流，或寻找海洋沿岸的边缘庇护。

【受胁和保护等级】VU（IUCN，2017）；LC（中国物种红色名录，2004）；中国三有保护鸟类。

◉ 摄影　秦皇岛市观（爱）鸟协会

斑头秋沙鸭　Smew

拉丁名	*Mergellus albellus*
目科属	雁形目 ANSERIFORMES
	鸭科 Anatidae（Ducks，Geese，Swans）
	斑头秋沙鸭属 *Mergellus* Selby，1840

【俗　　称】白秋沙鸭、熊猫鸭

【形态特征】体长约 40cm 的小型秋沙鸭。雄鸟繁殖羽全身大致白色，头有白色冠羽，但眼周、枕、背及初级飞羽黑色，嘴和脚铅灰色。雌鸟头顶栗色，喉、颈白色，背黑褐色，胸、腹灰褐色。

【区系分布】古北型，在安徽为冬候鸟。见于淮北、颍上八里河、临泉、淮南、寿县（安丰塘、瓦埠湖）、明光女山湖、合肥义城、长丰、肥西、霍邱城西湖、石臼湖、龙感湖、黄湖、泊湖、武昌湖、大官湖、升金湖。

【生活习性】集群或混群栖息于中大型水域的湖心处，主要以小型鱼类为食，也吃一些小型水生无脊椎动物。

【受胁和保护等级】LC（IUCN，2017）；LC（中国物种红色名录，2004）；中国三有保护鸟类。

◉摄影　薛琳、张忠东、李航

红胸秋沙鸭　Red-breasted Merganser

拉丁名	*Mergus serrator*
目科属	雁形目 ANSERIFORMES
	鸭科 Anatidae（Ducks，Geese，Swans）
	秋沙鸭属 *Mergus* Linnaeus，1758

【俗　　称】尖嘴鸭

【形态特征】体长约 55cm 的大型秋沙鸭。雄鸟头绿色近黑，且有整齐的冠羽，背黑色，翅上有大型白色翼镜，上颈有宽的白色颈环，下颈至上胸锈红色，下胸至腹白色，两肋有黑白相间的波状细纹。飞行时有白色翅斑。雌鸟头至上颈栗色，具短羽冠。雄鸟虹膜红色，雌鸟虹膜褐色；雄鸟和雌鸟的嘴和脚均为红色。

【**区系分布**】古北型，在安徽为冬候鸟。见于肥西、金寨、霍山、太湖、青阳、升金湖、黄山。

【**生活习性**】栖息于大型水域的深水处，主要以小型鱼类为食。

【**受胁和保护等级**】LC（IUCN，2017）；LC（中国物种红色名录，2004）；中国三有保护鸟类。

普通秋沙鸭　Common Merganser

拉丁名	*Mergus merganser*
目科属	雁形目 ANSERIFORMES
	鸭科 Anatidae（Ducks，Geese，Swans）
	秋沙鸭属 *Mergus* Linnaeus，1758

【俗　　称】尖嘴鸭

【形态特征】体长约65cm的大型秋沙鸭。雄鸟头黑绿色，枕部有短的黑色冠羽，颈、胸、腹白色，翅覆羽和翼镜白色。雌鸟头部栗色，上体灰色，喉及下体白色，有白色翼镜。嘴和脚雌雄均为红色。

【区系分布】古北型，指名亚种 *M.m.merganser* 在安徽为冬候鸟。见于淮北、阜阳、颍上八里河、霍邱城西湖、淮南、瓦埠湖、合肥、肥东、巢湖、舒城、霍山、石臼湖、宣城、芜湖、青阳（九华山、庙前公社）、宿松、贵池十八索、升金湖、太湖、龙感湖、大官湖、泊湖、菜子湖、黄山。

【生活习性】集群栖息于湖泊或湍急河流，主要以鱼类为食。

【受胁和保护等级】LC（IUCN，2017）；LC（中国物种红色名录，2004）；中国三有保护鸟类。

中华秋沙鸭　Scaly-sided Merganser

拉丁名	*Mergus squamatus*
目科属	雁形目 ANSERIFORMES
	鸭科 Anatidae（Ducks，Geese，Swans）
	秋沙鸭属 *Mergus* Linnaeus，1758

【俗　　称】鳞胁秋沙鸭

【形态特征】体长约 57cm 的中型秋沙鸭。雄鸟头部绿色近黑；虹膜为褐色；冠羽较长；下背、腰和两胁的黑白相间细纹呈同心圆状，在两胁和体后形成鳞片状斑纹；胸腹为白色。雌鸟头棕褐色，同样具有较长的冠羽，胸和两胁也有鳞斑纹。

【区系分布】古北型，在安徽为冬候鸟。见于肥东、巢湖、六安独山镇、南陵县奎湖、霍山黑石渡、金寨淠河、史河、石台秋浦河、太湖花亭湖水库。

【生活习性】常出没于湍急河流和大型溪流，有时栖息于开阔湖泊。成对或以家庭为群，潜水捕食鱼类。

【受胁和保护等级】EN（IUCN，2017）；稀有种（中国物种红色名录，2004）；CITES 附录 I（2003）；国家 I 级重点保护野生动物（1989）。

◎摄影　夏家振、张忠东、胡云程

白鹤　Siberian Crane

拉丁名	*Grus leucogeranus*
目科属	鹤形目 GRUIFORMES
	鹤科 Gruidae（Cranes）
	鹤属 *Grus* Brisson，1760

【俗　　称】西伯利亚鹤、黑袖鹤

【形态特征】体长约 135cm 的大型涉禽。站立时全体白色，面部裸皮红色，嘴、脚暗红色，飞行时翅尖（初级飞羽）黑色，其余羽毛白色。幼鸟有棕黄色羽毛。

【区系分布】古北型，在安徽为冬候鸟。见于五河、瓦埠湖、合肥、肥西、肥东、舒城、六安、霍山、庐江、安庆、宿松、岳西、菜子湖、泊湖、升金湖。

【生活习性】单独或成小群在湖滩边取食植物的球茎及嫩根。

【受胁和保护等级】CR（IUCN，2017）；CR（中国物种红色名录，2004）；CITES 附录 I（2003）；国家 I 级重点保护野生动物（1989）。

● 摄影　夏家振

沙丘鹤　Sandhill Crane

拉丁名	*Grus canadensis*	
目科属	鹤形目 GRUIFORMES	
	鹤科 Gruidae（Cranes）	
	鹤属 *Grus* Brisson，1760	

【俗　　称】棕鹤、加拿大鹤

【形态特征】体长约 110cm 的大型涉禽。全身灰色，面部白色，顶冠红色，初级飞羽深褐色。

【区系分布】广布型，指名亚种 *G.c.canadensis* 通常集群在北美洲越冬，在我国属于迷鸟。见于菜子湖

（郭玉民，2015 年 12 月）。

【生活习性】常与灰鹤混群栖息于稻田、荒地。

【受胁和保护等级】LC（IUCN，2017）；LC（中国物种红色名录，2004）；CITES 附录 II（2003）；
国家 II 级重点保护野生动物（1989）。

白枕鹤　White-naped Crane

拉丁名	*Grus vipio*
目科属	鹤形目 GRUIFORMES
	鹤科 Gruidae（Cranes）
	鹤属 *Grus* Brisson，1760

【俗　　称】红面鹤

【形态特征】体长约 140cm 大型涉禽。全体大致为石板灰色，面部裸皮红色，头、枕和颈白色，颈侧有一条暗灰色条纹，向下与身体的暗石板灰色相连。初级飞羽和次级飞羽黑色，翅上覆羽淡灰色。嘴黄绿色，脚粉红色。

【区系分布】古北型，在安徽为冬候鸟。曾广泛分布于各种湿地，近 15 年皖北较难见到。见于宿州、灵璧、颍上、涡阳、寿县、凤台、明光女山湖、合肥、肥西、肥东、岳西、霍山淠河、舒城、望江、当涂（石臼湖、芮家嘴、大白宕、南湾宕）、升金湖、菜子湖。

【生活习性】喜欢栖息于湖泊滩涂或耕地。

【受胁和保护等级】VU（IUCN，2017）；VU（中国物种红色名录，2004）；CITES 附录 I（2003）；国家 II 级重点保护野生动物（1989）。

◎ 摄影　夏家振、高厚忠

灰鹤　Common Crane

拉丁名	*Grus grus*
目科属	鹤形目 GRUIFORMES
	鹤科 Gruidae（Cranes）
	鹤属 *Grus* Brisson，1760

【俗　　称】欧洲鹤

【形态特征】体长约 120cm 的大型涉禽。全体大致为灰色，头顶裸皮红色，眼先、枕、喉及前颈灰黑色，眼后、耳区和颈侧灰白色，向下在后颈汇合。初级飞羽和次级飞羽黑褐色，三级飞羽长而弯曲且覆盖在尾上。嘴青灰色，先端黄色，脚和趾灰黑色。

【区系分布】古北型，普通亚种 *G.g.lilfordi* 在安徽为冬候鸟。见于灵璧、五河、滁州、明光女山湖、颍上、寿县、合肥、肥东、当涂（石臼湖等）、东至、升金湖。

【生活习性】喜欢集群栖息于耕地或湖边滩涂。

【受胁和保护等级】LC（IUCN，2017）；LC（中国物种红色名录，2004）；CITES 附录 II（2003）；国家 II 级重点保护野生动物（1989）。

● 摄影　张忠东

白头鹤　Hooded Crane

拉丁名	*Grus monacha*		
目科属	鹤形目 GRUIFORMES		
	鹤科 Gruidae（Cranes）		
	鹤属 *Grus* Brisson，1760		

【俗　　称】修女鹤、玄鹤

【形态特征】体长约 97cm 的大型涉禽，鹤中小者。全体灰黑色，眼先和额有浓密的黑色刚毛，头顶裸皮红色，其余头和上颈白色。两翅灰黑色，次级飞羽和三级飞羽长而弯曲且覆盖在尾上。嘴基部绿色，脚、趾黑色。

【区系分布】古北型，在安徽为冬候鸟。见于淮南、瓦埠湖、合肥、东至、升金湖、菜子湖、龙感湖、白兔湖、白荡湖。

【生活习性】喜欢集群或单独栖息于耕地或湖边滩涂，常与灰鹤混群。

【受胁和保护等级】VU（IUCN，2017）；VU（中国物种红色名录，2004）；CITES 附录 I（2003）；国家 I 级重点保护野生动物（1989）。

● 摄影　夏家振、高厚忠

丹顶鹤　Red-crowned Crane

拉丁名	*Grus japonensis*		
目科属	鹤形目 GRUIFORMES		
	鹤科 Gruidae（Cranes）		
	鹤属 *Grus* Brisson，1760		

【俗　　称】仙鹤

【形态特征】体长约 140cm 的大型涉禽。全体大致为白色，头和上颈部黑色，枕部白色，头顶裸皮红色，次级飞羽和部分三级飞羽黑色，三级飞羽长而弯曲覆盖在尾上，故在站立时似尾呈黑色，但尾羽为白色。嘴灰绿色，脚和趾灰黑色。

【区系分布】古北型，在安徽为罕见冬候鸟。见于肥西、巢湖、当涂（石臼湖、湖阳公社、芮家嘴、大白宕、南湾宕）、升金湖。

【生活习性】单独或以家庭为单位在耕地、湖边滩涂觅食。

【受胁和保护等级】EN（IUCN，2017）；EN（中国物种红色名录，2004）；CITES 附录 I（2003）；国家 I 级重点保护野生动物（1989）。

摄影 高厚忠

蓝胸秧鸡　Slaty-breasted Rail

拉丁名	*Gallirallus striatus*
目科属	鹤形目 GRUIFORMES
	秧鸡科 Rallidae（Rails，Crakes，Coots）
	纹秧鸡属 *Gallirallus* Lafresnaye，1841

【俗　　称】灰胸秧鸡

【形态特征】体长约 25cm 的中型秧鸡。嘴较长。头颈红褐色，背褐色有白色横纹。下体和喉白色，胸蓝灰色，腹和两胁橄榄褐色有白色横纹。上嘴暗褐色，下嘴淡红或橙色，脚和趾橄榄褐色。

【区系分布】东洋型，华南亚种 *G.s.jouyi* 在安徽为夏候鸟。见于亳州、来安、合肥牛角大圩、升金湖、黄山。

【生活习性】喜在多芦苇的湿地或者农田活动，生性胆怯，善隐蔽，晨昏比较活跃。

【受胁和保护等级】LC（IUCN，2017）；LC（中国物种红色名录，2004）；中国三有保护鸟类。

● 摄影　夏家振

普通秧鸡　Brown-cheeked Rail

拉丁名	*Rallus indicus*
目科属	鹤形目 GRUIFORMES
	秧鸡科 Rallidae（Rails，Crakes，Coots）
	秧鸡属 *Rallus* Linnaeus，1758

【俗　　称】秋鸡

【形态特征】体长约 29cm 的大型秧鸡。有红色的长嘴，灰白色眉纹和褐色贯眼纹。背橄榄褐色有黑色纵斑。下体青灰色，两胁和尾下覆羽有黑白相间的横纹。脚肉褐色。

【区系分布】古北型，原普通秧鸡新疆亚种 *Rallus aquaticus korejewi* 已提升为独立种称为西方秧鸡（学名：*Rallus aquaticus*，英文名：Water Rail）；东北亚种 *Rallus aquaticus indicus* 仍称为普通秧鸡。在安徽长江以南为冬候鸟，江北为旅鸟。见于涡阳、合肥（郊区、安徽大学等）、肥东、鹞落坪、当涂（石臼湖、湖阳）、芜湖、龙感湖、泊湖、菜子湖、升金湖、宁国西津河。

【生活习性】性胆怯，喜欢隐藏于水边湿地茂密植被处。

【受胁和保护等级】LC（IUCN，2017）；LC（中国物种红色名录，2004）；中国三有保护鸟类。

● 摄影　杨远方、叶宏、夏家振

红脚苦恶鸟　Brown Crake

拉丁名	*Amaurornis akool*
目科属	鹤形目 GRUIFORMES
	秧鸡科 Rallidae（Rails，Crakes，Coots）
	苦恶鸟属 Amaurornis Reichenbach，1852

【俗　　称】苦恶鸟、红脚田鸡

【形态特征】体长约28cm的大型秧鸡。体无斑纹，自头至上体、两胁和尾下覆羽均为橄榄褐色，颏、喉灰白色，脸、颈和胸均为青灰色。眼红色，嘴黄绿色，脚红色。

【区系分布】东洋型，华南亚种*A.a.coccineipes*在安徽为留鸟。见于淮北、滁州（皇甫山等）、阜阳、蒙城、涡阳、合肥（义城、安徽大学、天鹅湖、牛角大圩）、肥西紫蓬山、巢湖、六安、金寨、芜湖、青阳（九华山、陵阳）、升金湖、龙感湖、黄湖、菜子湖、宿松、望江、祁门、宣城、宁国西津河、清凉峰、牯牛降、黄山、歙县、太平谭家桥。

【生活习性】喜欢多芦苇多草的湿地、水塘，性胆怯，晨昏较活跃，行动时尾不停地上下抽动。

【受胁和保护等级】LC（IUCN，2017）；LC（中国物种红色名录，2004）；中国三有保护鸟类。

◉摄影　张忠东、夏家振

白胸苦恶鸟　White-breasted Waterhen

拉丁名	*Amaurornis phoenicurus*	
目科属	鹤形目 GRUIFORMES	
	秧鸡科 Rallidae（Rails，Crakes，Coots）	
	苦恶鸟属 *Amaurornis* Reichenbach，1852	

【**俗　　称**】白面鸡、苦恶鸟

【**形态特征**】体长约 30cm 的大型秧鸡。上体深青灰色，两翅和尾羽橄榄褐色，脸、前颈、胸和上腹均为白色，尾下覆羽红棕色。眼红色，嘴黄绿色，上嘴基部橙红色，脚和趾黄绿色。

【**区系分布**】东洋型，指名亚种 *A.p.phoenicurus* 在安徽为夏候鸟，分布于全省各地。见于明光女山湖、滁州（皇甫山、琅琊山等）、阜阳、亳州、淮南（泉山湖、上窑、舜耕山）、合肥（安徽大学、义城等）、肥西（圆通山、紫蓬山）、巢湖、肥东、六安、金寨长岭、鹞落坪、马鞍山、石臼湖、芜湖、升金湖、黄湖、菜子湖、贵池牛头山马料湖、青阳（九华山、庙前）、宣城、清凉峰、牯牛降、黄山。

【**生活习性**】喜欢在湿地以及湿地周边生境单独活动，叫声奇特。

【**受胁和保护等级**】LC（IUCN，2017）；LC（中国物种红色名录，2004）；中国三有保护鸟类。

◉ 摄影　杨远方、高厚忠、夏家振、张忠东

小田鸡　Baillon's Crake

拉丁名	*Porzana pusilla*
目科属	鹤形目 GRUIFORMES
	秧鸡科 Rallidae（Rails，Crakes，Coots）
	田鸡属 Porzana Vieillot，1816

【俗　　称】小秧鸡

【形态特征】体长约 18cm 的小型秧鸡。上体深褐色，有黑色纵纹和白色斑点，有褐色贯眼纹。下体灰色，两胁和尾下覆羽黑色有白色横纹。眼红色，嘴角绿色，脚黄绿色。

【区系分布】古北型，指名亚种 *P.p.pusilla* 在安徽为旅鸟。见于合肥磨店、亳州南湖、淮南、芜湖、石臼湖、升金湖。

【生活习性】喜欢在多芦苇多草的湿地、池塘栖息，性胆怯，停歇时极少飞行。

【受胁和保护等级】LC（IUCN，2017）；LC（中国物种红色名录，2004）；中国三有保护鸟类。

●摄影　张健、黄丽华

红胸田鸡　Ruddy-breasted Crake

拉丁名	*Porzana fusca*
目科属	鹤形目 GRUIFORMES
	秧鸡科 Rallidae（Rails，Crakes，Coots）
	田鸡属 *Porzana* Vieillot，1816

【形态特征】体长约 20cm 的小型秧鸡。枕、背至尾上覆羽橄榄褐色。额、脸和胸栗红色，颏、喉白色，尾下覆羽褐色有白色横纹。嘴暗褐色，脚橘红色。

【区系分布】东洋型，普通亚种 *P.f.erythrothorax* 在安徽为夏候鸟，较为罕见。见于亳州南湖、合肥（西郊等）、六安、霍山漫水河、金寨、鹞落坪、当涂（石臼湖、湖阳）、青阳九华山、升金湖、大官湖。

【生活习性】喜欢在多芦苇多草的湿地、池塘栖息，性胆怯，晨昏较活跃。

【受胁和保护等级】LC（IUCN，2017）；LC（中国物种红色名录，2004）；中国三有保护鸟类。

◉摄影　杨远方、张忠东

斑胁田鸡　Band-bellied Crake

拉丁名	*Porzana paykullii*
目科属	鹤形目 GRUIFORMES
	秧鸡科 Rallidae（Rails，Crakes，Coots）
	田鸡属 Porzana Vieillot，1816

【俗　　称】红胸斑秧鸡

【形态特征】体长约 25cm 的中型秧鸡。上体褐色，翅上覆羽有白色横纹。下体颏、喉白色，胸栗红色，两胁、腹部有黑白相间的横斑纹。眼红色，嘴蓝灰色，脚和趾橙红色。

【生活习性】古北型，在安徽为罕见旅鸟。见于当涂、升金湖、六安。

【生活习性】喜欢在多芦苇多草的池塘、水田、湿地栖息。

【受胁和保护等级】NT（IUCN，2017）；NT 几近符合 VU（中国物种红色名录，2004）；中国三有保护鸟类。

◉ 摄影　刘兆瑞、林清贤

花田鸡　Swinhoe's Crake

拉丁名	*Coturnicops exquisitus*
目科属	鹤形目 GRUIFORMES
	秧鸡科 Rallidae（Rails，Crakes，Coots）
	花田鸡属 *Coturnicops* G.R.Gray，1855

【形态特征】体长约 14cm 的小型涉禽，全身棕色带黑色斑点，头顶和初级飞羽覆羽深灰色，喉部、腹部以及次级飞羽白色。

【区系分布】古北型，繁殖于东北亚，南迁至日本南部及中国南部越冬，迁徙经中国东部。在安徽为罕见旅鸟，见于安徽长江流域。

【生活习性】性胆怯，极其隐蔽，在湿地芦苇丛中活动。

【受胁和保护等级】VU（IUCN，2017）； VU（中国物种红色名录，2004）；国家Ⅱ级重点保护野生动物。

●摄影　王吉衣

董鸡　Watercock

拉丁名	*Gallicrex cinerea*
目科属	鹤形目 GRUIFORMES
	秧鸡科 Rallidae（Rails，Crakes，Coots）
	董鸡属 *Gallicrex* Blyth，1849

【俗　　称】鱼冻鸟、鹤秧鸡

【形态特征】体长约 38cm 的大型秧鸡。雄鸟繁殖羽头顶有像鸡冠样的红色额甲，伸向后上方。全体灰黑色，下体较浅，嘴黄色，脚绿褐色。雌鸟体较小，额甲不突起，上体灰褐色，下体具细密横纹。

【区系分布】东洋型，在安徽为夏候鸟。见于明光女山湖、滁州（皇甫山、琅琊山等）、阜阳、合肥（安

徽大学、董铺水库、牛角大圩等）、肥西（圆通山、紫蓬山）、六安、石臼湖、青阳九华山、宣城、升金湖、龙感湖、菜子湖、祁门。

【生活习性】喜欢多芦苇多草的湿地环境，性胆怯，晨昏活跃，叫声奇特。

【受胁和保护等级】LC（IUCN，2017）；LC（中国物种红色名录，2004）；中国三有保护鸟类。

◎ 摄影　夏家振

黑水鸡　Common Moorhen

拉丁名	*Gallinula chloropus*
目科属	鹤形目 GRUIFORMES
	秧鸡科 Rallidae（Rails，Crakes，Coots）
	黑水鸡属 *Gallinula* Brisson，1760

【俗　　称】红骨顶、红冠水鸡

【形态特征】体长约 33cm 的大型秧鸡。嘴前端黄色，嘴基和额甲红色。全体大致黑色，尾下覆羽两侧白色，中间黑色，游泳时尾向上翘露出尾下两块白色斑块。

【区系分布】东洋型，指名亚种 *G.c.chloropus* 在安徽为留鸟，分布于全省各地。见于明光女山湖、滁州皇甫山、淮北、阜阳、亳州、蒙城、涡阳、淮南（淮河大桥、潘集、孔店等）、瓦埠湖、合肥（义城、骆岗机场、大房郢水库、大蜀山、董铺水库、清溪公园、安徽大学、植物园等）、肥东、肥西紫蓬山、巢湖、庐江汤池、六安、金寨、霍山黑石渡、芜湖、马鞍山、当涂（石臼湖、湖阳西峰）、望江相湾闸、贵池牛头山马料湖、安庆（机场等）、升金湖、龙感湖、黄湖、大官湖、泊湖、武昌湖、菜子湖、破罡湖、白荡湖、青阳九华山、石台、清凉峰、宣城、宁国西津河、黄山、歙县。

【生活习性】喜欢单独或集群在有水湿地以及周边生境活动，不善飞，受惊后飞行一段距离后落下。以水生植物为食。

【受胁和保护等级】LC（IUCN，2017）；LC（中国物种红色名录，2004）；中国三有保护鸟类。

● 摄影　夏家振

骨顶鸡 Common Coot

拉丁名	*Fulica atra*
目科属	鹤形目 GRUIFORMES
	秧鸡科 Rallidae（Rails，Crakes，Coots）
	骨顶属 *Fulica* Linnaeus，1758

【俗　　称】白骨顶

【形态特征】体长约 39cm 的大型秧鸡。头有白色额甲。体羽全为黑色，内侧飞羽羽端白色。下体浅灰黑色，尾下覆羽黑色。脚、趾及瓣蹼橄榄绿色。

【区系分布】古北型，指名亚种 *F.a.atra* 在安徽为冬候鸟，合肥夏季有个体留居繁殖。见于淮北、亳州、阜阳、颍上、五河、凤阳、明光、淮南、瓦埠湖、合肥（董铺水库、清溪公园、义城等）、肥西、巢

湖、六安、霍邱城西湖、石臼湖、枞阳、望江、宿松、贵池十八索、郎溪、龙感湖、大官湖、菜子湖、陈瑶湖、白荡湖、升金湖、宣城。

【生活习性】集群在中大型湿地内越冬，数量巨大。擅长游泳和潜水，取食水生植物。

【受胁和保护等级】LC（IUCN，2017）；LC（中国物种红色名录，2004）；中国三有保护鸟类。

⦿ 摄影　夏家振

大鸨　Great Bustard

拉丁名	*Otis tarda*
目科属	鹤形目 GRUIFORMES
	鸨科 Otididae（Bustards）
	大鸨属 *Otis* Linnaeus，1758

【形态特征】体长约 100cm 的鸨。两性体色相似，雌鸟较小。雄鸟头、颈及前胸灰色，其余上体栗棕色，密布宽的黑色横斑。下体灰白色，颏下有向两侧伸出的细长白色丝状羽。翅具白斑，飞翔时十分明显。

【区系分布】古北型，普通亚种 *O.t.dybowskii* 在安徽为冬候鸟。在安徽沿淮、沿江一带越冬，近年来已罕见。见于亳州、阜南、寿县、怀远、凤台、颍上、五河、凤阳、蚌埠、长丰东王乡、巢湖、南陵、六

安、石臼湖、怀宁、升金湖、菜子湖。

【生活习性】在越冬地常出现在水边沼泽地带和草丛、麦田中。交配体系为多配和混配，多配为一雄多雌，雌鸟为 5~7 只，雌鸟有社会等级；混配为每只雌鸟和 1 只以上的雄鸟交配，混配体系较为常见。

【受胁和保护等级】VU（IUCN，2017）；VU（中国物种红色名录，2004）；CITES 附录 II（2003）；国家 I 级重点保护野生动物（1989）。

黄脚三趾鹑　Yellow-legged Buttonquail

拉丁名	*Turnix tanki*
目科属	鸻形目（鸨形目）CHARADRIIFORMES
	三趾鹑科 Turnicidae（Buttonquails）
	三趾鹑属 *Turnix* Bonnaterre，1791

【俗　　称】黄地闷子、三爪爬、水鹌鹑

【形态特征】体长约 16cm 的棕褐色三趾鹑，喙及脚黄色，眼珠黑色，与白色虹膜对比明显。上体及胸两侧具黑色点斑，胸和两胁浅棕黄色。雌鸟的枕及背部较雄鸟多栗色。

【区系分布】东洋型，南方亚种 *T.t.blanfordii* 在安徽为夏候鸟。见于蒙城、滁州皇甫山、合肥大蜀山、巢湖中庙、当涂石臼湖、青阳九华山。

【生活习性】可至海拔 2000 米。以小群活动于灌木丛、草地、沼泽地及耕地，尤喜稻茬地。

【受胁和保护等级】LC（IUCN，2017）；LC（中国物种红色名录，2004）。

◉ 摄影　秦皇岛市观（爱）鸟协会、夏家振

水雉 Pheasant-tailed Jacana

拉丁名	*Hydrophasianus chirurgus*
目科属	鸻形目（鹬形目）CHARADRIIFORMES
	水雉科 Jacanidae（Jacanas）
	水雉属 *Hydrophasianus* Wagler，1832

【俗　　称】凌波仙子，狄咕

【形态特征】体长约 55cm（繁殖羽）的大型鸻鹬。繁殖羽：头和前颈白色，后颈金黄色，翅白色，翅角有一弯曲的"距"，黑色的中央尾羽特别长，胸以下黑色。非繁殖羽：下体白色，仅留一黑色胸带，尾较短。

【区系分布】东洋型，在安徽为夏候鸟。见于淮北、明光女山湖、淮南（焦岗湖、孔店）、合肥（义城、大房郢水库、骆岗机场等）、巢湖、石臼湖、庐江汤池、龙感湖、升金湖、宣城、清凉峰。

【生活习性】喜欢生活在菱角、芡实等浮水植物茂盛的水域，长长的脚趾有利于在浮水植物上行走。一雌多雄制鸟类，雄鸟负责孵卵育雏。

【受胁和保护等级】LC（IUCN，2017）；LC（中国物种红色名录，2004）；中国三有保护鸟类。

○ 摄影　夏家振

彩鹬　Greater Painted Snipe

拉丁名	*Rostratula benghalensis*
目科属	鸻形目（鹬形目）CHARADRIIFORMES
	彩鹬科 Rostratulidae（Painted Snipes）
	彩鹬属 *Rostratula* Vieillot，1816

【形态特征】体长约 25cm 的中型鸻鹬。嘴细长，先端向下弯曲。雌鸟体色艳丽；头、颈和胸栗色，眼周白色并向后延伸；上体橄榄绿色，背两侧有黄色纵线，胸侧至背有一白色宽带，下胸至尾下覆羽白色。雄鸟个体较雌鸟小，全体淡褐色，上胸灰褐色，其余下体白色。

【区系分布】东洋型，指名亚种 *R.b.benghalensis* 在安徽为夏候鸟，见于石臼湖、合肥牛角大圩、巢

湖、肥西严店。安徽沿江有留鸟记录。

【**生活习性**】喜欢沼泽型湿地和稻田，白天潜伏在草丛中休息，晨昏活跃。一雌多雄，通常可见雄鸟照顾幼鸟。

【**受胁和保护等级**】LC（IUCN，2017）；LC（中国物种红色名录，2004）；中国三有保护鸟类。

◉ 摄影　夏家振、杨远方

蛎鹬 Eurasian Oystercatcher

拉丁名	*Haematopus ostralegus*
目科属	鸻形目（鹬形目）CHARADRIIFORMES
	蛎鹬科 Haematopodidae（Oystercatchers）
	蛎鹬属 *Haematopus* Linnaeus，1758

【形态特征】体长约 45cm 的大型鸻鹬。长而粗的嘴橘红色，头、胸、上背、尾和翅上覆羽黑色，其余部分为白色。虹膜和眼圈红色，腿、脚、趾橘红色。

【区系分布】古北型，广泛分布于世界各地的沿海地区，在我国东北和山东沿海繁殖，在东部沿海越冬。在安徽为罕见迷鸟。见于巢湖（刘东涛，2015）。

【生活习性】常在沿海多岩石地带集群取食软体动物。内陆记录极少。

【受胁和保护等级】NT（IUCN，2017）；LC（中国物种红色名录，2004）；中国三有保护鸟类。

黑翅长脚鹬 Black-winged Stilt

拉丁名	*Himantopus himantopus*
目科属	鸻形目（鹬形目）CHARADRIIFORMES
	反嘴鹬科 Recurvirostridae（Avocets，Stilts）
	长脚鹬属 *Himantopus* Brisson，1760

【俗　　称】高跷鹬

【形态特征】体长约 36cm 的大型鸻鹬。粉红色的腿特别长；黑色的嘴细长，前端略向上翘。体羽只有黑白两色，繁殖羽：雄鸟头顶至肩为黑色，背及两翅黑色，其余白色。雌鸟头顶至后颈为白色。

【区系分布】古北型，指名亚种 *H.h.himantopus* 在安徽为旅鸟和冬候鸟，少量个体也留居繁殖。见于淮北、亳州、阜阳、颍上八里河、淮南、合肥（南艳湖、义城、牛角大圩等）、巢湖、升金湖、龙感湖、宣城。

【生活习性】喜欢浅水的湿地环境，行动优雅，食性较杂。繁殖期时有强烈的护巢行为，驱赶入侵者时边飞边叫。

【受胁和保护等级】LC（IUCN，2017）；LC（中国物种红色名录，2004）；中国三有保护鸟类。

◉ 摄影　胡云程、夏家振

反嘴鹬 Pied Avocet

拉丁名	*Recurvirostra avosetta*
	鸻形目（鹬形目）CHARADRIIFORMES
目科属	反嘴鹬科 Recurvirostridae（Avocets，Stilts）
	反嘴鹬属 *Recurvirostra* Linnaeus，1758

【形态特征】体长约 43cm 的大型鸻鹬。嘴细长，向上翘。脚黑色。头至后颈黑色，肩羽、翅尖和翅上两条带斑黑色，其他体羽白色。飞行时两脚向后伸，远超出尾端，肩羽和翅上覆羽形成的 4 条黑斑及黑色翅端十分明显。

【区系分布】古北型，在安徽为冬候鸟。见于合肥（义城等）、肥东、巢湖、当涂（石臼湖、湖阳陶村）、庐江汤池、升金湖、龙感湖、大官湖、黄湖、泊湖、武昌湖、菜子湖、白荡湖、枫沙湖、贵池、宣城。

【生活习性】常集群栖息于中大型湿地浅水地带，用向上弯曲的嘴巴左右扫动觅食。

【受胁和保护等级】LC（IUCN，2017）；LC（中国物种红色名录，2004）；中国三有保护鸟类。

◉ 摄影　张忠东、夏家振、高厚忠

普通燕鸻 Oriental Pratincole

拉丁名	*Glareola maldivarum*	
目科属	鸻形目（鹬形目）CHARADRIIFORMES	
	燕鸻科 Glareolidae（Pratincoles）	
	燕鸻属 *Glareola* Brisson，1760	

【俗　　称】土燕子

【形态特征】体长约 24cm 的中型鸻鹬。繁殖羽：嘴黑色、裂宽，基部红色；翅尖长，翅下覆羽棕红色，飞行时极明显。上体茶褐色，腰白，尾黑，呈深叉状。喉乳黄色，外缘有黑色边，颊、颈及胸黄褐色，腹白色。非繁殖羽：嘴基无红色，喉淡褐色，其外缘黑边模糊。

【区系分布】古北型，在安徽为夏候鸟和旅鸟。见于阜阳、滁州、淮南淮河大桥、合肥骆

岗机场、巢湖、当涂（石臼湖、湖阳公社）。

【生活习性】集群栖息于开阔的耕地、稻田或者湿地。位于地面时似鸻，空中飞行时如燕。

【受胁和保护等级】LC（IUCN，2017）；LC（中国物种红色名录，2004）；中国三有保护鸟类。

◉ 摄影　李航、裴志新、夏家振

凤头麦鸡　Northern Lapwing

拉丁名	*Vanellus vanellus*
目科属	鸻形目（鹬形目）CHARADRIIFORMES
	鸻科 Charadriidae（Plovers，Lapwings）
	麦鸡属 Vanellus Brisson，1760

【俗　　称】小辫鸻、北方麦鸡

【形态特征】体长约32cm的大型鸻鹬。嘴黑色，脚肉红色。枕部有细长的冠羽，十分醒目。上体暗褐色有绿色光泽。下体白色，有宽的黑色胸带，颏及喉在夏季为黑色，冬季变为白色。飞行时可见翅宽而圆，翅下飞羽、胸羽和尾端为黑色，翅下覆羽、腹和尾羽白色，翅尖端为白色。

【区系分布】古北型，在安徽为冬候鸟。见于滁州、淮北、阜阳、亳州、淮南（淮河大桥、瓦埠湖、孔店）、合肥（安徽大学、义城、牛角大圩等）、巢湖、金寨、芜湖、当涂（石臼湖、湖阳公社）、宿松、望江、枞阳、东至、郎溪、贵池牛头山马料湖、青阳九华山、庐江汤池、升金湖、龙感湖、黄湖、大官湖、泊湖、武昌湖、菜子湖、破罡湖、白荡湖、枫沙湖、清凉峰、宣城、黄山。

【生活习性】常集群在湖泊边缘草地、耕地越冬，取食小型无脊椎动物，飞行缓慢无规则。

【受胁和保护等级】NT（IUCN，2017）；LC（中国物种红色名录，2004）；中国三有保护鸟类。

●摄影 张忠东、夏家振

灰头麦鸡　Grey-headed Lapwing

拉丁名	*Vanellus cinereus*
目科属	鸻形目（鹬形目）CHARADRIIFORMES
	鸻科 Charadriidae（Plovers，Lapwings）
	麦鸡属 *Vanellus* Brisson，1760

【俗　　称】跳鸻

【形态特征】体长约 35cm 的大型鸻鹬。嘴黄色，先端黑色，眼周裸皮和眼前肉垂黄色。头、颈、胸灰色，下胸有黑色横带，其余下体白色。背褐色，尾上覆羽和尾白色，尾有黑色端斑。飞行时翅尖和尾端黑色，翅上初级飞羽和次级飞羽黑白分明，十分醒目。

【区系分布】古北型，在安徽为夏候鸟，见于淮北、蒙城、涡阳、阜阳、临泉、滁州皇甫山、来安、全椒、定远、凤阳、天长、明光、淮南（淮河大桥、山南等）、合肥（义城、安徽大学、骆岗机场、大蜀山、董铺水库、清溪公园等）、肥东、肥西（紫蓬山等）、巢湖、六安、芜湖、繁昌、马鞍山、当涂（石臼湖、湖阳公社）、贵池、安庆、宣城、宁国西津河、东至、石台、青阳（陵阳、九华山）、龙感湖、黄湖、大官湖、泊湖、武昌湖、菜子湖、白荡湖、枫沙湖、陈瑶湖、升金湖、清凉峰、牯牛降、黄山、太平谭家桥。

【生活习性】喜欢单独或成对在耕地稻田活动，地面营巢，繁殖期护巢行为强烈，常在入侵者头顶盘旋鸣叫驱赶。

【受胁和保护等级】LC（IUCN，2017）；LC（中国物种红色名录，2004）；中国三有保护鸟类。

◉ 摄影　张忠东、胡云程

金斑鸻 Pacific Golden Plover

拉丁名	*Pluvialis fulva*
目科属	鸻形目（鹬形目）CHARADRIIFORMES
	鸻科 Charadriidae（Plovers，Lapwings）
	斑鸻属 *Pluvialis* Brisson，1760

【俗　　称】金鸻

【形态特征】体长约 24cm 的中型鸻鹬。黑色嘴直，端部膨大呈矛状，脚灰黑色。非繁殖羽：眉纹黄白色，耳覆羽有暗褐色斑。上体灰褐色，泛金黄色，下体灰白色，有不明显的黄褐色斑。繁殖羽：上体黑褐色布满金黄色斑点；下体黑色，上下体之间自额经眉纹向后有一条明显的白色带。

【区系分布】古北型，在安徽为旅鸟。见于阜阳、合肥（义城、牛角大圩）、巢湖、升金湖、泊湖、菜子湖。

【生活习性】过境期喜欢集群在滩涂或湿地周边草地、耕地生境停歇。

【受胁和保护等级】LC（IUCN，2017）；LC（中国物种红色名录，2004）；中国三有保护鸟类。

灰斑鸻 Grey Plover

拉丁名	*Pluvialis squatarola*	
目科属	鸻形目（鹬形目）CHARADRIIFORMES	
	鸻科 Charadriidae（Plovers，Lapwings）	
	斑鸻属 *Pluvialis* Brisson，1760	

【俗　　称】灰鸻

【形态特征】体长约30cm的大型鸻鹬。黑色嘴直，端部膨大呈矛状，脚黑色。非繁殖羽：眉纹白色，贯眼纹和耳覆羽为不明显的暗褐色。上体灰褐色，有黑色轴斑和白色羽缘，尾白色有黑褐色横斑。下体黄白色有灰褐色纵纹，腹和尾下覆羽白色，翅下覆羽白色，飞行时可见翅尖及腋羽黑色，黑白分明。繁

殖羽：上体有黑、白两色斑点，下体全黑，上下体之间自额经眉纹向后形成一条白色带，沿颈侧到胸侧。

【区系分布】古北型，指名亚种 *P.s.squatarola* 在安徽为旅鸟和冬候鸟。见于合肥（义城、安徽大学）、巢湖、当涂湖阳、升金湖、泊湖、菜子湖。

【生活习性】在大型湖泊湿地周边滩涂或者草地越冬或过境。

【受胁和保护等级】LC（IUCN，2017）；LC（中国物种红色名录，2004）；中国三有保护鸟类。

● 摄影　夏家振、李航

长嘴剑鸻 Long-billed Plover

拉丁名	*Charadrius placidus*
目科属	鸻形目（鹬形目）CHARADRIIFORMES
	鸻科 Charadriidae（Plovers，Lapwings）
	鸻属 *Charadrius* Linnaeus，1758

【形态特征】体长约20cm的中型鸻鹬。上体灰褐色，下体白色，嘴黑色且长，脚黄色。贯眼纹褐色，额羽黑色，眉纹白色，胸带黑色略窄。

【区系分布】古北型，长江以北为夏候鸟，江南为留鸟。曾作为剑鸻的普通亚种 *Charadrius hiaticula placidus*。安徽见于淮北、阜阳、颍上八里河、合肥（骆岗机场、南艳湖、牛角大圩）、舒城河棚、霍山城关、岳西来榜、芜湖机场、贵池牛头山马料湖、青阳九华山柯村、升金湖、龙感湖、菜子湖、清凉峰、牯牛降、宣城、宁国西津河、黄山、休宁、歙县、太平城郊。

【生活习性】冬季在河边或水田附近活动，也出没在山区低海拔大型溪流。

【受胁和保护等级】LC（IUCN，2017）；LC（中国物种红色名录，2004）；中国三有保护鸟类。

● 摄影　高厚忠、夏家振

金眶鸻　Little Ringed Plover

拉丁名	*Charadrius dubius*
目科属	鸻形目（鹬形目）CHARADRIIFORMES
	鸻科 Charadriidae（Plovers，Lapwings）
	鸻属 *Charadrius* Linnaeus，1758

【俗　　称】黑领鸻

【形态特征】体长约 16cm 的小型鸻鹬。嘴黑色，下嘴基部黄色，眼周金黄色，眼后白斑向上延伸到头顶，左右两侧相连，前胸黑环较宽，脚橙黄色（在繁殖期时为淡粉红色），飞行时翼上无白带。

【区系分布】广布型，普通亚种 *C.d.curonicus* 在安徽为夏候鸟。见于淮北、涡阳、阜阳、明光女山湖、滁州（皇甫山、琅琊山等）、淮南、合肥（义城、清溪公园、安徽大学、骆岗机场、董铺水库、南艳湖等）、巢湖、当涂（湖阳公社、石臼湖）、芜湖、枞阳青山头、青阳九华山、宿松华阳、升金湖、黄湖、泊湖、菜子湖、清凉峰、宣城、黄山。

【生活习性】常见的鸻鹬，喜欢在农田、滩涂等湿地活动，繁殖期成鸟做折翼表演来吸引入侵者远离巢址。

【受胁和保护等级】LC（IUCN，2017）；LC（中国物种红色名录，2004）；中国三有保护鸟类。

◎摄影　高厚忠、裴志新、张忠东

安徽省鸟类分布名录与图鉴
ANHUI SHENG NIAOLEI FENBU MINGLU YU TUJIAN

环颈鸻　Kentish Plover

拉丁名	*Charadrius alexandrinus*
目科属	鸻形目（鹬形目）CHARADRIIFORMES
	鸻科 Charadriidae（Plovers，Lapwings）
	鸻属 *Charadrius* Linnaeus，1758

【俗　　称】白领鸻

【形态特征】体长约 16cm 的小型鸻鹬。繁殖羽：雄鸟额和眉纹白色，头顶前部有黑色带斑，头顶及后头棕褐色，贯眼纹黑色。后颈有白色领环，胸部黑环在前颈中断，下体白色，飞行时翅上有白色带斑，并一直伸向尾羽两侧。雄鸟非繁殖羽似雌鸟，雌鸟头顶无黑色带斑，后头无棕褐色，胸侧块斑缩小并呈淡灰褐色。嘴和脚黑色。

【区系分布】古北型，华东亚种 *C.a.dealbatus* 在安徽为旅鸟和冬候鸟。见于明光女山湖、滁州琅琊

200

山、淮北、阜阳、淮南、合肥（义城、安徽大学等）、巢湖、霍山黑石渡、宿松二姑畈渔场、繁昌县荻港、芜湖、东至升金湖、龙感湖、大官湖、泊湖、武昌湖、菜子湖、宣城、黄山。

【生活习性】常出现在中大型湿地周边滩涂，在水边边走边觅食。

【受胁和保护等级】LC（IUCN，2017）；LC（中国物种红色名录，2004）；中国三有保护鸟类。

●摄影　夏家振、张忠东

铁嘴沙鸻 Greater Sand Plover

拉丁名	*Charadrius leschenaultii*
目科属	鸻形目（鹬形目）CHARADRIIFORMES
	鸻科 Charadriidae（Plovers，Lapwings）
	鸻属 *Charadrius* Linnaeus，1758

【**形态特征**】体长约 22cm 的中小型鸻鹬。嘴长大于眼先。脚黄褐色，上胸的橙红褐色部分范围较窄，内缘无黑色细边。繁殖羽特征为胸具棕色横纹，脸具黑色斑纹，前额白色。

【**区系分布**】古北型，指名亚种 *C.l.leschenaultii* 在安徽为旅鸟。见于阜阳、当涂（石臼湖、湖阳大邢村）、巢湖、芜湖、清凉峰。

【**生活习性**】常集群或与其他鸻鹬混群在沿海滩涂休息、觅食，内陆一般出现在大型湿地周围浅水滩涂。

【**受胁和保护等级**】LC（IUCN，2017）；LC（中国物种红色名录，2004）；中国三有保护鸟类。

蒙古沙鸻 Lesser Sand Plover

拉丁名	*Charadrius mongolus*
目科属	鸻形目（鹬形目）CHARADRIIFORMES
	鸻科 Charadriidae（Plovers，Lapwings）
	鸻属 *Charadrius* Linnaeus，1758

【形态特征】体长约 20cm 的中小型鸻鹬。和铁嘴沙鸻相似，但体型略小，嘴短而细，且胸口橙红色部分更宽。

【区系分布】古北型，指名亚种 *C.m.mongolus* 在安徽为罕见旅鸟，一般沿海迁徙。见于巢湖湿地（夏家振，2015 年 5 月 14 日）。

【生活习性】常集群或与其他鸻鹬混群在沿海滩涂休息、觅食，内陆一般出现在大型湿地周围浅水滩涂。

【受胁和保护等级】LC（IUCN，2017）；LC（中国物种红色名录，2004）；中国三有保护鸟类。

◉ 摄影　夏家振

东方鸻　Oriental Plover

拉丁名	*Charadrius veredus*
目科属	鸻形目（鹬形目）CHARADRIIFORMES
	鸻科 Charadriidae（Plovers，Lapwings）
	鸻属 *Charadrius* Linnaeus，1758

【俗　　称】东方红胸鸻

【形态特征】体长约 23cm 的中型鸻鹬。嘴黑色，脚黄色，繁殖羽：雄鸟前额、眉纹和头的两侧白色，头顶到上体沙褐色。颏、喉白色，前颈棕色，胸棕栗色，下缘有一黑色胸带（雌鸟无），其余下体白色。非繁殖羽：雄鸟胸下缘黑色胸带消失，胸变为褐色，头侧和颈部有淡褐色。

【区系分布】古北型，过去作为红胸鸻东北亚种 *Charadrius asiaticus veredus*，现为独立种。在安徽为旅鸟。见于升金湖、安庆钱江嘴、巢湖。

【生活习性】过境期在近水的开阔草地或机场停机坪进行休息、觅食，较其他鸻更喜欢干旱的区域。

【受胁和保护等级】LC（IUCN，2017）；LC（中国物种红色名录，2004）；中国三有保护鸟类。

● 摄影　李航

丘鹬 Eurasian Woodcock

拉丁名	*Scolopax rusticola*
目科属	鸻形目（鹬形目）CHARADRIIFORMES
	鹬科 Scolopacidae（Snipes，Woodcocks，Sandpipers）
	丘鹬属 *Scolopax* Linnaeus，1758

【俗　　称】山沙锥、山鹬

【形态特征】体长约 34cm 的大型鸻鹬。形状很特别，体胖、嘴长、颈短、脚短，眼在头的后上方。嘴褐色，长直呈锥状；头顶到后颈有 4 条黑色横带。上体红褐色，有黑白斑纹和 4 条灰白色的纵线；尾黑色，末端灰色；下体灰白沾棕，密布黑褐色横斑。

【区系分布】古北型，在安徽为冬候鸟。见于滁州皇甫山、阜阳、蒙城、合肥（卫岗、义城、中国科技大学、安徽大学等）、肥西、舒城、当涂（石臼湖、湖阳）、芜湖、清凉峰、牯牛降、黄山（汤口、屯溪等）。

【生活习性】行动隐蔽，喜欢在林间灌丛或者高草地越冬。白天一般隐逸休息，夜间觅食。

【受胁和保护等级】LC（IUCN，2017）；LC（中国物种红色名录，2004）；中国三有保护鸟类。

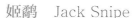

姬鹬 Jack Snipe

拉丁名	*Lymnocryptes minimus*
	鸻形目（鹬形目）CHARADRIIFORMES
目科属	鹬科 Scolopacidae（Snipes，Woodcocks，Sandpipers）
	姬鹬属 *Lymnocryptes* Kaup，1829

【形态特征】体长约 18cm 的小型鸻鹬。嘴短而粗，头顶无纵纹，有两道眉纹，身体多浅色条纹，上体具绿色和紫色光泽。

【区系分布】古北型，安徽为罕见旅鸟，近年来鲜有记录。见于滁州（Kjell Kolthoff，1931）。

【生活习性】性怯生，白天极其安静，很少活动。喜欢在沼泽或稻田等湿地活动。

【受胁和保护等级】LC（IUCN，2017）；LC（中国物种红色名录，2004）；中国三有保护鸟类。

孤沙锥　Solitary Snipe

拉丁名	*Gallinago solitaria*
目科属	鸻形目（鹬形目）CHARADRIIFORMES
	鹬科 Scolopacidae（Snipes，Woodcocks，Sandpipers）
	沙锥属 *Gallinago* Koch，1816

【形态特征】体长约 30cm 的中型鸻鹬。似其他沙锥，但体大，体色较暗，且脸部条纹偏白色，胸口棕色且具有不清晰的横纹。

【区系分布】古北型，东北亚种 *G.s.japonica* 在安徽（郑光美，2018）为罕见冬候鸟。

【生活习性】性胆怯，善隐蔽，冬季出现在山区溪流边缘或者农田等生境。

【受胁和保护等级】LC（IUCN，2017）；LC（中国物种红色名录，2004）；中国三有保护鸟类。

●摄影　丁鹏

扇尾沙锥　Common Snipe

拉丁名	*Gallinago gallinago*
目科属	鸻形目（鹬形目）CHARADRIIFORMES
	鹬科 Scolopacidae（Snipes，Woodcocks，Sandpipers）
	沙锥属 *Gallinago* Koch，1816

【俗　　称】田鹬

【形态特征】体长约26cm的中型鸻鹬，外形和丘鹬大致相仿。头顶有黄白色中央冠纹；上体黑褐色，杂有白、暗红、棕色和黄色横斑、纵纹；背部羽缘白色且宽。下体白色，喉、胸黄褐色有黑褐色纵纹。尾羽 14（12~18）枚，外侧尾羽不变窄，宽度约为 9（7~12）mm。

【区系分布】古北型，指名亚种 *G.g.gallinago* 在安徽为常见冬候鸟。见于萧县皇藏峪、淮北、滁州（皇甫山、琅琊山等）、阜阳、亳州、蒙城、涡阳、淮南泉山湖、合肥（义城、安徽大学、安徽农业大学、大蜀山、董铺水库、清溪公园、牛角大圩）、肥东、巢湖、舒城河棚、庐江汤池、当涂（石臼湖、湖阳公社）、芜湖、宣城、贵池牛头山马料湖、青阳（庙前、九华山）、东至、龙感湖、黄湖、大官湖、泊湖、武昌湖、菜子湖、枫沙湖、陈瑶湖、升金湖、清凉峰、黄山。

【生活习性】最常见的沙锥，在迁徙季和冬季时单独或者集群在滩涂、农田停歇、觅食，容易与针尾沙锥和大沙锥混淆。惊飞时表现为突然疾飞并发出"嘎"的叫声，且在飞行时变换方向并呈波浪状飞行。

【受胁和保护等级】LC（IUCN，2017）；LC（中国物种红色名录，2004）；中国三有保护鸟类。

◉摄影　张忠东、夏家振

针尾沙锥 Pintail Snipe

拉丁名	*Gallinago stenura*
目科属	鸻形目（鹬形目）CHARADRIIFORMES
	鹬科 Scolopacidae（Snipes，Woodcocks，Sandpipers）
	沙锥属 *Gallinago* Koch，1816

【俗　　称】针尾鹬

【形态特征】体长约 25cm 的中型鸻鹬，是沙锥中体型最小的一种，翅长不及 150mm。头顶中央冠纹和眉纹白色，上体杂有红褐色和黑色，多黄色羽缘，三级飞羽较长，折合时能遮盖翅尖，腹白色。尾羽 26（24~28）枚，外侧 12~18 枚变窄而坚硬，近端处仅宽 1-2mm。

【区系分布】古北型，在安徽为旅鸟。见于滁州皇甫山、涡阳、阜阳、颍上八里河、合肥（义城、牛角大圩）、肥东、巢湖、庐江（新河乡新河口）、当涂（石臼湖、湖阳公社）、芜湖、升金湖。

【生活习性】迁徙季常在滩涂、荒地、草地等停歇，比较偏好稍干的湿地。飞行时脚向后远伸出尾端；惊飞时呈波浪状飞行，且会发出警报叫声。

【受胁和保护等级】LC（IUCN，2017）；LC（中国物种红色名录，2004）；中国三有保护鸟类。

● 摄影　夏家振、张忠东

大沙锥　Swinhoe's Snipe

拉丁名	*Gallinago megala*
目科属	鸻形目（鹬形目）CHARADRIIFORMES
	鹬科 Scolopacidae（Snipes，Woodcocks，Sandpipers）
	沙锥属 *Gallinago* Koch，1816

【俗　　称】中地鹬

【形态特征】体长约 27cm 的中型鸻鹬，外形很像针尾沙锥，但体型较大，嘴和尾较长。尾羽 20（18~26）枚，最外侧尾羽近端处宽度约 2~4mm。

215

【区系分布】古北型，在安徽为旅鸟。见于阜阳、合肥（义城、安徽大学）、巢湖、石臼湖、升金湖。

【生活习性】迁徙季常在滩涂、荒地、草地等停歇，比较偏好稍干的湿地。飞行时脚不伸出尾端，惊飞时呈直线短距离飞行，通常安静。

【受胁和保护等级】LC（IUCN，2017）；LC（中国物种红色名录，2004）；中国三有保护鸟类。

◉ 摄影　夏家振、裴志新

黑尾塍鹬　Black-tailed Godwit

拉丁名	*Limosa limosa*
目科属	鸻形目（鹬形目）CHARADRIIFORMES
	鹬科 Scolopacidae（Snipes，Woodcocks，Sandpipers）
	塍鹬属 *Limosa* Brisson，1760

【俗　　称】黑尾鹬

【形态特征】体长约 42cm 的大型鸻鹬。嘴长腿长，嘴前端黑色，嘴基粉色，脚黑色。繁殖羽：整体偏棕红色，伴有深色斑纹，腹以下白色。尾基部白色，有宽的黑色端斑。非繁殖羽：上体灰褐色，眉纹白色，下体横斑消失，前颈和胸灰色，其余部分白色。飞行时翅带、尾上覆羽至尾羽白色，尾端黑色。

【区系分布】古北型，普通亚种 *L.l.melanuroides* 在安徽为旅鸟和罕见冬候鸟。见于合肥义城、当涂（石臼湖、湖阳陶村）、巢湖、升金湖、菜子湖、白荡湖、宣城。

【生活习性】过境期集群在大型水域周边滩涂取食。少部分个体在皖南水系越冬。

【受胁和保护等级】NT（IUCN，2017）；LC（中国物种红色名录，2004）；中国三有保护鸟类。

◉ 摄影　夏家振

斑尾塍鹬　Bar-tailed Godwit

拉丁名	*Limosa lapponica*
目科属	鸻形目（鹬形目）CHARADRIIFORMES
	鹬科 Scolopacidae（Snipes，Woodcocks，Sandpipers）
	塍鹬属 *Limosa* Brisson，1760

【俗　　称】斑尾鹬

【形态特征】体长约 40cm 的大型鸻鹬。外形像黑尾塍鹬，但嘴细且微向上翘。繁殖羽：通体栗红色，头和后颈有黑色细纵纹，背有粗的黑斑和白色羽缘。非繁殖羽：通体淡灰褐色，头至后颈有黑色细纵纹，上体和两胁有黑褐色轴斑。飞行时腰和尾白色，尾有黑色横斑。

【**区系分布**】古北型，*L.l.baueri*（*novaezealandiae*）在安徽为旅鸟。见于合肥义城、巢湖、菜子湖、白荡湖、升金湖。

【**生活习性**】过境期集群或单独在大型水域周边的滩涂觅食。

【**受胁和保护等级**】NT（IUCN，2017）；LC（中国物种红色名录，2004）；中国三有保护鸟类。

● 摄影　夏家振

小杓鹬　Little Curlew

拉丁名	*Numenius minutus*
	鸻形目（鹬形目）CHARADRIIFORMES
目科属	鹬科 Scolopacidae（Snipes，Woodcocks，Sandpipers）
	杓鹬属 *Numenius* Brisson，1760

【俗　　称】吉吉格套套、勒金、小油老罐

【形态特征】体长约 30cm 的中型鸻鹬。嘴比其他杓鹬短而直，颈部、胸部多具纵纹，腰无白色。

【区系分布】古北型，在安徽为罕见旅鸟。见于石臼湖、升金湖。以往曾作为极北杓鹬（*Numenius borealis*）的华南亚种。由于捕猎，极北杓鹬已在 20 世纪于野外灭绝。

【生活习性】过境期常出没在干燥的开阔荒草地，多在湖滨、河边沙滩、海岸沼泽以及附近农田、耕地和草原上活动。

【受胁和保护等级】LC（IUCN，2017）；LC（中国物种红色名录，2004）；CITES 附录 I（2003）；国家 II 级重点保护野生动物（1989）。

◉ 摄影　秦皇岛市观（爱）鸟协会

中杓鹬　Whimbrel

拉丁名	*Numenius phaeopus*
目科属	鸻形目（鹬形目）CHARADRIIFORMES
	鹬科 Scolopacidae（Snipes，Woodcocks，Sandpipers）
	杓鹬属 *Numenius* Brisson，1760

【形态特征】体长约 42cm 的大型鸻鹬。黑色的嘴长且向下弯，长度为头长的 2 倍；顶冠纹、眉纹白色，侧冠纹、贯眼纹黑色，组成有趣的西瓜皮样式。背黑褐色，有皮黄色和白色斑纹。下体淡褐色，胸有黑褐色纵纹，两胁有黑褐色横斑。尾上覆羽和尾羽灰色有黑色横斑，飞行时可见腰和翼下为白色。

【区系分布】古北型，华东亚种 *N.p.variegatus* 在安徽为旅鸟。见于巢湖、升金湖、龙感湖、泊湖、菜子湖、白荡湖。

【生活习性】过境期常单独在干旱草地、农田或者湖边滩涂停歇、觅食。

【受胁和保护等级】LC（IUCN，2017）；LC（中国物种红色名录，2004）；中国三有保护鸟类。

◎ 摄影　夏家振、张忠东

白腰杓鹬　Eurasian Curlew

拉丁名	*Numenius arquata*
目科属	鸻形目（鹬形目）CHARADRIIFORMES
	鹬科 Scolopacidae（Snipes，Woodcocks，Sandpipers）
	杓鹬属 *Numenius* Brisson，1760

【俗　　称】麻鹬

【形态特征】体长约 60cm 的大型鸻鹬。黑色的嘴特别细长并向下弯曲，长度为头长的 3 倍以上，脚青灰色。上体淡褐色且有黑褐色纵斑，腰白色，尾羽白色且有黑褐色横斑，翅下覆羽也是白色。下体淡褐色，自头侧向下至胸有黑褐色纵纹，腹以下白色。

【区系分布】古北型，普通亚种 *N.a.orientalis* 在安徽为旅鸟和冬候鸟。见于安徽长江流域、颍上八里河、巢湖、石臼湖、菜子湖、白荡湖、泊湖、升金湖、武昌湖。

【生活习性】集群在中大型水域周围滩涂、草地觅食。性机警，活动时步履缓慢稳重。

【受胁和保护等级】NT（IUCN，2017）；LC（中国物种红色名录，2004）；中国三有保护鸟类。

◉ 摄影　夏家振、张忠东、李航

大杓鹬 Eastern Curlew

拉丁名	*Numenius madagascariensis*
目科属	鸻形目（鹬形目）CHARADRIIFORMES
	鹬科 Scolopacidae（Snipes，Woodcocks，Sandpipers）
	杓鹬属 *Numenius* Brisson，1760

【俗　　称】大鸻喽儿、红背大勺鹬、红腰勺鹬

【形态特征】体长约 65cm 的大型鸻鹬。嘴极长而下弯，通常是头长的 3 倍以上，下嘴基部橘红色。似白腰杓鹬，但腰无白色，腹部皮黄色，翼下覆羽多具黑色横纹。

【区系分布】古北型，在安徽为罕见旅鸟。见于安徽沿江湿地、六安。

【生活习性】通常沿海迁徙，过境期常单独在干旱草地、农田或者湖边滩涂停歇、觅食。性胆怯，行动迟缓而宁静。

【受胁和保护等级】EN（IUCN，2017）；VU（中国物种红色名录，2004）；中国三有保护鸟类。

◉ 摄影　李航、张忠东

鹤鹬　Spotted Redshank

拉丁名	*Tringa erythropus*
目科属	鸻形目（鹬形目）CHARADRIIFORMES
	鹬科 Scolopacidae（Snipes，Woodcocks，Sandpipers）
	鹬属 *Tringa* Linnaeus，1758

【形态特征】体长约32cm的大型鸻鹬。繁殖羽：通体黑色，伴有白色斑点；眼圈白色；嘴细长，前端略有下弯，上嘴黑色，下嘴前端黑色，基部暗红色；脚暗红色。非繁殖羽：眉纹白色；上体整体偏灰色且多杂斑；下体白色，多暗色杂斑；尾下覆羽白色；下嘴基部和脚橘红色。

【区系分布】古北型，在安徽为冬候鸟。见于淮北、涡阳、滁州（琅琊山、皇甫山等）、阜阳、颍上八里河、淮南（淮河大桥、孔店等）、瓦埠湖、合肥（小蜀山、董铺水库、安徽大学、清溪公园、义城、牛角大圩）、肥东、肥西紫蓬山、巢湖、金寨、当涂（湖阳、石臼湖）、芜湖、升金湖、武昌湖、黄湖、泊湖、大官湖、菜子湖、龙感湖、破罡湖、白荡湖、宣城、黄山。

【生活习性】喜欢在湿地的浅水地带集群觅食，较其他鹬属鸟类更擅长游泳。

【受胁和保护等级】LC（IUCN，2017）；LC（中国物种红色名录，2004）；中国三有保护鸟类。

❍摄影　张忠东、夏家振

红脚鹬　Common Redshank

拉丁名	*Tringa totanus*
目科属	鸻形目（鹬形目）CHARADRIIFORMES
	鹬科 Scolopacidae（Snipes，Woodcocks，Sandpipers）
	鹬属 *Tringa* Linnaeus，1758

【俗　　称】赤足鹬、红脚鹤鹬

【形态特征】体长约 28cm 的中型鸻鹬。繁殖羽锈褐色，非繁殖羽灰褐色。与鹤鹬相似，但红脚鹬体型较小、无白色眉纹、嘴的后半部为橙红色、嘴和脚较短，飞行时腰至尾羽为白色。

【区系分布】古北型，东亚亚种 *T.t.terrignotae* 在安徽为冬候鸟和旅鸟。见于淮北、淮南、合肥（派

河、清溪公园等）、巢湖、石臼湖、升金湖、龙感湖、黄湖、大官湖、泊湖、武昌湖、菜子湖、破罡湖、白荡湖。

【生活习性】在湿地滩涂生境和其他鸻鹬混群觅食。

【受胁和保护等级】LC（IUCN，2017）；LC（中国物种红色名录，2004）；中国三有保护鸟类。

◉ 摄影　夏家振、黄丽华

青脚鹬 Common Greenshank

拉丁名	*Tringa nebularia*
目科属	鸻形目（鹬形目）CHARADRIIFORMES
	鹬科 Scolopacidae（Snipes，Woodcocks，Sandpipers）
	鹬属 *Tringa* Linnaeus，1758

【形态特征】体长约33cm的大型鸻鹬。嘴长，微向上翘，端部黑色，基部蓝灰色；脚青灰色。繁殖羽：头至上背灰褐色，胸口多黑色纵纹，腰至尾白色，尾有灰褐色细横斑。非繁殖羽：头、颈白色带有暗灰色条纹，上体灰褐色且有白色羽缘，下体白色，下颈和上胸两侧有淡灰色纵纹。

【区系分布】古北型，在安徽为冬候鸟。见于滁州皇甫山、淮北、阜阳、淮南孔店、瓦埠湖、合肥（大蜀山、安徽大学、董铺水库、义城、清溪公园、牛角大圩、马尾河口）、巢湖、当涂（湖阳、石臼湖）、贵池牛头山马料湖、升金湖、龙感湖、黄湖、大官湖、泊湖、武昌湖、菜子湖、破罡湖、白荡湖、枫沙湖、宣城、宁国西津河、黄山。

【生活习性】单独或者集群在农田、滩涂觅食，停歇时会上下点头。

【受胁和保护等级】LC（IUCN，2017）；LC（中国物种红色名录，2004）；中国三有保护鸟类。

◉ 摄影　张忠东、夏家振

泽鹬　Marsh Sandpiper

拉丁名	*Tringa stagnatilis*
目科属	鸻形目（鹬形目）CHARADRIIFORMES
	鹬科 Scolopacidae（Snipes，Woodcocks，Sandpipers）
	鹬属 *Tringa* Linnaeus，1758

【形态特征】体长 23cm 的中型鸻鹬。似青脚鹬，但嘴更加细直，额白，腿长而偏绿色。两翼及尾近黑色，眉纹较浅。上体灰褐色，腰及下背白色，下体白色。

【区系分布】古北型，在安徽为旅鸟。见于瓦埠湖、合肥（义城、安徽大学、大蜀山、清溪公园等）、巢湖、肥西紫蓬山、安庆、升金湖、宣城。

【生活习性】过境期一般集群或与其他鸻鹬混群出现在水田、滩涂等湿地停歇。

【受胁和保护等级】LC（IUCN，2017）；LC（中国物种红色名录，2004）；中国三有保护鸟类。

摄影　夏家振

白腰草鹬　Green Sandpiper

拉丁名	*Tringa ochropus*
目科属	鸻形目（鹬形目）CHARADRIIFORMES
	鹬科 Scolopacidae（Snipes，Woodcocks，Sandpipers）
	鹬属 *Tringa* Linnaeus，1758

【俗　　称】绿鹬

【形态特征】体长约 24cm 的中型鸻鹬。上体和下体颜色分明。繁殖羽：体羽呈黑褐色且有白色斑点；非繁殖羽：羽色较灰，上体灰褐色，背和肩的白色斑点不明显，腰至尾白色，尾有黑褐色横斑。白色眼圈与眼先的白色相连，胸有灰褐色纵纹，下体其余部分白色。嘴黑色，脚暗绿色。

【区系分布】古北型，在安徽为常见冬候鸟。分布全省各地，见于滁州（皇甫山、琅琊山、滁州师范学院等）、淮北、亳州、蒙城、涡阳、阜阳、颍上八里河、淮南、瓦埠湖、合肥（大蜀山、义城、安

徽大学、骆岗机场、清溪公园、董铺水库、牛角大圩）、巢湖、庐江汤池、金寨、霍山黑石渡、当涂（石臼湖、湖阳公社）、芜湖、青阳（九华山、陵阳）、宣城、宁国西津河、升金湖、龙感湖、黄湖、大官湖、泊湖、武昌湖、菜子湖、白荡湖、枫沙湖、陈瑶湖、鹞落坪、清凉峰、牯牛降、黄山、太平渔场。

【生活习性】非常喜欢池塘、水坑等小型水域，也出现在大型湿地周边的滩涂，通常单独觅食。

【受胁和保护等级】LC（IUCN，2017）；LC（中国物种红色名录，2004）；中国三有保护鸟类。

◎ 摄影　夏家振

林鹬　Wood Sandpiper

拉丁名	*Tringa glareola*
目科属	鸻形目（鹬形目）CHARADRIIFORMES
	鹬科 Scolopacidae（Snipes，Woodcocks，Sandpipers）
	鹬属 *Tringa* Linnaeus，1758

【俗　　称】油锥、鹰斑鹬

【形态特征】体长约 22cm 的中型鸻鹬。嘴黑色，脚黄色，眉纹白色，贯眼纹黑褐色。繁殖羽：上体黑褐色，有细的白色斑点，下体白色，尾有黑褐色横斑，胸口有黑褐色纵纹。非繁殖羽：胸部斑纹不明显。

【区系分布】古北型，在安徽为旅鸟。见于滁州（城南、琅琊山等）、亳州、涡阳、阜阳、颍上八里河、瓦埠湖、合肥（大蜀山、安徽大学、清溪公园、义城、牛角大圩）、巢湖、石臼湖、芜湖、升金湖、泊湖、武昌湖、菜子湖、白荡湖、清凉峰、黄山。

【生活习性】过境期在各种湿地生境都可能出现，常单独或小群活动。

【受胁和保护等级】LC（IUCN，2017）；LC（中国物种红色名录，2004）；中国三有保护鸟类。

● 摄影　夏家振、高厚忠、张忠东

灰尾漂鹬 Grey-tailed Tattler

拉丁名	*Tringa brevipes*
目科属	鸻形目（鹬形目）CHARADRIIFORMES
	鹬科 Scolopacidae（Snipes，Woodcocks，Sandpipers）
	鹬属 *Tringa* Linnaeus，1758

【俗　　称】灰尾鹬、黄足鹬

【形态特征】体长约 25cm 的小型鸻鹬。黑色的嘴直而粗，下嘴基部淡黄色，贯眼纹黑色，眉纹白色。繁殖羽身体多横斑，非繁殖羽全身以灰色为主。

【区系分布】古北型，在安徽为罕见旅鸟。见于巢湖。漂鹬和灰尾漂鹬原作为鹬属灰鹬的指名亚种 *Tringa incana incana* 和普通亚种 *Tringa incana brevipes*（郑作新，1976，1987）。国外的鸟类学家

则普遍将灰鹬从鹬属中分离出来，另立为漂鹬属 *Heteroscelus*。灰鹬的 2 个亚种也被提升为各自独立的物种（王岐山等，2006）。

【生活习性】一般沿海迁徙，喜欢在沿海浅水地带或池塘中单独或成小群觅食，不喜与其他鸻鹬混群，行走时常上下点头并摆尾。

【受胁和保护等级】NT（IUCN，2017）；LC（中国物种红色名录，2004）；中国三有保护鸟类。

● 摄影　叶宏、夏家振

翘嘴鹬 Terek Sandpiper

拉丁名	*Xenus cinereus*
目科属	鸻形目（鹬形目）CHARADRIIFORMES
	鹬科 Scolopacidae（Snipes，Woodcocks，Sandpipers）
	翘嘴鹬属 *Xenus* Kaup，1829

【**形态特征**】体长约 23cm 的中型的低矮灰色鹬。嘴长而上翘；上体灰色，具晦暗的白色半截眉纹；初级飞羽黑色；繁殖期肩羽具黑色条纹；飞行时翼上狭窄的白色内缘明显。腹部及臀白色。

【**区系分布**】古北型，在安徽为罕见旅鸟。见于安徽（郑光美，2018）。

【生活习性】喜沿海滩涂、小河及河口湿地，常与其他涉禽混群进食。通常单独或一两只在一起活动，偶成大群。

【受胁和保护等级】LC（IUCN，2017）；LC（中国物种红色名录，2004）；中国三有保护鸟类。

○ 摄影　李航

矶鹬 Common Sandpiper

拉丁名	*Actitis hypoleucos*
目科属	鸻形目（鹬形目）CHARADRIIFORMES
	鹬科 Scolopacidae（Snipes，Woodcocks，Sandpipers）
	矶鹬属 *Actitis* Illiger，1811

【形态特征】体长约 19cm 的小型鸻鹬。最大特征是肩部的白色"几"字形区域，因此得名。嘴、脚均短，嘴暗褐色，脚淡黄褐色，眉纹白色，贯眼纹黑色。上体黑褐色，下体白色。飞行时可见明显的白色翅带和尾两侧的白色横纹，停栖时常不停地上下摆动尾羽。

【区系分布】古北型，在安徽为冬候鸟。见于滁州皇甫山、淮北、阜阳、亳州、瓦埠湖、淮南、合肥（义城、安徽大学、董铺水库）、巢湖、庐江汤池、六安淠河、青阳（九华山、陵阳）、升金湖、龙感湖、黄湖、泊湖、菜子湖、白荡湖、宣城、黄山。

【生活习性】常出现在各种湿地生境，喜欢在水面岩石或者渔网附近活动，有时会有上下点头的行为。

【受胁和保护等级】LC（IUCN，2017）；LC（中国物种红色名录，2004）；中国三有保护鸟类。

◉摄影　夏家振、张忠东

翻石鹬 Ruddy Turnstone

拉丁名	*Arenaria interpres*
目科属	鸻形目（鹬形目）CHARADRIIFORMES
	鹬科 Scolopacidae（Snipes, Woodcocks, Sandpipers）
	翻石鹬属 *Arenaria* Brisson，1760

【形态特征】体长约 23cm 的中小型鸻鹬。嘴短而粗壮，脚橙色，身体颜色色彩分明。繁殖羽：背部橙色，并具有黑色花纹，胸口和脸部具有大面积黑色图案，雄鸟头顶偏白，雌鸟头顶带橙色。非繁殖羽：繁殖羽橙色和黑色部分转为深褐色。

【区系分布】古北型，指名亚种 *A.i.interpres* 在安徽为罕见旅鸟，见于肥东长临河镇巢湖湿地。

【生活习性】一般沿海分布，栖息在滩涂上，用短而粗的嘴翻动石头寻找食物。

【受胁和保护等级】LC（IUCN，2017）；LC（中国物种红色名录，2004）；中国三有保护鸟类。

◉摄影 夏家振

半蹼鹬　Asian Dowitcher

拉丁名	*Limnodromus semipalmatus*
目科属	鸻形目（鹬形目）CHARADRIIFORMES
	鹬科 Scolopacidae（Snipes，Woodcocks，Sandpipers）
	半蹼鹬属 Limnodromus Wied，1833

【形态特征】体长 35cm 的中型涉禽。最大特征是具有一个长而直的黑色喙，喙前端膨大，其上具许多细孔。繁殖羽：全身红褐色；翼上覆羽褐色，羽缘白色；翼下覆羽为白色，散布棕色横斑。非繁殖羽：上体以灰褐色为主，颈侧、胸侧带深褐色纵纹，下体白色。脚黑色。

【区系分布】古北型。在安徽为罕见旅鸟，见于巢湖、宣城。

【生活习性】繁殖栖息于浅水沼泽。非繁殖期喜欢出没于河口、海岸、滩涂、盐田等地，以昆虫幼虫及小型蠕虫为食。

【受胁和保护等级】NT（IUCN，2017）。中国三有保护鸟类。

● 摄影　夏家振

大滨鹬　Great Knot

拉丁名	*Calidris tenuirostris*
目科属	鸻形目（鹬形目）CHARADRIIFORMES
	鹬科 Scolopacidae（Snipes，Woodcocks，Sandpipers）
	滨鹬属 *Calidris* Merrem，1804

【形态特征】体长约 28cm 的中型鸻鹬，是滨鹬中体型最大者。黑色的嘴长而直，脚暗绿色。繁殖羽：头、颈白色，密布黑色细纵纹；背黑褐色且有白色或黄白色羽缘；肩羽有栗红色斑并杂有黑色斑；腰和尾上覆羽白色，微具黑色斑点或横斑。下体白色，有黑色斑点；胸部黑斑较多，几乎形成一块黑斑。非

繁殖羽：上体灰褐色，有黑色纵纹；肩部栗红色斑消失；胸部黑带变为黑褐色纵纹或斑点。

【**区系分布**】古北型，在安徽为罕见旅鸟。见于巢湖、升金湖、沿江湿地及贵池十八索自然保护区。

【**生活习性**】一般沿海迁徙，在内陆会出没于大型水域的滩涂上，常和其他鸻鹬混群。

【**受胁和保护等级**】EN（IUCN，2017）；VU（中国物种红色名录，2004）；中国三有保护鸟类。

◉ 摄影　夏家振

安徽省鸟类分布名录与图鉴

红腹滨鹬　Red Knot

拉丁名	*Calidris canutus*
目科属	鸻形目（鹬形目）CHARADRIIFORMES
	鹬科 Scolopacidae（Snipes，Woodcocks，Sandpipers）
	滨鹬属 *Calidris* Merrem，1804

【**形态特征**】体长约 24cm 的中型鸻鹬，黑色的嘴短而粗，腿短而显胖。繁殖羽：体色呈橘红色，翅膀覆羽黑色具斑点。非繁殖羽：体色多灰色，具有白色眉纹。

【**区系分布**】古北型，普通亚种 *C.c.rogersi* 在安徽为罕见旅鸟，见于合肥、升金湖。

【**生活习性**】一般沿海迁徙，在内陆会出没于大型水域的滩涂上，和其他鸻鹬混群。

【**受胁和保护等级**】NT（IUCN，2017）；LC（中国物种红色名录，2004）；中国三有保护鸟类。

⊙ 摄影　夏家振

三趾滨鹬 Sanderling

拉丁名	*Calidris alba*
目科属	鸻形目（鹬形目）CHARADRIIFORMES
	鹬科 Scolopacidae（Snipes，Woodcocks，Sandpipers）
	滨鹬属 *Calidris* Merrem，1804

【俗　　称】三趾鹬

【形态特征】体长约 20cm 的中小型鸻鹬，黑色的嘴短而粗，腿短而略显胖。繁殖羽：上体棕褐色，喉部白色，腹部白色。非繁殖羽：背部和翼上覆羽灰色，其余多白色，具有明显的黑色肩羽。脚黑色，仅

具有前部三趾。

【**区系分布**】古北型，普通亚种 *C.a.rubida* 在安徽为罕见旅鸟。见于安徽（郑光美，2018）。

【**生活习性**】一般沿海迁徙，在内陆会出没于大型水域的滩涂上，常和其他鸻鹬混群。

【**受胁和保护等级**】LC（IUCN，2017）；LC（中国物种红色名录，2004）；中国三有保护鸟类。

红颈滨鹬 Red-necked Stint

拉丁名	*Calidris ruficollis*
目科属	鸻形目（鹬形目）CHARADRIIFORMES
	鹬科 Scolopacidae（Snipes，Woodcocks，Sandpipers）
	滨鹬属 *Calidris* Merrem，1804

【俗　　称】红胸滨鹬

【形态特征】体长约 15cm 的小型滨鹬。嘴粗短，嘴、脚均黑色。繁殖羽：头、颈、颊和上胸红褐色，头顶到后颈有黑褐色纵纹，背有黑褐色斑点及红褐色和白色羽缘。胸以下白色，下胸和胸侧有黑褐色斑点。非繁殖羽：红褐色消失，眉纹白色，上体灰褐色并有黑褐色羽轴斑，下体白色。

【区系分布】古北型，在安徽为旅鸟。见于巢湖、升金湖、龙感湖、武昌湖。

【生活习性】一般沿海迁徙，沿海迁徙时集大群，在内陆会出没于大型水域的滩涂上，常和其他鸻鹬混群。

【受胁和保护等级】NT（IUCN，2017）；LC（中国物种红色名录，2004）；中国三有保护鸟类。

● 摄影　夏家振

青脚滨鹬 Temminck's Stint

拉丁名	*Calidris temminckii*
目科属	鸻形目（鹬形目）CHARADRIIFORMES
	鹬科 Scolopacidae（Snipes，Woodcocks，Sandpipers）
	滨鹬属 *Calidris* Merrem，1804

【俗　　称】乌脚滨鹬

【形态特征】体长约 15cm 的小型鸻鹬。嘴黑色，脚黄绿色。繁殖羽：上体黄褐色，头至后颈有黑褐色纵纹。眉纹白色。背和肩有黑褐色羽轴斑和红褐色羽缘；颊至上胸黄褐色，有黑褐色纵纹；胸以下白色。非繁殖羽：上体灰褐色，有黑色羽轴斑；胸淡灰色，腹以下白色；飞行时翅带白色。

【区系分布】古北型，在安徽为旅鸟。见于淮北、临泉、淮南、合肥义城、菜子湖、巢湖。

【生活习性】喜欢农田、滩涂等生境，常与其他鸻鹬混群。

【受胁和保护等级】LC（IUCN，2017）；LC（中国物种红色名录，2004）；中国三有保护鸟类。

◉摄影　杨远方、夏家振

长趾滨鹬　Long-toed Stint

拉丁名	*Calidris subminuta*
目科属	鸻形目（鹬形目）CHARADRIIFORMES
	鹬科 Scolopacidae（Snipes，Woodcocks，Sandpipers）
	滨鹬属 *Calidris* Merrem，1804

【俗　　称】云雀鹬

【形态特征】体长约 15cm 的小型滨鹬。嘴细短，黑色；脚黄绿色，趾较长；有白色眉纹。繁殖羽：上体棕褐色；头至后颈有黑褐色纵纹；背有明显的黑斑和白色羽缘，在背上形成一个"V"字形白斑；下体白色；颈侧和胸侧淡棕褐色，有黑色纵纹。非繁殖羽：体色较灰，胸有灰褐色斑纹。

【区系分布】古北型，在安徽为旅鸟。见于阜阳、巢湖、黄山。

【生活习性】喜欢农田、滩涂等生境，常与其他鸻鹬混群，较其他鸻鹬胆大。

【受胁和保护等级】LC（IUCN，2017）；LC（中国物种红色名录，2004）；中国三有保护鸟类。

◉ 摄影　夏家振、李航

斑胸滨鹬　Pectoral Sandpiper

拉丁名	*Calidris melanotos*
目科属	鸻形目（鹬形目）CHARADRIIFORMES
	鹬科 Scolopacidae（Snipes，Woodcocks，Sandpipers）
	滨鹬属 *Calidris* Merrem，1804

【形态特征】体长约 22cm 的中小型滨鹬。似尖尾滨鹬，但是嘴略长，且基部黄色。繁殖羽：上体偏棕色；头顶棕褐色，有白色眉纹；胸部密布纵纹，但在腹部之前突然终止；胸腹界限分明。非繁殖羽：整体偏灰色，体色没有繁殖羽鲜艳。

【区系分布】古北型，在安徽为迷鸟。拍摄于肥东长临河镇巢湖湿地（夏家振，2015 年 9 月 9 日）。

【生活习性】一般在大型湿地的滩涂活动。

【受胁和保护等级】LC（IUCN，2017）；LC（中国物种红色名录，2004）；中国三有保护鸟类。

摄影 夏家振

尖尾滨鹬　Sharp-tailed Sandpiper

拉丁名	*Calidris acuminata*	
目科属	鸻形目（鹬形目）CHARADRIIFORMES	
	鹬科 Scolopacidae（Snipes，Woodcocks，Sandpipers）	
	滨鹬属 *Calidris* Merrem，1804	

【**形态特征**】体长约 19cm 的中小型滨鹬。嘴端、脚黄绿色。繁殖羽：上体上部以棕色为主；头顶棕红色，有白色眉纹；胸口有黑色"＞"形斑点；下体偏白。非繁殖羽：体色以灰色为主，但头顶依旧带棕色。

【**区系分布**】古北型，在安徽为旅鸟。见于合肥牛角大圩、巢湖、庐江、龙感湖、黄湖、泊湖、菜子湖。

【**生活习性**】喜欢农田、滩涂等生境，常与其他鸻鹬混群。

【**受胁和保护等级**】LC（IUCN，2017）；LC（中国物种红色名录，2004）；中国三有保护鸟类。

● 摄影　夏家振、李航

弯嘴滨鹬　Curlew Sandpiper

拉丁名	*Calidris ferruginea*
目科属	鸻形目（鹬形目）CHARADRIIFORMES
	鹬科 Scolopacidae（Snipes，Woodcocks，Sandpipers）
	滨鹬属 *Calidris* Merrem，1804

【形态特征】体长约 20cm 的中小型鸻鹬。嘴较细长，明显向下弯曲，嘴、脚均黑色。繁殖羽：通体栗红色，上背有黑色轴斑和白色羽缘，尾下覆羽白色，尾灰褐色。胸、腹羽缘白色。非繁殖羽：栗红色消失，眉纹白色，上体灰褐色，羽缘白色，下体白色。

【区系分布】古北型，在安徽为罕见旅鸟。见于肥西严店乡巢湖湿地（夏家振，2015 年 4 月 24 日至 26 日，2015 年 5 月 17 日，2015 年 8 月 25 日）。

【生活习性】一般沿海迁徙，在内陆会出没于大型水域的滩涂上，常和其他鹬鹬混群。

【受胁和保护等级】NT（IUCN，2017）；LC（中国物种红色名录，2004）；中国三有保护鸟类。

● 摄影　夏家振

安徽省鸟类分布名录与图鉴
ANHUISHENG NIAOLEIFENBU MINGLU YU TUJIAN

黑腹滨鹬　Dunlin

拉丁名	*Calidris alpina*
目科属	鸻形目（鹬形目）CHARADRIIFORMES
	鹬科 Scolopacidae（Snipes，Woodcocks，Sandpipers）
	滨鹬属 *Calidris* Merrem，1804

【形态特征】体长约 20cm 的中小型鸻鹬。嘴黑色，稍长，尖端略向下弯曲；脚黑色。繁殖羽：背红褐色，有黑色轴斑及白色羽缘；眉纹白色；下体白色；胸有黑色细纹；腹部有大块黑色区域。非繁殖羽：上体灰褐色，下体白色，胸侧带有灰褐色，腰和尾两侧为白色。

【区系分布】古北型，北方亚种 *C.a.centralis* 和东方亚种 *C.a.sakhalina* 在安徽为旅鸟和冬候鸟。见于淮北、颍上八里河、淮南、合肥董铺水库、巢湖、庐江汤池、宿松二姑畈渔场、升金湖、龙感湖、大官湖、泊湖、武昌湖、菜子湖、白荡湖、枫沙湖。

【生活习性】集群在大型水域周边的滩涂觅食，喜欢混群。

【受胁和保护等级】LC（中国物种红色名录，2004）；中国三有保护鸟类。

◉ 摄影　夏家振、张忠东

阔嘴鹬　Broad-billed Sandpiper

拉丁名	*Limicola falcinellus*
目科属	鸻形目（鹬形目）CHARADRIIFORMES
	鹬科 Scolopacidae（Snipes，Woodcocks，Sandpipers）
	阔嘴鹬属 *Limicola* Koch，1816

【形态特征】体长约 18cm 的小型滨鹬。嘴黑色，先端略向下弯；头部具有两道眉纹。繁殖羽：上体为棕色，夹杂大量黑斑；下体白色，胸口具有黑色斑点。头顶棕色，具有两道眉纹并在前端会合，脸颊棕色。非繁殖羽：大体呈灰色，似黑腹滨鹬，但嘴型不同，且具有两道眉纹。飞行时翼角黑色。

【区系分布】古北型，普通亚种 *L.f.sibirica* 在安徽为罕见旅鸟，见于肥东长临河镇巢湖湿地（夏家

振，2015年9月13日，2015年9月21日）。

【生活习性】一般沿海迁徙，内陆可能在大型湿地的滩涂觅食。

【受胁和保护等级】LC（IUCN，2017）；LC（中国物种红色名录，2004）；中国三有保护鸟类。

● 摄影　夏家振

流苏鹬 Ruff

拉丁名	*Philomachus pugnax*
目科属	鸻形目（鹬形目）CHARADRIIFORMES
	鹬科 Scolopacidae（Snipes，Woodcocks，Sandpipers）
	流苏鹬属 *Philomachus* Merrem，1804

【形态特征】雄鸟体长约 28cm，雌鸟体长约 24cm 的中大型鸻鹬。嘴粗短，黑色，脚色多变。上体颜色偏棕黄色，具有山斑鸠般如鱼鳞的羽毛，下体偏白。身体粗壮，显得头小。繁殖期雄鸟头、胸部羽色多变，或白色，或黑色，或棕色，并具有华丽蓬松的饰羽。

【区系分布】古北型，在安徽为旅鸟，见于升金湖、巢湖。

【生活习性】集小群在大型湖泊的浅水地带觅食，常与其他鸻鹬混群。

【受胁和保护等级】LC（IUCN，2017）；LC（中国物种红色名录，2004）；中国三有保护鸟类。

● 摄影　夏家振

红颈瓣蹼鹬　Red-necked Phalarope

拉丁名	*Phalaropus lobatus*
目科属	鸻形目（鹬形目）CHARADRIIFORMES
	鹬科 Scolopacidae（Snipes，Woodcocks，Sandpipers）
	瓣蹼鹬属 *Phalaropus* Brisson，1760

【形态特征】体长约 18cm 的小型鸻鹬。嘴、头顶、背羽以及翼上飞羽和覆羽黑色，有一道黑色的贯眼纹，其余为灰白色。头小，嘴细长，脚为瓣蹼。繁殖羽：胁部深灰色，脸颊和喉部橘黄色。

【区系分布】古北型，在安徽为罕见旅鸟，见于肥西严店乡（夏家振，2015 年 9 月 7 日）和肥东长临河镇巢湖湿地（夏家振，2015年9月9日）。

【生活习性】一般沿海迁徙，喜欢在沿海的浅水地带或池塘中游泳、觅食。

【受胁和保护等级】LC（IUCN，2017）；LC（中国物种红色名录，2004）；中国三有保护鸟类。

● 摄影　夏家振

黑尾鸥　Black-tailed Gull

拉丁名	*Larus crassirostris*
目科属	鸥形目 LARIFORMES
	鸥科 Laridae（Gulls）
	鸥属 *Larus* Linnaeus，1758

【形态特征】体长约 47cm 的中型鸥。嘴黄色，先端红色，其后有一黑色带斑；脚黄色。繁殖羽：头、颈及下体白色，背及翅暗灰色。飞行时腰、尾上覆羽和尾羽白色，有宽的黑色次端斑。非繁殖羽似繁殖羽，但头后有褐色斑。

【区系分布】古北型，在安徽为冬候鸟。见于合肥、巢湖、青阳九华山、宣城、升金湖、菜子湖。

【生活习性】通常在东部海岛繁殖，在海岸越冬，少数在内陆的大型湖泊越冬。

【受胁和保护等级】LC（IUCN，2017）；LC（中国物种红色名录，2004）；中国三有保护鸟类。

◉摄影　张忠东、李航

安徽省鸟类分布名录与图鉴

普通海鸥　Mew Gull

拉丁名	*Larus canus*
目科属	鸥形目 LARIFORMES
	鸥科 Laridae（Gulls）
	鸥属 *Larus* Linnaeus，1758

【俗　　称】海鸥

【形态特征】体长约 45cm 的中型鸥。嘴、脚黄色，先端不红不黑。繁殖羽：头、颈及下体白色，背、肩和翅珠灰色，飞行时翅前后缘白色，翅端黑色有白斑，尾上覆羽及尾羽白色（亚成体有黑色次端斑）。非繁殖羽似繁殖羽，但头和颈有褐色条纹。

【区系分布】古北型，普通亚种 *L.c.kamtschatschensis* 在安徽为冬候鸟。见于升金湖、石臼湖、泊湖、巢湖和合肥义城湿地。

【生活习性】出现在大型湖泊的湿地，与其他鸥类混群。

【受胁和保护等级】LC（IUCN，2017）；LC（中国物种红色名录，2004）；中国三有保护鸟类。

◉ 摄影　李航

西伯利亚银鸥 Siberian Gull

拉丁名	*Larus smithsonianus*
目科属	鸥形目 LARIFORMES
	鸥科 Laridae（Gulls）
	鸥属 *Larus* Linnaeus，1758

【俗　　称】织女银鸥、银鸥

【形态特征】体长约 60cm 的大型鸥，普通亚种 *L.s.vegae* 的嘴黄色，下嘴尖端有一个红斑，脚粉红色，头、颈和下体白色，背、肩和两翅灰色，飞行时翅的前后缘白色，翅端黑色有白斑，尾上覆羽和尾羽白色。非繁殖羽似繁殖羽，但头、颈及两侧有褐色细纹。东北亚种 *L.s.mongolicus* 繁殖羽除上背和两翅羽色暗灰以及脚为橙黄色之外，其余同普通亚种；非繁殖羽头颈的纵纹较少，比较干净。

【区系分布】古北型，西伯利亚银鸥系由银鸥普通亚种 *Larus argentatus vegae* 和东北亚种 *Larus argentatus mongolicus* 合并而来。普通亚种在安徽为冬候鸟，见于淮北、颍上八里河、寿县瓦埠湖、霍邱城西湖、合肥、巢湖、当涂石臼湖、芜湖、贵池十八索、东至升金湖、龙感湖、黄湖、大官湖、泊湖、武昌湖、菜子湖、白荡湖、枫沙湖、宣城。东北亚种为罕见冬候鸟，见于淮北、合肥义城、巢湖、升金湖。

【生活习性】冬季出现在鱼塘，湖泊等湿地，单独或集群活动，食性杂，性格凶猛。

【受胁和保护等级】LC（IUCN，2017）；LC（中国物种红色名录，2004）；中国三有保护鸟类。

● 摄影　夏家振、李航

红嘴鸥 Black-headed Gull

拉丁名	*Larus ridibundus*
目科属	鸥形目 LARIFORMES
	鸥科 Laridae（Gulls）
	鸥属 *Larus* Linnaeus，1758

【**俗　　称**】海鸥

【**形态特征**】体长约 40cm 的中型鸥。繁殖羽：嘴、脚暗红色，头的前半部黑褐色，有白色眼圈。后头及颈、胸和尾羽白色，腹部淡灰色，飞行时背及翅灰色，翅端黑色。非繁殖羽：嘴、脚鲜红色，头变成白色，有一块黑色耳羽。

【**区系分布**】古北型，在安徽为冬候鸟。见于淮北、明光女山湖、凤阳花园湖、滁州琅琊山、颍上八里河、淮南孔店、瓦埠湖、合肥（董铺水库、大房郢水库、义城等）、巢湖、霍邱城西湖、庐江汤池、东至、当涂、枞阳、石臼湖、陈瑶湖、菜子湖、武昌湖、升金湖、龙感湖、黄湖、大官湖、泊湖、破罡湖、白荡湖、宣城。

【**生活习性**】冬季容易出现在各种有水的中大型湿地及周边区域。食性杂，甚至经常聚集在垃圾堆附近。

【受胁和保护等级】LC（IUCN，2017）；LC（中国物种红色名录，2004）；中国三有保护鸟类。

◉ 摄影　夏家振

黑嘴鸥　Saunders's Gull

拉丁名	*Larus saundersi*
目科属	鸥形目 LARIFORMES
	鸥科 Laridae（Gulls）
	鸥属 *Larus* Linnaeus，1758

【**俗　　称**】桑氏鸥

【**形态特征**】体长约 33cm 的中型鸥。嘴黑色而粗短，翼上覆羽灰色，初级飞羽末端带黑色，脚红色。繁殖羽：头部全黑色，具有白色厚重的上下眼睑。非繁殖羽：头部变为白色，具有黑色的耳羽，头顶带有灰色横纹。

【**区系分布**】古北型，在安徽为罕见冬候鸟和旅鸟。见于巢湖。

【**生活习性**】一般分布在东部沿海，常与其他鸥混群，飞行优雅，取食鱼类等，甚少游泳。

【**受胁和保护等级**】VU（IUCN，2017）；LC（中国物种红色名录，2004）；中国三有保护鸟类。

小鸥 Little Gull

拉丁名	*Larus minutus*
目科属	鸥形目 LARIFORMES
	鸥科 Laridae（Gulls）
	鸥属 *Larus* Linnaeus，1758

【**形态特征**】体长约 26cm 的小型鸥。繁殖羽：头部黑色，翼上覆羽灰色，身体白色，飞行时翼下覆羽黑色，具有狭窄的白色后缘。非繁殖羽：头部变为白色，头顶至后枕暗色，耳部具一黑色斑块。嘴和脚红色。易与白翅浮鸥冬羽产生误认。

【**区系分布**】古北型，在国内和省内为极其罕见的迷鸟。见于升金湖（3 只，周波，2008 年 4 月 3 日）。

【**生活习性**】常成群活动，与红嘴鸥混群出现在湿地水域，多数时候都在水面的上空飞翔。

【**受胁和保护等级**】LC（IUCN，2017）；LC（中国物种红色名录，2004）；国家 II 级重点保护野生动物。

遗鸥　Relict Gull

拉丁名	*Larus relictus*
目科属	鸥形目 LARIFORMES
	鸥科 Laridae（Gulls）
	鸥属 *Larus* Linnaeus，1758

【俗　　称】钓鱼郎

【形态特征】体长约 45cm 的中大型鸥。繁殖羽：头部黑色，嘴和脚红色，具有厚重的白色眼环，翅膀灰色，初级飞羽黑色且具有白斑。非繁殖羽：头部由黑色变为白色。

【区系分布】古北型，在安徽为极罕见的冬候鸟，仅在巢湖有记录（夏家振，2016 年 3 月 14 日）。

【生活习性】一般在华北沿海越冬，在内陆一般和红嘴鸥混群栖息在湿地滩涂。

【受胁和保护等级】VU（IUCN，2017）；LC（中国物种红色名录，2004）；CITES 附录 I（2003）；国家 I 级重点保护野生动物。

◎摄影　夏家振

鸥嘴噪鸥　Gull-billed Tern

拉丁名	*Gelochelidon nilotica*
目科属	鸥形目 LARIFORMES
	燕鸥科 Sternidae（Terns）
	噪鸥属 *Gelochelidon* Brehm，1830

【形态特征】体长约 38cm 的大型燕鸥。黑色的喙基部宽而前端变尖。繁殖羽：头顶黑色，上体灰色。非繁殖羽：头部变白，仅在眼周留下黑色斑块，颈背具有灰色杂斑。

【区系分布】古北型，华东亚种 *G.n.affinis* 在安徽为罕见迷鸟，曾见于长江湿地（常麟定，1936）。

【生活习性】喜欢出没在沿海滩涂、河口等湿地，内地罕见。

【受胁和保护等级】LC（IUCN，2017）；LC（中国物种红色名录，2004）；中国三有保护鸟类。

红嘴巨鸥　Caspian Tern

拉丁名	*Hydroprogne caspia*
目科属	鸥形目 LARIFORMES
	燕鸥科 Sternidae（Terns）
	巨鸥属 *Hydroprogne* Kaup，1829

【俗　　称】里海燕鸥、红嘴巨燕鸥

【形态特征】体长约53cm的大型燕鸥。嘴长而粗厚，红色，先端黑色；脚黑色。繁殖羽：头自额至后枕黑色，背、翅上覆羽和飞羽灰色，初级飞羽下面黑色，其余翅下和下体白色。尾呈浅叉状，白色。非繁殖羽似繁殖羽，但额和头顶有黑色纵纹，背面羽色较淡。

【区系分布】广布型，在安徽为旅鸟。见于巢湖市黄麓镇巢湖湿地（胡云程、夏家振，2015年11月21日；刘东涛，2015年11月24日）、升金湖（程元启等，2009）。

【生活习性】迁徙季会单独或集小群出现在大型湿地的滩涂停歇。

【受胁和保护等级】LC（IUCN，2017）；中国三有保护鸟类。

◎摄影　夏家振、胡云程

普通燕鸥　Common Tern

拉丁名	*Sterna hirundo*
目科属	鸥形目 LARIFORMES
	燕鸥科 Sternidae（Terns）
	燕鸥属 *Sterna* Linnaeus，1758

【形态特征】体长约 36cm 的中型燕鸥。繁殖羽：头顶、后颈黑色，肩和两翅暗灰色，颈侧、喉及下体白色，胸、腹沾深灰色。非繁殖羽似繁殖羽，但头顶前部变为白色有黑色斑点。嘴黑色，脚黑褐色。

【区系分布】古北型，东北亚种 *S.h.longipennis* 在安徽为旅鸟。见于长江湿地、阜阳、升金湖、合肥义城、巢湖。

【生活习性】喜欢在湖泊、鱼塘等多水的湿地活动，集群或者与其他鸥类混群，常立于水面突出位置。

【受胁和保护等级】LC（IUCN，2017）；LC（中国物种红色名录，2004）；中国三有保护鸟类。

◎摄影　夏家振、高厚忠

白额燕鸥　Little Tern

拉丁名	*Sterna albifrons*	
目科属	鸥形目 LARIFORMES	
	燕鸥科 Sternidae（Terns）	
	燕鸥属 *Sterna* Linnaeus，1758	

【俗　　称】小燕鸥

【形态特征】体长约 24cm 的小型燕鸥。繁殖羽：嘴黄色，脚橘黄色。额白色，头顶黑色和黑色贯眼纹相连直到脑后，背、肩和腰淡灰色，尾上覆羽和尾羽白色，头侧、颈侧至下体白色。非繁殖羽：嘴和脚变为黑褐色，头顶变为褐、白两色杂斑。

【区系分布】古北型，普通亚种 *S.a.sinensis* 在安徽为夏候鸟。见于淮北、阜阳、合肥、六安横排头水库、霍山、芜湖、石臼湖、庐江汤池、升金湖、武昌湖、菜子湖、宿松华阳、青阳九华山、宣城、清凉峰、黄山。

【生活习性】喜欢在湖泊、鱼塘等多水的湿地活动，集群或者与其他鸥类混群，飞行迅速，有时悬停捕鱼。

【受胁和保护等级】LC（IUCN，2017）；LC（中国物种红色名录，2004）；中国三有保护鸟类。

◉ 摄影　李航

灰翅浮鸥　Whiskered Tern

拉丁名	*Chlidonias hybrida*
目科属	鸥形目 LARIFORMES
	燕鸥科 Sternidae（Terns）
	浮鸥属 *Chlidonias* Rafinesque，1822

【俗　　称】黑腹燕鸥、须浮鸥

【形态特征】体长约 25cm 的小型燕鸥。繁殖羽：嘴红色，先端黑色；脚红色；额至头顶黑色；颊、颈侧、额和喉白色；前颈、胸至腹暗灰色渐至黑色；背至尾灰色；尾下覆羽白色，尾呈浅叉状。非繁殖羽：嘴和脚变为黑色，前额变为白色，头顶白色有黑色纵纹，贯眼纹和耳覆羽黑色，上体淡灰色，下体白色。

【区系分布】古北型，指名亚种 *C.h.hybrida* 在安徽为夏候鸟，少数为留鸟。见于淮北、亳州、涡阳、阜阳、淮南（上窑、焦岗湖、孔店等）、合肥（义城、大圩、清溪公园）、巢湖、庐江汤池、太湖徐桥、升金湖、龙感湖、黄湖、泊湖、菜子湖、枫沙湖、陈瑶湖、武昌湖、宣城、黄山。

【生活习性】喜欢在大型水域的浮水植物上筑巢，集小群在水域湿地生境取食，偶见大群。

【受胁和保护等级】LC（IUCN，2017）；LC（中国物种红色名录，2004）；中国三有保护鸟类。

◉ 摄影　夏家振、裴志新

297

白翅浮鸥　White-winged Tern

拉丁名	*Chlidonias leucopterus*
目科属	鸥形目 LARIFORMES
	燕鸥科 Sternidae（Terns）
	浮鸥属 *Chlidonias* Rafinesque，1822

【俗　　称】白翅黑燕鸥

【形态特征】体长约 23cm 的小型燕鸥。繁殖羽：嘴暗红色，脚红色，头、颈、上背和肩以及下体黑色，翅灰色，腰和尾白色。飞行时初级飞羽、外侧次级飞羽和尾羽为白色，翅下覆羽黑色，尾羽白色。非繁殖羽：嘴变为黑色；脚暗红色；头、颈和下体变为白色；头顶和枕有黑斑，并和眼后黑斑

相连延伸至眼下。

【**区系分布**】古北型，在安徽为夏候鸟和旅鸟。见于巢湖、芜湖、当涂（石臼湖、湖阳公社）、青阳九华山、宣城、升金湖、龙感湖、黄湖、泊湖、菜子湖。

【**生活习性**】喜欢光顾稻田、沼泽等生境，集小群活动，常与其他鸥类混群。

【**受胁和保护等级**】LC（IUCN，2017）；LC（中国物种红色名录，2004）；中国三有保护鸟类。

● 摄影　夏家振

安徽省鸟类分布
名录与图鉴

猛禽

鹗　Osprey

拉丁名	*Pandion haliaetus*
	隼形目（鹰形目）FALCONIFORMES
目科属	鹗科 Pandionidae（Osprey）
	鹗属 *Pandion* Savigny，1809

【俗　　称】鱼鹰、鱼雕

【形态特征】体长约 55cm 的中型猛禽。头及下体白色，黑色贯眼纹延伸至颈部，前胸颈圈黑色；上体黑褐色，初级飞羽尖端黑色，飞翔时翅角有黑斑；虹膜黄色，蜡膜及脚灰色，嘴黑色。

【区系分布】广布型，在安徽为旅鸟。见于淮北、明光女山湖、合肥、淮南、鹞落坪、石臼湖。

【**生活习性**】活动于江河、湖泊、水库一带，主要以鱼类为食，在水边的大树上营巢。

【**受胁和保护等级**】LC（IUCN，2017）；LC（中国物种红色名录，2004）；CITES 附录 II（2003）；
国家 II 级重点保护野生动物。

◉ 摄影　夏家振、黄丽华

黑翅鸢　Black-winged Kite

拉丁名	*Elanus caeruleus*		
目科属	隼形目（鹰形目）FALCONIFORMES		
	鹰科 Accipitridae（Hawks，Eagles）		
	黑翅鸢属 *Elanus* Savigny，1809		

【俗　　　称】灰鹞子、黑肩鸢

【形态特征】体长约 30cm 的小型猛禽。前胸至腹部为白色，头顶至后背灰色，肩部具黑色斑块，翼端黑色，虹膜红色，嘴黑色，蜡膜及脚部黄色。

【区系分布】东洋型，南方亚种 *E.c.vociferus* 在安徽为罕见留鸟，见于合肥牛角大圩、淮南山南、淮河大桥（裴志新，2016 年 10 月 5 日）、淮北（杨峰，2017 年 2 月 27 日）。

【生活习性】喜站立在大树树梢和电线杆上寻找食物，主要以昆虫、爬行类和小型鸟类、啮齿类为食，能振翅悬停于空中寻找猎物。

【受胁和保护等级】LC（IUCN，2017）；CITES 附录 II（2003）；国家 II 级重点保护野生动物。

◉ 摄影　薛琳、林清贤、秦皇岛市观（爱）鸟协会

黑冠鹃隼　Black Baza

拉丁名	*Aviceda leuphotes*
目科属	隼形目（鹰形目）FALCONIFORMES
	鹰科 Accipitridae（Hawks，Eagles）
	鹃隼属 *Aviceda* Swainson，1836

【俗　　称】蝙蝠鹰、凤头鹃隼

【形态特征】体长约 32cm 的小型猛禽。头部蓝黑色且具有明显的羽冠，前胸白色，腹部具黑色及褐色横纹，背部黑色带有白斑，虹膜灰褐色或淡红色，蜡膜、嘴及脚灰色。

【区系分布】东洋型，南方亚种 *A.l.syama* 在安徽为夏候鸟，主要分布在淮河以南的山区。见于滁州皇甫山、芜湖、祁门、岳西（鹞落坪等）、舒城、合肥。

【生活习性】常单独活动。警觉而胆小，主要以昆虫为食，也捕食蝙蝠、鼠类、蜥蜴

和蛙等小型脊椎动物。

【**受胁和保护等级**】LC（IUCN，2017）；LC（中国物种红色名录，2004）；CITES 附录Ⅱ（2003）；
国家Ⅱ级重点保护野生动物。

◎ 摄影　夏家振、张忠东

凤头蜂鹰　Oriental Honey Buzzard

拉丁名	*Pernis ptilorhynchus*
目科属	隼形目（鹰形目）FALCONIFORMES
	鹰科 Accipitridae（Hawks，Eagles）
	蜂鹰属 *Pernis* Cuvier，1817

【俗　　称】蜂鹰、东方蜂鹰、蜜鹰

【形态特征】体长约 60cm 的大型猛禽。个体有多个色系，翅宽大而头小，头部灰褐色且带有短羽冠，颈部有模糊的环颈纹，翼尖黑色，胸前有细纵纹或横纹，虹膜橘黄色，蜡膜灰色，嘴部灰色且相对于其他猛禽更显细长，脚黄色。

【区系分布】古北型，东方亚种 *P.p.orientalis* 在安徽为不常见的旅鸟。见于涡阳、合肥、宣城。

【生活习性】嗜食蜜蜂、胡蜂及其幼虫，也吃其他昆虫及幼虫，偶食蛇、蜥蜴、蛙、鼠、小型鸟类。

【受胁和保护等级】LC（IUCN，2017）；LC（中国物种红色名录，2004）；CITES 附录 II（2003）；国家 II 级重点保护野生动物。

黑鸢　Black Kite

拉丁名	*Milvus migrans*		
目科属	隼形目（鹰形目）FALCONIFORMES		
	鹰科 Accipitridae（Hawks，Eagles）		
	鸢属 *Milvus* Lacépeèda，1799		

【俗　　　称】老鹰、老雕、黑鹰、黑耳鸢、鸡屎鹰

【形态特征】体长约 65cm 的大型猛禽。耳羽黑褐色，故又名黑耳鸢。背暗褐色，下体棕褐色，尾略呈浅叉状，飞翔时指叉明显，可见翅下初级飞羽基部有明显的白斑；虹膜褐色，嘴及脚灰色，蜡膜蓝灰色。

【区系分布】广布型，普通亚种 *M.m.lineatus* 在安徽为留鸟。见于滁州（皇甫山、琅琊山等）、明光女山湖、阜阳、合肥大蜀山、肥西紫蓬山、巢湖、六安、金寨、霍山、鹞落坪、升金湖、武昌湖、芜湖、青阳九华山、宣城、清凉峰、牯牛降、黄山。

【生活习性】以小鸟、鼠类、蛇、蛙、野兔、鱼、蜥蜴和昆虫等动物为食，偶尔也吃家禽和腐尸，是自然界中的清道夫。

【受胁和保护等级】LC（IUCN，2017）；LC（中国物种红色名录，2004）；CITES 附录 Ⅱ（2003）；
国家 Ⅱ 级重点保护野生动物（1989）。

◎ 摄影　夏家振、胡云程、张忠东

栗鸢 Brahminy Kite

拉丁名	*Haliastur indus*
目科属	隼形目（鹰形目）FALCONIFORMES
	鹰科 Accipitridae（Hawks，Eagles）
	栗鸢属 *Haliastur* Selby，1840

【俗　　称】红老鹰

【形态特征】体长约45cm的中型猛禽。头、颈、胸及上背白色带淡纵纹，背、腹及尾羽均为栗色，初级飞羽黑色，虹膜为褐色或红褐色，嘴为淡蓝绿色，蜡膜黄色，脚暗黄色。

【区系分布】东洋型，指名亚种*H.i.indus*过去见于湖北、江西、江苏、浙江、福建等省份，栗鸢在我国分布区虽广，但数量十分稀少，安徽野外现已几乎绝迹。安徽省曾于九华山有记录（1♂，王岐山、胡

小龙，1965 年 5~6 月）。

【**生活习性**】主要栖息于江河、湖泊、水塘、沼泽、沿海海岸和邻近的城镇与村庄，通常单独活动。主要以蟹、蛙、鱼、虾等为食，也吃昆虫和爬行类，偶食小鸟和啮齿类动物。

【**受胁和保护等级**】LC（IUCN，2017）；CITES 附录 II（2003）；国家 II 级重点保护野生动物。

◉ 摄影　黄丽华、李航

白尾海雕　White-tailed Sea Eagle

拉丁名	*Haliaeetus albicilla*
目科属	隼形目（鹰形目）FALCONIFORMES
	鹰科 Accipitridae（Hawks，Eagles）
	海雕属 *Haliaeetus Savigny*，1809

【俗　　称】白尾雕、黄嘴雕、芝麻雕

【形态特征】体长85cm的大型猛禽。尾短、白色、呈楔形；嘴大，且嘴、蜡膜、虹膜和脚黄色；体羽灰褐色，头及胸浅褐色，暗黑色的翼下飞羽与深栗色的翼下覆羽对比明显。

【区系分布】古北型，国内在黑龙江和内蒙古东北部繁殖，在东南沿海越冬。指名亚种 *H.a.albicilla* 在

安徽为罕见的冬候鸟。见于明光女山湖、青阳九华山。

【**生活习性**】白天活动，单独或成对在大的湖面和海面上空飞翔，性懒散。主要以鱼类为食。

【**受胁和保护等级**】LC（IUCN，2017）；NT 几近符合 VU（中国物种红色名录，2004）；CITES 附录 I（2003）；国家 I 级重点保护野生动物（1989）。

秃鹫 Cinereous Vulture

拉丁名	*Aegypius monachus*
	隼形目（鹰形目）FALCONIFORMES
目科属	鹰科 Accipitridae（Hawks，Eagles）
	秃鹫属 *Aegypius* Savigny，1809

【俗　　称】狗头鹫、狗头雕、座山雕

【形态特征】体长约 100cm 的大型猛禽。体羽黑褐色，头、颈皮肤裸露呈铅灰蓝色，两翼宽大，尾短呈楔形。

【区系分布】古北型，在安徽为罕见冬候鸟和旅鸟。见于滁州、巢湖、蒙城、蚌埠。

【生活习性】栖息于低山丘陵和高山荒原与森林中的荒岩草地、山谷溪流和林缘地带，常单独活动，偶尔成小群。主要以大型动物的尸体为食。

【受胁和保护等级】NT（IUCN，2017）；NT 几近符合 VU（中国物种红色名录，2004）；CITES

附录Ⅱ（2003）；国家Ⅱ级重点保护野生动物（1989）。

● 摄影　夏家振

蛇雕　Crested Serpent Eagle

拉丁名	*Spilornis cheela*	
目科属	隼形目（鹰形目）FALCONIFORMES	
	鹰科 Accipitridae（Hawks，Eagles）	
	蛇雕属 *Spilornis* G.R.Gray，1840	

【俗　　称】大冠鹫、蛇鹰、白腹蛇雕、冠蛇雕、凤头捕蛇雕

【形态特征】体长 55~73cm 的大型猛禽。全身灰褐色且有星状白色斑点，头部深褐色，有不明显羽冠，翼下及尾羽有明显黑色横斑，翼尖黑色；虹膜及脚黄色，嘴部及蜡膜灰色。

【区系分布】东洋型，东南亚种 *S.c.ricketti* 在安徽为少见留鸟，主要分布于皖南山区。见于合肥、马鞍山、黄山、石台。

【生活习性】多成对活动。栖居于深山密林中，喜在林地及林缘活动，在高空盘旋飞翔，发出似啸声的鸣叫。以蛇、蛙、蜥蜴等为食，也吃鼠、鸟类、蟹及其他甲壳动物。

【受胁和保护等级】LC（IUCN，2017）；LC（中国物种红色名录，2004）；CITES 附录Ⅱ（2003）；国家Ⅱ级重点保护野生动物（1989）。

● 摄影 张忠东

林雕　Black Eagle

拉丁名	*Ictinaetus malayensis*
目科属	隼形目（鹰形目）FALCONIFORMES
	鹰科 Accipitridae（Hawks，Eagles）
	林雕属 *Ictinaetus* Blyth，1843

【俗　　称】树鹰、黑雕

【形态特征】体长约 75cm 的大型猛禽。通体黑褐色，眼下及眼先具白斑，头、翼及尾色较深，飞行时尾长而宽，盘旋时指叉明显，尾及尾上覆羽具浅灰色横斑。虹膜褐黄色，蜡膜及脚黄色。

【区系分布】东洋型，指名亚种 *I.m.malayensis* 在安徽为罕见留鸟。见于皖南山区：祁门、石台、牯牛降、宣城、泾县、黄山（光明顶、浮溪等）。

【生活习性】栖息于山地丛林。主要以鼠、蛇、蛙、蜥蜴、鸟类及大型昆虫等动物性食物为食。

【受胁和保护等级】LC（IUCN，2017）；CITES 附录Ⅱ（2003）；国家Ⅱ级重点保护野生动物（1989）。

◉ 摄影　李航

金雕　Golden Eagle

拉丁名	*Aquila chrysaetos*	
目科属	隼形目（鹰形目）FALCONIFORMES	
	鹰科 Accipitridae（Hawks，Eagles）	
	雕属 *Aquila* Brisson，1760	

【俗　　称】鹫雕、金鹫、黑翅雕

【形态特征】体长约85cm的大型猛禽。体羽暗褐色，头后、枕及后颈为金黄色，背、肩部具紫色光泽，尾羽端具黑色横斑，飞行时腰部白色明显，具黑褐色羽干纹。两翅呈浅"V"形。虹膜褐色，嘴部灰色，脚黄色。

【区系分布】古北型，华西亚种 *A.c.daphanea* 在安徽为罕见冬候鸟。见于明光、滁州、寿县、合肥、肥

东、舒城、六安、金寨、霍山、霍邱、东至。

【**生活习性**】通常单独或成对活动，栖息于崎岖干旱的平原、岩崖山区，主要以雉类、小型兽类为食。

【**受胁和保护等级**】LC（IUCN，2017）；LC（中国物种红色名录，2004）；CITES 附录 II（2003）；国家 I 级重点保护野生动物（1989）。

乌雕　Greater Spotted Eagle

拉丁名	*Aquila clanga*
目科属	隼形目（鹰形目）FALCONIFORMES
	鹰科 Accipitridae（Hawks，Eagles）
	雕属 *Aquila* Brisson，1760

【俗　　称】花雕、小花皂雕

【形态特征】体长约70cm的大型猛禽。尾羽较其他雕类略短，通体为暗褐色，翼上有横斑，腰部有"V"形白色条带。幼鸟背部有白色点状斑。虹膜褐色，嘴灰色，脚部黄色。

【区系分布】古北型，在安徽为罕见冬候鸟和旅鸟。见于合肥、升金湖、黄湖、东至东流、青阳九华山、宣城、黄山。

【生活习性】栖息于草原及湿地附近的林地，多在飞翔中或伏于地面捕食，取食鱼、蛙、鼠、蛇、鸟类等动物，也食金龟子、蝗虫等昆虫。

【受胁和保护等级】VU（IUCN，2017）；VU（中国物种红色名录，2004）；CITES 附录 Ⅱ（2003）；国家Ⅱ级重点保护野生动物（1989）。

○ 摄影　薛琳

白肩雕 Imperial Eagle

拉丁名	*Aquila heliaca*
目科属	隼形目（鹰形目）FALCONIFORMES
	鹰科 Accipitridae（Hawks，Eagles）
	雕属 *Aquila* Brisson，1760

【俗　　称】御雕

【形态特征】体长约75cm的大型猛禽。体羽大致为黑褐色，枕和后颈淡黄褐色，肩部有明显的白色块斑。亚成鸟体羽为黄褐色，具有深色纵纹。虹膜浅褐色，嘴灰色，蜡膜及脚部黄色。

【区系分布】古北型，在安徽为罕见冬候鸟和旅鸟。见于宿州、滁州、合肥大蜀山、六安、岳西、巢

湖、池州、升金湖。

【生活习性】栖息于山地森林地带及开阔原野，尤喜混交林和阔叶林；性懒散，常单独活动。主要以中小型哺乳动物和鸟类为食。

【受胁和保护等级】VU（IUCN，2017）；VU（中国物种红色名录，2004）；CITES 附录 I（2003）；国家 I 级重点保护野生动物（1989）。

草原雕　Steppe Eagle

拉丁名	*Aquila nipalensis*
目科属	隼形目（鹰形目）FALCONIFORMES
	鹰科 Accipitridae（Hawks，Eagles）
	雕属 *Aquila* Brisson，1760

【俗　称】大花雕、角鹰

【形态特征】体长约 75cm 的大型猛禽。个体颜色变化较大，从淡灰褐色、褐色、棕褐色、土褐色至暗褐色都有，飞行时飞羽黑白色界限分明，尾上覆羽为棕白色，尾羽为黑褐色，具有不明显的淡色横斑和淡色端斑。虹膜黄褐色或暗褐色，嘴灰色，蜡膜及脚黄色。

【区系分布】古北型，指名亚种 *A.n.nipalensis* 在安徽为罕见旅鸟，见于合肥（王岐山等，1979 年 9 月 1 日）。

【生活习性】栖息于开阔平原、草地、荒漠和低山丘陵地带的荒原草地。主要以啮齿类为食，也食鸟类和两栖爬行类。

【受胁和保护等级】EN（IUCN，2017）；CITES 附录 II（2003）；国家 II 级重点保护野生动物（1989）。

鹰雕　Mountain Hawk-Eagle

拉丁名	*Spizaetus nipalensis*
目科属	隼形目（鹰形目）FALCONIFORMES
	鹰科 Accipitridae（Hawks，Eagles）
	鹰雕属 *Spizaetus* Vieillot，1816

【**俗　　称**】熊鹰、赫氏角鹰

【**形态特征**】体长约 74cm 的大型猛禽。头部深褐色且带有明显羽冠，喉线明显，背部褐色，翼下及尾羽具明显黑色横斑，前胸至喉部白色具深色纵纹，跗蹠被羽。虹膜黄色至褐色，嘴黑色，蜡膜绿黄色，脚黄色。

【区系分布】东洋型，福建亚种 *S.n.fokiensis* 在皖南山区为罕见留鸟，分布于石台、清凉峰、旌德、黄山。郑光美先生书中将福建亚种 *S.n.fokiensis*、尼泊尔（指名）亚种 *S.n.nipalensis* 和海南亚种 *S.n.whiteheadi* 合并为指名亚种 *S.n.nipalensis*（郑光美，2018）。

【生活习性】常在阔叶林和混交林中活动，也出现在浓密的针叶林中。经常单独活动，主要以野兔、野鸡和鼠类等为食，也捕食小鸟和大型昆虫，偶尔捕食鱼类。

【受胁和保护等级】LC（IUCN，2017）；LC（中国物种红色名录，2004）；CITES 附录 II（2003）；国家 II 级重点保护野生动物（1989）。

● 摄影　吕晨枫、杨远方

白腹隼雕　Bonelli's Eagle

拉丁名	*Hieraaetus fasciata*
目科属	隼形目（鹰形目）FALCONIFORMES
	鹰科 Accipitridae（Hawks，Eagles）
	隼雕属 *Hieraaetus* Kaup，1844

【俗　　称】白腹山雕

【形态特征】体长约 70cm 的大型猛禽。成鸟胸前白色而具细纵纹，背部黄褐色。亚成鸟头部至腹部红褐色。翼尖黑色，翼下覆羽黑色，尾羽末梢黑色。虹膜黄褐色，嘴灰色，蜡膜及脚黄色。

【区系分布】东洋型，指名亚种 *H.f.fasciata* 在安徽为留鸟。见于肥西紫蓬山、肥东四顶山、合肥、黄山、宣城、宁国西津河、鹬落坪。

【**生活习性**】性情胆大而凶猛，行动迅速。常单独活动，以鸟类和兽类等为食。冬季会在湿地周围越冬。

【**受胁和保护等级**】LC（IUCN，2017）；LC（中国物种红色名录，2004）；CITES 附录 II（2003）；
国家 II 级重点保护野生动物（1989）。

◉ 摄影　夏家振

白腹鹞 Eastern Marsh Harrier

拉丁名	*Circus spilonotus*
目科属	隼形目（鹰形目）FALCONIFORMES
	鹰科 Accipitridae（Hawks，Eagles）
	鹞属 *Circus* Lacépède，1799

【俗　　称】泽鹞、东方沼泽鹞、白尾巴根子

【形态特征】体长约 50cm 的中型猛禽。成年雄鸟有黑头型或灰头型两个色型，头部黑色，喉及胸黑色并具白色纵纹，腹部洁白；上体黑褐色，具污白色斑纹，外侧覆羽和飞羽银灰色，初级飞羽黑色，尾上覆羽白色。雌鸟暗褐色，头顶至后颈、喉皮黄色，并具锈色纵纹；飞羽暗褐色，尾黑褐色，尾上覆羽褐色或浅褐色。幼鸟暗褐色，头顶和喉部黄白色。虹膜：雄鸟黄色，雌鸟及幼鸟浅褐色；嘴部灰色，脚黄色。

【区系分布】古北型，指名亚种 *C.s.spilonotus* 曾作为白头鹞东方亚种（*Circus aeruginosus spilonotus*），在安徽北方为旅鸟，南方为冬候鸟。见于合肥、龙感湖、大官湖、黄湖、升金湖（升金湖近年有个别白头鹞的记录，极有可能是白腹鹞指名亚种的幼鸟或雌鸟）。

【生活习性】喜开阔地，尤其是多草沼泽地带或芦苇地。主要以小型鸟类、啮齿类、蛙、蜥蜴、小型蛇类和大型昆虫为食。

【受胁和保护等级】LC（IUCN，2017）；CITES 附录 II（2003）；国家 II 级重点保护野生动物（1989）。

◉ 摄影　夏家振、张忠东

白尾鹞　Hen Harrier

拉丁名	*Circus cyaneus*
目科属	隼形目（鹰形目）FALCONIFORMES
	鹰科 Accipitridae（Hawks，Eagles）
	鹞属 *Circus* Lacépède，1799

【俗　　称】灰泽鹞、灰鹰、灰鹞、鸡鸟

【形态特征】体长约 50cm 的中型猛禽。雄鸟头至腰以上及上胸以前均为灰色，下胸、腹及腿羽白色，雌鸟全身大部分为褐色，雌、雄鸟的尾上覆羽均为白色；虹膜浅褐色，嘴灰，蜡膜及腿黄色。

【区系分布】古北型，指名亚种 *C.c.cyaneus* 在安徽长江以北为旅鸟，江南为冬候鸟。见于滁州琅琊山、瓦埠湖、阜阳、蒙城、合肥大蜀山、肥西紫蓬山、巢湖、升金湖、菜子湖、黄湖、龙感湖、当涂（湖阳、吴圩村港、石臼湖）、青阳九华山、牯牛降、宣城、清凉峰。

【生活习性】常沿地面低空飞行，主要以小型鸟类、鼠类、蛙、蜥蜴和大型昆虫等动物性食物为食。

【受胁和保护等级】LC（IUCN，2017）；LC（中国物种红色名录，2004）；CITES 附录 II（2003）；国家 II 级重点保护野生动物（1989）。

◉ 摄影　杨远方、夏家振

鹊鹞 Pied Harrier

拉丁名	*Circus melanoleucos*
目科属	隼形目（鹰形目）FALCONIFORMES
	鹰科 Accipitridae（Hawks，Eagles）
	鹞属 *Circus* Lacépède，1799

【俗　　称】喜鹊鹞、喜鹊鹰、黑白尾鹞、花泽鹜

【形态特征】体长约 42cm 的中型猛禽。雄鸟头部至背部为黑色，初级飞羽黑色，其余均为白色；雌鸟似雌性白尾鹞，但腹部翼上覆羽和翼下覆羽均更偏白。亚成鸟全身褐色，腰白，尾灰色且具黑色横斑，翼尖黑色。虹膜及脚部黄色，嘴部灰色。

【区系分布】古北型，在安徽长江以北为旅鸟，江南为冬候鸟。见于淮北、阜阳、合肥（大圩等）、当涂（石臼湖、湖阳公社）。

【生活习性】常单独活动，多在林边草地和灌丛上方低空飞行，主要以小鸟、鼠类、蛙、蜥蜴、蛇、昆虫等小型动物为食。

【受胁和保护等级】LC（IUCN，2017）；LC（中国物种红色名录，2004）；CITES 附录 Ⅱ（2003）；国家 Ⅱ 级重点保护野生动物（1989）。

◉ 摄影　夏家振、张忠东、李航

赤腹鹰 Chinese Sparrowhawk

拉丁名	*Accipiter soloensis*
目科属	隼形目（鹰形目）FALCONIFORMES
	鹰科 Accipitridae（Hawks，Eagles）
	鹰属 *Accipiter* Brisson，1760

【**俗　　称**】鹅鹰、鸽子鹰

【**形态特征**】体长约 28cm 的小型猛禽。雄鸟头至背蓝灰色，翅和尾灰褐色，胸和上腹棕色，飞翔时从下面看下体白色，但翅尖为黑色，胸部棕色，尾有横斑。雄鸟虹膜褐色，雌鸟虹膜黄色；嘴部灰色，端黑；蜡膜及脚部橘黄色。

【**区系分布**】东洋型，在安徽为夏候鸟。见于萧县皇藏峪、明光老嘉山林场、滁州（皇甫山、琅琊山等）、蒙城、淮南泉山湖、合肥（安徽大学、大蜀山等）、肥西（圆通山、紫蓬山）、霍山漫水河、鹞落坪、马鞍山、芜湖、升金湖、菜子湖、白荡湖、青阳（九华山、长垅等）、宣城、石台、牯牛降、清凉峰、祁门历溪、黄山（屯溪、黟县等）。

【**生活习性**】喜活动于开阔林区、农田及村庄附近，常栖息于空旷处，站在孤立的树枝或电杆顶端寻找猎物。捕食动作快，主要以蛙、蜥蜴等动物性食物为食，也吃小型鸟类、鼠类和昆虫。

【**受胁和保护等级**】LC（IUCN，2017）；LC（中国物种红色名录，2004）；CITES附录Ⅱ（2003）；国家Ⅱ级重点保护野生动物（1989）。

● 摄影 张忠东、夏家振

苍鹰 Northern Goshawk

拉丁名	*Accipiter gentilis*
目科属	隼形目（鹰形目）FALCONIFORMES
	鹰科 Accipitridae（Hawks，Eagles）
	鹰属 *Accipiter* Brisson，1760

【俗　　称】牙鹰、鹞鹰、黄鹰、青鹰、元鹰

【形态特征】体长约 56cm 的大型猛禽，翼展约 1.3m。无羽冠或喉中线，具白色的宽眉纹。成鸟上体青灰色，下体白色且具褐色细横纹，耳羽黑色。亚成鸟上体褐色浓重，羽缘色浅成鳞状纹；下体苍白具黑褐色的粗纵纹；尾羽灰褐色，具 4~5 条比成鸟更显著的暗褐色横斑。虹膜：雄性成鸟橘红色，雌

性成鸟及亚成鸟黄色；蜡膜及脚黄色；嘴部灰色。

【区系分布】古北型，普通亚种 *A.g.schvedowi* 在安徽为冬候鸟。见于宿州、滁州皇甫山、淮北、蒙城、蚌埠、淮南、合肥、舒城、升金湖、龙感湖、武昌湖、清凉峰、宣城。

【生活习性】为林栖性的鹰类，两翼宽圆，能作快速翻转扭绕。主要捕食鸽子等鸟类及野兔等哺乳类动物。

【受胁和保护等级】LC（IUCN，2017）；LC（中国物种红色名录，2004）；CITES 附录 II（2003）；国家 II 级重点保护野生动物（1989）。

凤头鹰 Crested Goshawk

拉丁名	*Accipiter trivirgatus*
目科属	隼形目（鹰形目）FALCONIFORMES
	鹰科 Accipitridae（Hawks，Eagles）
	鹰属 *Accipiter* Brisson，1760

【**俗　　称**】凤头苍鹰

【**形态特征**】体长约 42cm 的中型猛禽。头部具有短羽冠。成年雄鸟上体灰褐色；下体白，胸具黑

棕色纵纹，腹及腿部具黑棕色粗横纹；颈白，有近黑色纵纹至喉，具两道黑色髭纹；翼下及尾羽有明显横斑，尾下覆羽白色。亚成鸟及雌鸟下体纵纹及横纹均为褐色，上体褐色较淡。虹膜、蜡膜及脚黄色，嘴灰色。

【区系分布】东洋型，普通亚种 *A.t.indicus* 在安徽为留鸟。分布于淮河以南山区，见于合肥大蜀山、肥西紫蓬山、舒城、鹞落坪、马鞍山、桐城、安庆、宣城、祁门、石台、牯牛降、黄山。

【生活习性】栖息在森林和山脚林缘地带，多单独活动。主要以蛙、蜥蜴、鼠类、昆虫等动物性食物为食，也吃鸟类和小型哺乳动物。

【受胁和保护等级】LC（IUCN，2017）；CITES 附录 Ⅱ（2003）；国家 Ⅱ级重点保护野生动物（1989）。

◉ 摄影　胡云程

雀鹰 Eurasian Sparrowhawk

拉丁名	*Accipiter nisus*
目科属	隼形目（鹰形目）FALCONIFORMES
	鹰科 Accipitridae（Hawks，Eagles）
	鹰属 *Accipiter* Brisson，1760

【**俗　　称**】鹞鹰、黄鹰

【**形态特征**】体长 32~38cm 的中型猛禽。雄鸟上体灰褐色，下体白色且密布棕色横斑，尾具横带，棕色的脸颊为其识别特征。雌鸟体型较大，上体褐，下体白，胸、腹及腿具灰褐色横斑，无喉中线，脸颊棕色较少。虹膜及脚黄色，蜡膜青黄色，嘴黑色。

【**区系分布**】古北型，北方亚种 *A.n.nisosimilis* 在安徽为冬候鸟。见于萧县皇藏峪、滁州（皇甫山、琅琊山等）、淮北、亳州、蒙城、蚌埠、阜阳、临泉、淮南、合肥（安徽大学、清溪公园、大蜀山等）、舒城、金寨、鹞落坪、石臼湖、芜湖、青阳九华山、宿松龙湖圩、升金湖、清凉峰、牯牛降、宣城、黄山。

【**生活习性**】栖息于茂密的针叶林和常绿阔叶林及开阔的林缘、疏林地带，冬季常到山脚和平原地带的小块丛林、竹园与河谷地带活动。主要以雀形目小鸟、昆虫和鼠类为食。

【**受胁和保护等级**】LC（IUCN，2017）；LC（中国物种红色名录，2004）；CITES 附录 II（2003）；国家 II 级重点保护野生动物（1989）。

◉ 摄影 杨远方、夏家振

安徽省鸟类分布名录与图鉴

松雀鹰 Besra［Sparrowhawk］

拉丁名	*Accipiter virgatus*
目科属	隼形目（鹰形目）FALCONIFORMES
	鹰科 Accipitridae（Hawks，Eagles）
	鹰属 Accipiter Brisson，1760

【俗　　称】松儿、松子鹰、摆胸、雀贼

【形态特征】体长约33cm的中型猛禽。成年雄鸟：上体深灰色，尾具粗横斑；下体白，两胁棕色且具褐色横斑，喉白色且具黑色喉中线和黑色髭纹；尾较长，翼及尾下覆羽黑色横斑明显。雌鸟及亚成鸟：两胁棕色少，下体多具红褐色横斑，背及尾褐色且具深色横斑。亚成鸟胸前具纵纹。虹膜黄色，嘴黑色，蜡膜青灰色，腿及脚黄色。

【区系分布】东洋型，南方亚种 *A.v.affinis* 在安徽为留鸟。见于滁州皇甫山、淮北、淮南、长丰、肥东、合肥大蜀山、舒城、鹞落坪、石台、黄山猴谷。

【生活习性】通常栖息于山地针叶林、阔叶林和混交林中，冬季则会到海拔较低的山区活动，性机警，常单独活动。主要捕食鼠类、小鸟、昆虫等动物。

【受胁和保护等级】LC（IUCN，2017）；CITES附录Ⅱ（2003）；国家Ⅱ级重点保护野生动物（1989）。

日本松雀鹰 Japanese Sparrowhawk

拉丁名	*Accipiter gularis*
目科属	隼形目（鹰形目）FALCONIFORMES
	鹰科 Accipitridae（Hawks，Eagles）
	鹰属 *Accipiter* Brisson，1760

【俗　　称】松子、摆胸

【形态特征】体长约 27cm 的小型猛禽。成年雄鸟上体蓝灰色，尾灰色并具几条深色横斑，胸浅棕红色，腹部具细的羽干纹；翼下及尾下覆羽具黑色横斑；虹膜深红色。雌性成鸟上体褐色，下体白色且具褐色横纹，虹膜黄色。亚成鸟褐色，胸前具纵纹；嘴蓝灰，先端黑色；蜡膜绿黄；脚青黄色。

【区系分布】古北型，指名亚种 *A.g.gularis* 在安徽为旅鸟和罕见冬候鸟。曾作为松雀鹰的北方亚种 *A.v.gularis*。见于滁州皇甫山、淮北、蚌埠、阜阳、蒙城、淮南、合肥、舒城、六安横排头、鹞落坪、石台、清凉峰、升金湖。

【生活习性】多单独活动。常栖息于林缘高大树木的顶枝上，主要以山雀、莺类等小型鸟类为食，也食昆虫、蜥蜴等。

【受胁和保护等级】LC（IUCN，2017）；LC（中国物种红色名录，2004）；CITES 附录 II（2003）；国家 II 级重点保护野生动物（1989）。

● 摄影　夏家振

灰脸鵟鹰　Grey-faced Buzzard

拉丁名	*Butastur indicus*
目科属	隼形目（鹰形目）FALCONIFORMES
	鹰科 Accipitridae（Hawks，Eagles）
	鵟鹰属 *Butastur* Hodgson，1843

【**俗　　称**】灰面鵟、灰脸鹰

【**形态特征**】体长约 45cm 的中型猛禽。颏及喉白色，且具黑色的顶纹及髭纹；头侧近黑，颊部灰色；上体褐色，且具近黑色的纵纹及横斑；胸褐色且具深色细纹；下体余部具棕色横斑；尾细长，端平；虹膜黄色，嘴基部及蜡膜为橙黄色，脚黄色。

【**区系分布**】古北型，在安徽为不常见旅鸟。见于涡阳、淮南泉山湖、合肥（大蜀山、安徽大学、蜀山湖）、肥西紫蓬山、肥东四顶山、巢湖、金寨马鬃岭、岳西（鹞落坪等）、宣城。

【**生活习性**】栖息于山区森林地带，见于山地林边或空旷田野。主要食物有小型啮齿类动物、小鸟、蛇类、蜥蜴、蛙类和各种大型昆虫等。常集群迁徙。

【**受胁和保护等级**】LC（IUCN，2017）；CITES 附录 Ⅱ（2003）；国家 Ⅱ 级重点保护野生动物（1989）。

摄影　夏家振

普通鵟　Eastern Buzzard

拉丁名	*Buteo japonicus*
目科属	隼形目（鹰形目）FALCONIFORMES
	鹰科 Accipitridae（Hawks，Eagles）
	鵟属 *Buteo* Lacépède，1799

【俗　　称】鸡母鹞、东方鵟

【形态特征】体长约 55cm 的中型猛禽。个体颜色差异较大，有深色型、棕色型、淡色型之分，翼尖黑色，飞行时有明显黑色翼斑。虹膜及脚部黄色，嘴灰色，蜡膜黄色。

【区系分布】古北型，由于原普通鵟新疆亚种 *Buteo buteo vulpinus* 归并为欧亚鵟 *Buteo buteo* 新疆亚种 *B.b.vulpinus*，普通亚种 *Buteo buteo japonicus* 则独立为普通鵟 *Buteo japonicus* 指名亚种

B.j.japonicus。指名亚种在安徽为冬候鸟，见于砀山、滁州（皇甫山、琅琊山）、蒙城、淮南、瓦埠湖、合肥(安徽大学、清溪公园、大蜀山)、肥西紫蓬山、庐江汤池、舒城、金寨、岳西(鹞落坪、汤池)、芜湖、青阳九华山、升金湖、龙感湖、黄湖、泊湖、清凉峰、宣城、宁国西津河、黄山、歙县、太平清溪公社。

【生活习性】常见于开阔平原、荒漠、旷野、开垦的耕作区、林缘草地和村庄的上空盘旋翱翔。多单独活动。善飞翔，以小型鸟类、啮齿类为食。

【受胁和保护等级】LC（IUCN，2017）；LC（中国物种红色名录，2004）；CITES 附录Ⅱ（2003）；国家Ⅱ级重点保护野生动物（1989）。

● 摄影　杨远方、夏家振

大鵟 Upland Buzzard

拉丁名	*Buteo hemilasius*
目科属	隼形目（鹰形目）FALCONIFORMES
	鹰科 Accipitridae（Hawks，Eagles）
	鵟属 *Buteo* Lacépède，1799

【俗　　称】豪豹、白鹭豹

【形态特征】体长约70cm的大型猛禽。具淡色型、暗色型和中间型等几种色型。上体通常暗褐色；下体白色至棕黄色，具棕褐色纵纹；尾上偏白并常具横斑，腿深色，次级飞羽具深色条带。浅色型具深棕色的翼缘。虹膜黄或偏白；嘴蓝灰色，蜡膜黄绿色；脚黄色。

【区系分布】古北型，在安徽为罕见冬候鸟。分布于沿江及江北地区，见于滁州、合肥、肥西紫蓬山、鹞落坪、升金湖。

【生活习性】在空中飞翔时寻找猎物，或站立地面、或立于高处等待猎物。主要以啮齿类动物、鸟类、昆虫等动物性食物为食。

【受胁和保护等级】LC（IUCN，2017）；LC（中国物种红色名录，2004）；CITES附录Ⅱ（2003）；国家Ⅱ级重点保护野生动物（1989）。

◎ 摄影　杨远方、黄丽华

毛脚鵟 Rough-legged Buzzard

拉丁名	*Buteo lagopus*
目科属	隼形目（鹰形目）FALCONIFORMES
	鹰科 Accipitridae（Hawks，Eagles）
	鵟属 *Buteo* Lacépède，1799

【俗　　称】雪白豹、毛足鵟

【形态特征】体长约54cm的中型猛禽。全身偏白色，腹、背及翼上覆羽褐色，翼尖黑色，飞行时有明显翼斑，跗蹠被羽至脚趾基部。虹膜黄褐色，蜡膜以及脚部黄色，嘴部深灰色。

【区系分布】古北型，北方亚种 *B.l.kamtschatkensis* 在安徽为罕见旅鸟，见于黄山（王岐山等，1981）。

【生活习性】栖息于稀疏的针、阔混交林和原野、耕地等开阔地带。主要以田鼠等小型啮齿类动物和小型鸟类为食。

【受胁和保护等级】LC（IUCN，2017）；LC（中国物种红色名录，2004）；CITES 附录 II（2003）；国家 II 级重点保护野生动物（1989）。

猛禽

◉ 摄影　薛琳、秦皇岛市观（爱）鸟协会

359

白腿小隼　Pied Falconet

拉丁名	*Microhierax melanoleucus*
目科属	隼形目（鹰形目）FALCONIFORMES
	隼科 Falconidae（Falcons）
	小隼属 *Microhierax* Sharpe，1874

【**俗　　称**】小隼、熊猫鸟

【**形态特征**】体长约 18cm 的黑白色小型猛禽。上体黑色，眼先、眉纹、颈侧、颊、颏、喉及整个下体白色，脸侧及耳覆羽黑色似泪痕；尾羽黑色且具白色横斑。虹膜黑色，蜡膜黑色，嘴及脚灰色。

【**区系分布**】东洋型，过去曾分布于安徽南部。现已罕见，见于牯牛降。

【**生活习性**】栖息于海拔 2000 米以下的落叶森林和林缘地区，尤喜林内开阔草地和河谷地带，也常出现在山脚和邻近的开阔平原。主要以昆虫、小鸟和鼠类等为食。

【受胁和保护等级】LC（IUCN，2017）；LC（中国物种红色名录，2004）；CITES 附录 II（2003）；
国家 II 级重点保护野生动物（1989）。

⊙摄影　胡云程、张忠东

红隼 Common Kestrel

拉丁名	*Falco tinnunculus*
目科属	隼形目（鹰形目）FALCONIFORMES
	隼科 Falconidae（Falcons）
	隼属 *Falco* Linnaeus，1758

【俗　　称】茶隼、红鹰、黄鹰、红鹞子

【形态特征】体长约 33cm 的小型猛禽。雄鸟头及颈背蓝灰色，眼下方具一道垂直泪痕；尾蓝灰，尾端具宽的黑色横条纹，端白；背及翅上覆羽赤褐略具黑色横点斑，下体皮黄具黑色纵纹。雌鸟体型略大，从头至尾褐色且具粗横斑，前胸纵纹。亚成鸟似雌鸟，而纵纹较重。眼圈金黄色，虹膜黑色，嘴灰色，先端黑色，蜡膜及脚黄色。

【区系分布】古北型，普通亚种 *F.t.interstinctus* 在安徽为留鸟。全省分布，见于阜阳、蒙城、淮南、合肥（大蜀山、义城、安徽大学等）、肥西（圆通山、紫蓬山）、庐江汤池、舒城河棚、金寨（青山、长岭）、霍山马家河、岳西（鹞落坪、汤池）、芜湖、马鞍山、青阳（陵阳、九华山）、龙感湖、黄湖、菜子湖、升金湖、宣城、清凉峰、牯牛降、黄山（汤口、屯溪）。

【生活习性】栖息于山地和旷野中，以小型啮齿类、小型鸟类及昆虫为食。

【受胁和保护等级】LC（IUCN，2017）；LC（中国物种红色名录，2004）；CITES 附录 Ⅱ（2003）；
国家 Ⅱ 级重点保护野生动物（1989）。

● 摄影　夏家振、张忠东

燕隼　Eurasian Hobby

拉丁名	*Falco subbuteo*
目科属	隼形目（鹰形目）FALCONIFORMES
	隼科 Falconidae（Falcons）
	隼属 *Falco* Linnaeus，1758

【**俗　　称**】青条子、蚂蚱鹰、土鹘

【**形态特征**】体长约 30cm 的小型猛禽。上体蓝黑色，白色眉纹较细，眼下方具两道泪痕，颈侧、腹白色，胸、腹具黑色纵纹，下腹、尾下覆羽及腿覆羽棕栗色。金色眼圈，虹膜黑色；嘴灰色，蜡膜及脚黄色。

【**区系分布**】古北型，南方亚种 *F.s.streichi* 在安徽为旅鸟。见于滁州皇甫山、阜阳、合肥大蜀山、六安横排头、金寨、芜湖、清凉峰、牯牛降、黄山。

【**生活习性**】常单独或成对活动，飞行快速而敏捷。停息时大多在高大的树端或电线杆的顶部。主要以麻雀、山雀等雀形目小鸟以及昆虫为食。

【**受胁和保护等级**】LC（IUCN，2017）；LC（中国物种红色名录，2004）；CITES 附录 II（2003）；国家 II 级重点保护野生动物（1989）。

● 摄影　张忠东、夏家振

红脚隼　Amur Falcon

拉丁名	*Falco amurensis*		
目科属	隼形目（鹰形目）FALCONIFORMES		
	隼科 Falconidae（Falcons）		
	隼属 *Falco* Linnaeus，1758		

【俗　　称】青鹰、青燕子、黑花鹞、红腿鹞子、阿穆尔隼、东方红脚隼

【形态特征】体长约 31cm 的小型猛禽。雄鸟上体蓝灰色，胸浅灰色，腿、腹及臀棕色；飞羽黑色，翼下覆羽白色。雌鸟上体灰色，背及尾具黑色横斑；下体乳白，胸有黑色纵纹，腹具黑色横斑；翼下及尾下覆羽具黑色横斑。亚成鸟似雌鸟但下体斑纹为棕褐色而非黑色。虹膜黑色，嘴灰色，脚及蜡膜橘红色。

【区系分布】古北型，在安徽为旅鸟，见于淮北、阜阳、蒙城、淮南、合肥、巢湖、宁国西津河。

【生活习性】栖息于低山疏林、林缘、山脚平原和丘陵地区的沼泽、草地、荒野、河流、山谷和农田耕地等开阔地区，主要以昆虫为食，也食小鸟、蜥蜴、蛙和鼠类等小型脊椎动物。

【受胁和保护等级】LC（IUCN，2017）；CITES 附录Ⅱ（2003）；国家Ⅱ级重点保护野生动物（1989）。

● 摄影 夏家振、胡云程

灰背隼　Merlin

拉丁名	*Falco columbarius*
目科属	隼形目（鹰形目）FALCONIFORMES
	隼科 Falconidae（Falcons）
	隼属 *Falco* Linnaeus，1758

【**俗　　称**】灰鹞子、朵子

【**形态特征**】体长约 30cm 的小型猛禽。雄鸟上体蓝灰，略带黑色纵纹；尾羽蓝灰，具黑色次端斑，端白；飞羽黑色；下体棕褐色并具黑色纵纹；颈背领圈棕色；眉纹白色。雌鸟及亚成鸟上体灰褐色，眉纹及喉白色，下体偏白，胸、腹多深褐色斑纹，尾具近白色横斑。虹膜黑色，嘴灰，蜡膜及脚黄色。

【**区系分布**】古北型，普通亚种 *F.c.insignis* 在安徽为旅鸟和冬候鸟，见于滁州、固镇、合肥、肥西紫蓬山。

【生活习性】常单独活动，多在低空飞翔，发现食物则立即俯冲下来捕食。休息时栖于地面或树上。主要以小型鸟类为食，也捕食鼠类和昆虫等。

【受胁和保护等级】LC（IUCN，2017）；LC（中国物种红色名录，2004）；CITES 附录 Ⅱ（2003）；国家 Ⅱ 级重点保护野生动物（1989）。

◉ 摄影　霍万里

游隼 Peregrine Falcon

拉丁名	*Falco peregrinus*
目科属	隼形目（鹰形目）FALCONIFORMES
	隼科 Falconidae（Falcons）
	隼属 *Falco* Linnaeus，1758

【**俗　　称**】花梨鹰、鸭虎、青燕

【**形态特征**】体长约 45cm 的中型深色猛禽。成鸟头顶及脸颊近黑色或具黑色条纹，上体深灰色且具黑色点斑及横纹，下体白色，胸具黑色纵纹，腹部、腿及尾下多具黑色横斑。翅长而尖，翼下覆羽黑色点斑浓密。雌鸟比雄鸟体大。亚成鸟褐色浓重，腹部具纵纹。虹膜黑色，嘴灰色，眼圈、蜡膜及脚黄色。

【**区系分布**】广布型，南方亚种 *F.p.peregrinator*（下体带些许锈红色）在安徽南部为留鸟；普通亚种 *F.p.calidus* 在皖北为旅鸟，皖南为冬候鸟。见于淮北、蒙城、淮南、唐垛湖、蔡家湖、瓦埠湖、合肥、肥东、金寨、鹞落坪、升金湖、龙感湖、石台。

【**生活习性**】主要栖息于山地、丘陵、半荒漠、沼泽与湖泊沿岸地带，也到开阔的农田和村屯附近活动。飞行迅速，多单独活动。主要捕食野鸭、鸥、鸠鸽类、乌鸦和鸡等中小型鸟类。

【**受胁和保护等级**】LC（IUCN，2017）；LC（中国物种红色名录，2004）；CITES 附录 I（2003）；国家 II 级重点保护野生动物（1989）。

◉ 摄影　李航、夏家振、张忠东

草鸮　Eastern Grass Owl

拉丁名	*Tyto longimembris*
目科属	鸮形目 STRIGIFORMES
	草鸮科 Tytonidae（Barn Owls）
	草鸮属 *Tyto* Billberg，1828

【俗　　称】东方草鸮、猴面鹰、猴子鹰

【形态特征】体长约 35cm 的中型猫头鹰。心型的面盘棕色，下体棕白色，上体深褐，翼尖黑色；全身多具点斑、杂斑或蠕虫状细纹。虹膜褐色，嘴米黄，脚部略白。

【区系分布】东洋型，华南亚种 *T.l.chinensis* 在安徽为留鸟。分布于安徽南部，见于合肥、鹞落坪、芜

湖、安庆、池州、升金湖、望江、宣城、怀宁、清凉峰、黄山屯溪。

【**生活习性**】栖息于山坡草地或林缘灌丛中，白天藏匿在茂密的草丛中，黄昏和夜间活动。以鼠类、蛙、蛇、鸟卵等为食。

【**受胁和保护等级**】LC（IUCN，2017）；LC（中国物种红色名录，2004）；CITES Ⅱ附录（2003）；国家Ⅱ级重点保护野生动物（1989）。

◉ 摄影　夏家振、徐蕾

红角鸮　Oriental Scops Owl

拉丁名	*Otus sunia*
目科属	鸮形目 STRIGIFORMES
	鸱鸮科 Strigidae（Typical Owls）
	角鸮属 *Otus* Pennant，1769

【俗　　称】猫头鹰、东方角鸮、东红角鸮

【形态特征】体长约 19cm 的小型猫头鹰。虹膜橙黄色，体羽多纵纹，翼肩部覆羽有一道白色斑纹。具棕红色和灰色两种色型。蜡膜及嘴灰色，脚褐灰色。

【区系分布】广布型，在安徽为夏候鸟，其中东北亚种 *O.s.stictonotus* 见于滁州皇甫山、合肥（大蜀山、骆岗机场、安徽大学等）、六安、岳西等地；华南亚种 *O.s.malayanus* 分布于皖南山区，见于清凉峰等地。

【生活习性】栖息于山地林间，喜有树丛的开阔原野。常于林缘、林中空地及次生植丛的小矮树上捕食。以昆虫、鼠类、小鸟为食，繁殖期为 5~8 月，营巢于树洞或岩石缝隙中。

【受胁和保护等级】LC（IUCN，2017）；LC（中国物种红色名录，2004）；CITES 附录 Ⅱ（2003）；国家 Ⅱ 级重点保护野生动物（1989）。

● 摄影　夏家振

领角鸮　Collared Scops Owl

拉丁名	*Otus lettia*
目科属	鸮形目 STRIGIFORMES
	鸱鸮科 Strigidae（Typical Owls）
	角鸮属 *Otus* Pennant，1769

【俗　　称】猫头鹰

【形态特征】体长约 24cm 的小型猫头鹰。上体灰褐色或沙褐色，杂有暗色虫蠹状斑块和黑色羽干纹；耳羽簇明显，后颈基部有乳白色领环；下体皮黄，并具黑色条纹。虹膜红褐色，嘴及脚污黄色。

【区系分布】东洋型，华南亚种 *O.l.erythrocampe* 在安徽为留鸟。主要分布于安徽南部，见于滁州皇

甫山、合肥（骆岗机场等）、鹞落坪、清凉峰、歙县。

【生活习性】通常单独活动。夜行性，白天多躲藏在树上浓密的枝丛间。主要以鼠类、甲虫、蝗虫、鞘翅目昆虫为食。

【受胁和保护等级】LC（IUCN，2017）；CITES附录Ⅱ（2003）；国家Ⅱ级重点保护野生动物（1989）。

◉ 摄影　李航、张忠东

雕鸮　Eurasian Eagle-Owl

拉丁名	*Bubo bubo*
目科属	鸮形目 STRIGIFORMES
	鸱鸮科 Strigidae（Typical Owls）
	雕鸮属 *Bubo* Dumeril，1806

【俗　　称】大猫头鹰、藏名"欧巴"

【形态特征】体长约 75cm 的大型猫头鹰，是中国鸮类最大的一种。全体黄褐色；耳羽簇长而显著；上体沙灰色至黄褐色，上背具粗黑纵纹，余部具黑斑；喉白色；胸棕色，有显著的黑褐色羽干纹。虹膜橘黄色，嘴灰，脚黄色。

【区系分布】广布型，华南亚种 *B.b.kiautschensis* 在安徽为留鸟，见于滁州皇甫山、合肥、六安、石台。

【生活习性】夜行性，飞行慢而无声，通常贴地低空飞行。听觉和视觉在夜间异常敏锐。以鼠类为主要食物，也食兔、蛙、刺猬、昆虫、雉鸡和其它鸟类。

【受胁和保护等级】LC（IUCN，2017）；LC（中国物种红色名录，2004）；CITES 附录 II（2003）；国家 II 级重点保护野生动物（1989）。

黄腿渔鸮　Tawny Fish Owl

拉丁名	*Ketupa flavipes*
目科属	鸮形目 STRIGIFORMES
	鸱鸮科 Strigidae（Typical Owls）
	渔鸮属 *Ketupa* Lesson，1830

【俗　　称】黄鱼鸮、黄脚渔鸮

【形态特征】体长约 60cm 的大型猫头鹰。两性羽色相似。耳羽簇长而显著，虹膜黄色，具蓬松的白色喉斑。通体黄褐色，胸具黑色纵纹；头顶至后背有褐色羽干纹。蜡膜淡绿，嘴端黑色；跗蹠上部被橙棕色绒状羽，其裸出部分和趾淡黄色。

【区系分布】东洋型，安徽省内为罕见留鸟（郑作新，1976；约翰、马敬能等，2000；赵正阶，2001；郑光美，2018）。

【生活习性】栖息于山林，常到溪流边捕食，嗜食鱼类，也吃蟹、蛙、蜥蜴和雉类。

【受胁和保护等级】LC（IUCN，2017）；
CITES 附录Ⅱ（2003）；国家Ⅱ级重点保护野生动物（1989）。

褐林鸮　Brown Wood Owl

拉丁名	*Strix leptogrammica*
目科属	鸮形目 STRIGIFORMES
	鸱鸮科 Strigidae（Typical Owls）
	林鸮属 *Strix* Linnaeus，1758

【俗　　称】猫头鹰

【形态特征】体长约 50cm 的中型猫头鹰，无耳羽簇，面盘显著，似戴棕色"眼镜"，眼圈黑色，眉纹白色；下体皮黄色且具深褐色的细横纹；上体深褐色，皮黄色及白色横斑纹浓重。虹膜深褐色，嘴偏白，脚部蓝灰色。

【区系分布】东洋型，华南亚种 *S.l.ticehursti* 为安徽南部留鸟。见于清凉峰、休宁。

【生活习性】夜行性，主要猎食啮齿类动物，也食小鸟、蛙、小型兽类和昆虫。

【受胁和保护等级】LC（IUCN，2017）；LC（中国物种红色名录，2004）；CITES 附录 Ⅱ（2003）；国家 Ⅱ 级重点保护野生动物（1989）。

● 摄影　夏家振

灰林鸮　Tawny Wood Owl

拉丁名	*Strix aluco*
目科属	鸮形目 STRIGIFORMES
	鸱鸮科 Strigidae（Typical Owls）
	林鸮属 *Strix* Linnaeus，1758

【俗　　称】猫头鹰

【形态特征】体长约 43cm 的中型猫头鹰。有红褐色、灰褐色及中间型等色型，一般较浅色的灰林鸮会在较冷的地区分布。无耳羽簇，面盘显著，具一白色 "V" 形斑。下体淡色，具深色条纹；上体褐色或灰色，具黑色纵纹，翼上覆羽有白斑。虹膜深褐色，嘴及脚淡黄色。

【区系分布】古北型，华南亚种 *S.a.nivicola* 在安徽为留鸟。见于安徽（郑光美，2018）。

【生活习性】不迁徙，有高度的区域性。夜行性，白天通常在隐蔽处静息。在树洞营巢，主要猎食啮齿类动物。

【受胁和保护等级】LC（IUCN，2017）；LC（中国物种红色名录，2004）；CITES 附录 II（2003）；国家 II 级重点保护野生动物（1989）。

◎摄影　夏家振

领鸺鹠　Collared Owlet

拉丁名	*Glaucidium brodiei*
目科属	鸮形目 STRIGIFORMES
	鸱鸮科 Strigidae（Typical Owls）
	鸺鹠属 *Glaucidium* Boie，1826

【俗　　称】小鸺鹠

【形态特征】体长约 15cm 的小型猫头鹰，是中国鸮类最小的一种。虹膜黄色，颈圈浅色，头圆，无耳羽簇，两眼间及平眉纹白色；上体浅褐色且具橙黄色横斑；后颈皮黄色，嵌黑色眼状斑；胸及腹部皮黄色，具黑色横斑；腿及臀白色具褐色纵纹。嘴及脚淡黄色。

【区系分布】东洋型，指名亚种 *G.b.brodiei* 在安徽为留鸟。见于合肥、舒城、金寨、霍山、鹞落坪、清凉峰、牯牛降、黄山、绩溪。

【生活习性】栖息于山地森林和林缘灌丛地带，主要以昆虫和鼠类为食，也吃小鸟和其它小型动物。

【受胁和保护等级】LC（IUCN，2017）；LC（中国物种红色名录，2004）；CITES 附录 II（2003）；国家 II 级重点保护野生动物（1989）。

◉ 摄影　杨远方

斑头鸺鹠　Asian Barred Owlet

拉丁名	*Glaucidium cuculoides*
目科属	鸮形目 STRIGIFORMES
	鸱鸮科 Strigidae（Typical Owls）
	鸺鹠属 *Glaucidium* Boie，1826

【俗　　称】横纹小鸺、猫王鸟、猫儿头

【形态特征】体长约24cm的小型猫头鹰。头圆而无耳羽簇，白色眉纹延至两眼之间；上体灰褐色且具赭色横斑，翅肩具近月形白色条纹，尾具白色横斑；下体褐色且具赭色横斑；臀及腹白色，具褐色纵纹。虹膜黄色，嘴黄绿色，脚淡黄色。

【区系分布】东洋型，华南亚种 *G.c.whitelyi* 在安徽为留鸟。见于滁州、肥东、肥西紫蓬山、合肥、六安、金寨（长岭、青山等）、霍山（磨子潭、佛子岭）、鹞落坪、青阳（九华山、陵阳）、升金湖、芜湖、宣城、宁国西津河、清凉峰、石台、牯牛降、黄山、太平谭家桥。

【生活习性】栖息于阔叶林、混交林、次生林和林缘灌丛，也出现于村寨和农田附近的疏林。大多单独或成对活动。主要以各种昆虫和幼虫为食，也食鼠类、小鸟、蚯蚓、蛙和蜥蜴等动物。

【受胁和保护等级】LC（IUCN，2017）；LC（中国物种红色名录，2004）；CITES 附录Ⅱ（2003）；
国家Ⅱ级重点保护野生动物（1989）。

◉ 摄影　胡云程、张忠东、夏家振

纵纹腹小鸮　Little Owl

拉丁名	*Athene noctua*
目科属	鸮形目 STRIGIFORMES
	鸱鸮科 Strigidae（Typical Owls）
	小鸮属 *Athene* Boie，1822

【俗　　称】小猫头鹰、小鸮

【形态特征】体长约23cm的小型猫头鹰。头顶平，无耳羽簇，虹膜黄色。平眉纹及宽髭纹白色；上体褐色，具白色纵纹及点斑；下体白且具褐色杂斑及纵纹。翅肩具白色翼斑。嘴黄色，脚灰色披羽。

【区系分布】古北型，普通亚种 *A.n.plumipes* 在安徽为留鸟。见于蒙城、淮南泉山湖。

【生活习性】部分昼行性，常立于篱笆及电线上，通常夜晚出来活动。以昆虫和鼠类为食，也吃小鸟、蜥蜴、蛙类等小动物。

【受胁和保护等级】LC（IUCN，2017）；CITES附录Ⅱ（2003）；国家Ⅱ级重点保护野生动物（1989）。

● 摄影　夏家振、裴志新

鹰鸮　Brown Hawk Owl

拉丁名	*Ninox scutulata*
目科属	鸮形目 STRIGIFORMES
	鸱鸮科 Strigidae（Typical Owls）
	鹰鸮属 Ninox Hodgson，1837

【俗　　称】褐鹰鸮

【形态特征】体长约27cm的中小型猫头鹰。虹膜黄色，外形似鹰；上体深褐色；下体白色，具粗重的褐色纵纹；喉和前颈皮黄色；嘴灰黑色，蜡膜绿黄色；脚黄色，跗蹠被羽。

【区系分布】广布型，在安徽为夏候鸟。华南亚种 *N.s.burmanica* 标本采于金寨长岭（王岐山等，1979）。鹰鸮国内目前分布有华南亚种与印度亚种 *N.s.lugubris* 两个亚种，原鹰鸮东北亚种 *N.s.ussuriensis* 与台湾亚种 *N.s.totogo* 现已分出并独立为日本鹰鸮。

【生活习性】白天大多在树冠层栖息，黄昏和夜晚活动。主要以鼠类、小鸟和昆虫等为食。

【受胁和保护等级】LC（IUCN，2017）；LC（中国物种红色名录，2004）；CITES附录Ⅱ（2003）；国家Ⅱ级重点保护野生动物（1989）。

摄影　黄丽华

日本鹰鸮 Northern Hawk Owl

拉丁名	*Ninox japonica*
目科属	鸮形目 STRIGIFORMES
	鸱鸮科 Strigidae（Typical Owls）
	鹰鸮属 *Ninox* Hodgson，1837

【**俗　　称**】鹰鸮、北方鹰鸮或北鹰鸮

【**形态特征**】体长约27cm的中小型猫头鹰。虹膜黄色，外形似鹰；上体深褐色；下体白色，具粗重的褐色纵纹；喉和前颈皮黄色；嘴蓝灰色，蜡膜绿黄色；脚黄色，跗蹠被羽。

【**区系分布**】广布型，指名亚种 *N.j.japonica* 在安徽为夏候鸟，见于萧县皇藏峪、滁州皇甫山、阜阳、合肥、肥西紫蓬山、青阳九华山、牯牛降、绩溪清凉峰、黄山。日本鹰鸮原为鹰鸮 *Ninox scutulata* 的亚种，由原鹰鸮东北亚种（西伯利亚亚种）*N.s.ussuriensis* 与台湾亚种 *N.s.totogo* 独立、合并为日本鹰鸮 *Ninox japonica*。

【**生活习性**】白天大多在树冠层栖息，黄昏和夜晚活动。主要以鼠类、小鸟和昆虫等为食。

【**受胁和保护等级**】LC（IUCN，2017）；LC（中国物种红色名录,2004）；CITES 附录 II（2003）；国家 II 级重点保护野生动物（1989）。

● 摄影　高厚忠

长耳鸮　Long-eared Owl

拉丁名	*Asio otus*		
目科属	鸮形目 STRIGIFORMES		
	鸱鸮科 Strigidae（Typical Owls）		
	耳鸮属 *Asio* Brisson，1760		

【俗　　称】长耳猫头鹰、夜猫子

【形态特征】体长约 36cm 的中型猫头鹰。耳羽簇长，内廓黑色；面盘棕黄，虹膜橘红色，两道白色眉纹在眼间呈 "X" 形图纹。上体棕黄色，下体棕白色，均具黑褐色羽干纹，腹以下羽干纹两侧有树枝状横纹。飞行时翼斑明显。嘴灰色，先端黑；脚粉色，爪黑。

【区系分布】古北型，单型种，指名亚种 *A.o.otus* 在安徽为冬候鸟。见于涡阳、临泉、滁州、合肥、当涂（石臼湖、湖阳）、芜湖、宣城、泊湖、清凉峰、牯牛降、黄山。

【**生活习性**】栖息于山地森林或平原树林中。主要以鼠类和昆虫为食。

【**受胁和保护等级**】LC（IUCN，2017）；LC（中国物种红色名录，2004）；CITES 附录 Ⅱ（2003）；国家 Ⅱ 级重点保护野生动物（1989）。

短耳鸮　Short-eared Owl

拉丁名	*Asio flammeus*
目科属	鸮形目 STRIGIFORMES
	鸱鸮科 Strigidae（Typical Owls）
	耳鸮属 *Asio* Brisson，1760

【俗　　称】夜猫子、短耳猫头鹰、田猫王

【形态特征】体长约 38cm 的中型猫头鹰。体型大小和长耳鸮相仿，但耳羽簇短而不明显。面盘显著，虹膜金黄色，眼周具黑色眼影。上体棕黄色，有黑色和皮黄色的斑点及条纹；下体棕黄色，具黑色羽干纹（但无树枝状横纹）。嘴深灰色，先端黑；脚黄白色，爪黑。

【区系分布】古北型，指名亚种 *A.f.flammeus* 在安徽为冬候鸟。见于滁州、阜阳、瓦埠湖、合肥、当涂（石臼湖、湖阳大邢西）、芜湖、清凉峰、牯牛降、黄山。

【生活习性】栖息于低山、丘陵、苔原、荒漠、平原、沼泽、湖岸和草地等各类生境中。主要以鼠类为食，也食小鸟、蜥蜴、昆虫等，偶尔也吃植物果实和种子。

【受胁和保护等级】LC（IUCN，2017）；LC（中国物种红色名录，2004）；CITES 附录 II（2003）；国家 II 级重点保护野生动物（1989）。

● 摄影　夏家振

安徽省鸟类
分布名录与图鉴

ANHUI BIRD DISTRIBUTION
DIRECTORY AND FIELD GUIDE

· 下册 ·

侯银续

主编

全 国 百 佳 图 书 出 版 单 位
时代出版传媒股份有限公司
黄 山 书 社

目录 Contents（下册）

陆鸟

石鸡 Chukar Partridge

拉丁名	Alectoris chukar
目科属	鸡形目 GALLIFORMES
	雉科 Phasianidae（Partridges，Pheasants）
	石鸡属 Alectoris Kaup，1829

【俗　　称】美国鹧鸪、嘎嘎鸡、红腿鸡、朵拉鸡

【形态特征】体长约38cm的小型雉类。喉部白色；有一黑色贯眼纹从上嘴基起环绕头侧、喉部至胸部，形成一条黑色环带；嘴、脚均为红色；上体粉灰色；两胁具黑白相间的条纹。

【区系分布】古北型，华北亚种 A.c.pubescens 在安徽为留鸟，分布于淮北平原区，见于萧县（皇藏峪等）。

【生活习性】成对或集小群活动，栖息在多石的低山地。

【受胁和保护等级】LC（IUCN，2017）；LC（中国物种红色名录，2004）；中国三有保护鸟类；安徽省 II 级保护动物（1992）。

● 摄影　夏家振

中华鹧鸪 Chinese Francolin

拉丁名	*Francolinus pintadeanus*
目科属	鸡形目 GALLIFORMES
	雉科 Phasianidae（Partridges，Pheasants）
	鹧鸪属 *Francolinus* Stephens，1819

【俗　　称】赤姑、花鸡、怀南、越雉、鹧鸪、鹧鸪鸟、中国鹧鸪
【形态特征】体长约 30cm 的小型黑色雉类，雄鸟有距，体羽大致为黑色，枕、上背、下体及两翼有醒目的白点，背部和尾有白色横斑，头黑，眉纹栗色，眼下一条宽阔白带由上嘴基至耳羽，颏及喉白色。雌鸟上体多棕褐色，下体皮黄色具黑斑。

【区系分布】东洋型，指名亚种 *F.p.pintadeanus* 在安徽为留鸟。主要分布在长江以南，见于青阳（九华山等）、马鞍山、石台、牯牛降、宣城、黄山。

【生活习性】在低山区活动，晨昏时发出洪亮而刺耳的鸣叫声。

【受胁和保护等级】LC（IUCN，2017）；LC（中国物种红色名录，2004）；中国三有保护鸟类；安徽省II级保护动物（1992）。

鹌鹑　Japanese Quail

拉丁名	*Coturnix japonica*
目科属	鸡形目 GALLIFORMES
	雉科 Phasianidae（Partridges，Pheasants）
	鹌鹑属 *Coturnix* Bonnaterre，1791

【俗　　称】赤喉鹑、红面鹌鹑、罗群、日本鹌鹑

【形态特征】体长约 20cm 的小型雉类，上体具褐色、黑色纵纹及皮黄色矛状条纹。下体皮黄色，胸及两胁具黑色条纹。头具白色中央冠纹和近白色的长眉纹；夏季雄鸟面部、喉及上胸栗色，雌鸟胸口具黑色斑点。颈侧的两条深褐色带有别于三趾鹑。

【区系分布】古北型，在安徽为冬候鸟，见于阜阳、亳州、涡阳、蒙城、滁州（皇甫山、琅琊山）、瓦埠湖、合肥、六安、芜湖（机场等）、升金湖、龙感湖、大官湖、菜子湖、宣城、青阳（九华山等）、牯牛降、黄山。

【生活习性】主要在平原地区活动，冬季一般较安静，常单独活动，雄鸟善斗。栖息于草地和农田，可从草丛中驱赶出，飞行振翅快，高度低。

【受胁和保护等级】NT（IUCN，2017）；LC（中国物种红色名录，2004）；中国三有保护鸟类；安徽省Ⅱ级保护动物（1992）。

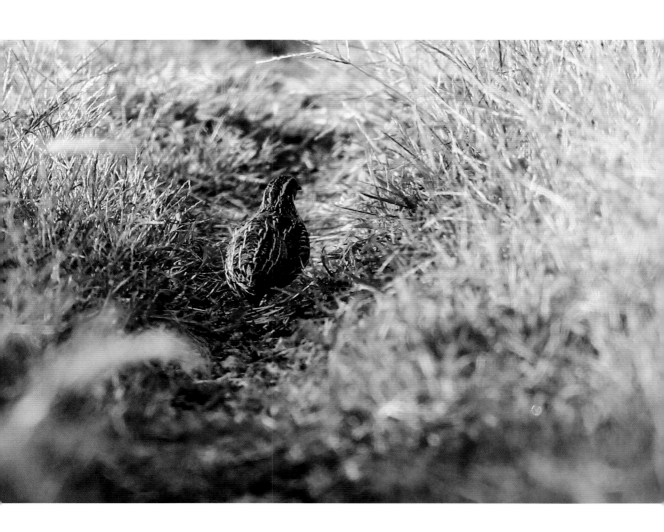

◉ 摄影　夏家振

灰胸竹鸡　Chinese Bamboo Partridge

拉丁名	*Bambusicola thoracicus*
目科属	鸡形目 GALLIFORMES
	雉科 Phasianidae（Partridges，Pheasants）
	竹鸡属 *Bambusicola* Gould，1862

【俗　　称】地主婆、竹鸡、竹鹧鸪

【形态特征】体长约 33cm 的小型红棕色雉类。额、眉纹及领环蓝灰色，颊、喉、颈侧及上胸栗红色。背、胁具大块新月形褐色斑纹。外侧尾羽栗色。雄雌同色。

【区系分布】东洋型，中国特有种，指名亚种 *B.t.thoracicus* 在安徽为留鸟。见于合肥、马鞍山、芜

湖（机场等）、铜陵、南陵、池州、升金湖、宣城、宁国西津河、青阳九华山、石台、清凉峰、牯牛降、黄山屯溪、休宁、歙县。

【生活习性】常成对或小群活动，晨昏发出 people prey 的连续叫声。

【受胁和保护等级】LC（IUCN，2017）；LC（中国物种红色名录，2004）；中国三有保护鸟类；安徽省Ⅱ级保护动物（1992）。

◎ 摄影　叶宏、杨远方

勺鸡　Koklass pheasant

拉丁名	*Pucrasia macrolopha*
目科属	鸡形目 GALLIFORMES
	雉科 Phasianidae（Partridges，Pheasants）
	勺鸡属 *Pucrasia* G.R.Gray，1841

【俗　　称】柳叶鸡

【形态特征】体长约 61cm 的中型短尾雉类。雄鸟具明显的耳羽束，头黑绿色，有棕、黑两种颜色的长条状羽冠，颈侧白色，颈后皮黄色，上体白色柳叶形羽毛上具有黑色矛状纹；下体胸、腹深栗色，脚暗红色。雌鸟仅有短羽冠，体型小，颜色暗淡。安徽亚种 *P.m.joretiana* 冠羽短，胸部无黄色，雄鸟背羽各有 2 条黑纹；东南亚种 *P.m.darwini* 下体皮黄色，雄鸟背羽各有 4 条黑纹。

【区系分布】东洋型，在安徽为留鸟。安徽有 2 个亚种，安徽亚种分布在皖西大别山区，见于金寨（天堂寨、长岭公社、白马寨林场、后畈乡）、霍山（石家河林区、漫水河公社）、舒城、鹞落坪、太湖、潜山；东南亚种分布在皖南山区，见于黄山、清凉峰、青阳九华山、泾县、歙县、祁门、黟县、休宁、牯牛降、贵池、东至。

【生活习性】生活在中高海拔山区，单独活动为主，常栖息于松树林中。

【受胁和保护等级】LC（IUCN，2017）；NT 几近符合 VU（中国物种红色名录，2004）；国家Ⅱ级重点保护野生动物（1989）。

◉ 摄影　夏家振、胡云程

白鹇 Silver Pheasant

拉丁名	*Lophura nycthemera*
目科属	鸡形目 GALLIFORMES
	雉科 Phasianidae（Partridges，Pheasants）
	鹇属 *Lophura* Fleming，1822

【俗　　称】白鸡、白山鸡、银雉

【形态特征】体长94~110cm且具白色长尾的大型雉类。雄鸟上体（背部、两翼及尾部）白色而密布细的"V"字形黑纹，头有蓝黑色长冠羽，面部裸皮红色，下体蓝黑色，脚紫红色；雌鸟色暗淡，上体棕褐色，尾也较大，面部裸皮红色。福建亚种 *L.n.fokiensis* 的雌鸟下体褐色，外侧尾羽有明显的黑白色蠹斑。

【区系分布】东洋型，福建亚种在安徽为留鸟，分布于皖南山区，见于泾县、广德、东至张溪、石台、牯牛降、旌德、绩溪（清凉峰等）、宁国、祁门、黟县、贵池、青阳、太平、宣城、黄山、休宁、歙县。

【生活习性】夏季主要在高山密林中活动，冬季因迁移到低山地而容易见到。

【受胁和保护等级】LC（IUCN，2017）；LC（中国物种红色名录，2004）；国家Ⅱ级重点保护野生动物（1989）。

安徽省鸟类分布名录与图鉴

◉ 摄影　胡云程

白颈长尾雉　Elliot's Pheasant

拉丁名	*Syrmaticus ellioti*
目科属	鸡形目 GALLIFORMES
	雉科 Phasianidae（Partridges，Pheasants）
	长尾雉属 *Syrmaticus* Wagler，1832

【俗　　　称】横纹背鸡、地花鸡、地鸡、花山鸡

【形态特征】体长约 81cm 且具褐色长尾的大型雉类，雄鸟头顶、枕灰褐色，颈侧白色，眼周裸皮鲜红色，喉部黑色，环被于上背和上胸部的宽阔领环栗色，上背和两翅均有一条宽的白色带，下背、腰黑色有白斑，腹白色，尾灰白色有宽的栗色横斑；雌鸟尾短，颈部棕灰色，喉部和胸口黑色，上体为棕色和黑色混杂。

【区系分布】东洋型，中国特有种，在安徽为留鸟。见于池州、牯牛降、泾县、绩溪（清凉峰等）、黄山、太平（大桥公社民主大队）、休宁、歙县、旌德、祁门、石台、宁国、贵池。

【生活习性】性机敏，栖息于阔叶林下的小灌木林或竹林，常集小群活动。

【受胁和保护等级】NT（IUCN，2017）；NT 几近符合 VU（中国物种红色名录，2004）；CITES 附录 I（2003）；国家 I 级重点保护野生动物（1989）。

● 摄影　林清贤

白冠长尾雉　Reeves's Pheasant

拉丁名	*Syrmaticus reevesii*
目科属	鸡形目 GALLIFORMES
	雉科 Phasianidae（Partridges，Pheasants）
	长尾雉属 *Syrmaticus* Wagler，1832

【俗　　称】翟鸡、长尾鸡、山雉、地鸡

【形态特征】雄鸟体长连尾可达 200cm（雌鸟可达 70cm）的大型雉类，头顶白色，自嘴基经眼下至后枕有一黑色宽带，下颈有一宽的黑色颈环；上体鳞片状的羽毛呈金黄色而具黑色的羽缘，有白色具黑色横斑的超长尾羽。雌鸟尾较雄鸟短，胸部具红棕色鳞状纹。

【区系分布】古北型，为中国特有种。在安徽为留鸟，分布于皖西大别山区，见于金寨（长岭公社、青山、马鬃岭、天堂寨）、霍山（漫水河公社、上土寺公社等）、六安、舒城、潜山、太湖、宿松、岳西。

【生活习性】栖息于针叶林下，喜到山间公路边活动，单独或集小群活动，尤其在冬季喜集群。

【受胁和保护等级】VU（IUCN，2017）； VU（中国物种红色名录，2004）；国家Ⅱ级重点保护野生动物（1989）。

◎ 摄影　吕晨枫

雉鸡 Common Pheasant

拉丁名	*Phasianus colchicus*
目科属	鸡形目 GALLIFORMES
	雉科 Phasianidae（Partridges，Pheasants）
	雉属 *Phasianus* Linnaeus，1758

【俗　　称】野鸡、环颈雉

【形态特征】体长约85cm且具长尾的大型雉类，雄鸟眼周裸皮红色，颈黑色，下方有一白色颈环，尾长而尖，褐色具黑色横纹；雌鸟体型小且尾短，周身褐色具杂斑。

【区系分布】广布型，在我国分布很广，有19个亚种。华东亚种 *P.c.torquatus* 在安徽为留鸟，全省分布。见于淮北、宿州、阜阳、亳州、涡阳、蒙城、滁州（皇甫山、琅琊山）、明光（女山湖等）、瓦埠湖、淮南（淮河大桥、孔店）、长丰、合肥（安徽大学、骆岗机场、义城、大房郢水库、董铺水库、清溪公园）、肥东、巢湖、肥西（圆通山、紫蓬山）、金寨（长岭公社、天堂寨、青山）、六安、安庆、鹞落坪、升金湖、龙感湖、黄湖、大官湖、泊湖、武昌湖、菜子湖、白荡湖、枫沙湖、石台、马鞍山、芜湖、宣城、宁国西津河、青阳（九华山、柯村）、牯牛降、清凉峰、太平、黄山。

【生活习性】遍布于农田、郊区、山地、湿地和平原，常单独活动，雄鸟叫声为爆破音，易被驱赶出，飞行快，振翅音大。

【受胁和保护等级】LC（IUCN，2017）；中国三有保护鸟类；安徽省Ⅱ级保护动物（1992）。

◎ 摄影　张健、张忠东、夏家振

大拟啄木鸟　Greater Barbet

拉丁名	*Megalaima virens*
目科属	鴷形目 PICIFORMES
	须鴷科 Capitonidae（Barbets）
	拟鴷属 *Megalaima* G.R.Gray，1842

【形态特征】体长约 30cm 的大型拟啄木鸟，头、颈呈墨蓝色，嘴黄色大而稍弯曲，上体绿色，腹黄且具深绿色纵纹，尾下覆羽亮红色。

【区系分布】东洋型，指名亚种 *M.v.virens* 在安徽为留鸟，分布于皖南山区，见于黄山、清凉峰、牯牛降、石台。

【生活习性】繁殖期在高大树木顶端发出连续不断的吵闹叫声，常常只闻其声而难以见到，取食植物的果实。

【受胁和保护等级】LC（IUCN，2017）；LC（中国物种红色名录，2004）；中国三有保护鸟类；安徽省 I 级保护动物（1992）。

● 摄影　夏家振、叶宏

蚁䴕　Eurasian Wryneck

拉丁名	*Jynx torquilla*
目科属	䴕形目 PICIFORMES
	啄木鸟科 Picidae（Woodpeckers）
	蚁䴕属 *Jynx* Linnaeus，1758

【形态特征】体长约 17cm 的小型啄木鸟，上体棕灰色，有黑色虫蠹状斑，下体淡黄色，有窄的暗色横斑。受到惊吓时头颈部可以做大于 180 度的扭转。

【区系分布】古北型，指名亚种 *J.t.torquilla* 在安徽为旅鸟。见于芜湖、青阳九华山、清凉峰、巢湖中庙、滁州琅琊山、合肥（科学岛、中科大）、六安、淮南。

【生活习性】喜在地面活动，取食蚂蚁和昆虫，也停歇于树枝间，但不啄树取食，通常单独活动，在春秋季迁徙季节偶见，数量不多。

【受胁和保护等级】LC（IUCN，2017）；LC（中国物种红色名录，2004）；中国三有保护鸟类；安徽省 I 级保护动物（1992）。

● 摄影　杨远方

斑姬啄木鸟　Speckled Piculet

拉丁名	*Picumnus innominatus*
目科属	䴕形目 PICIFORMES
	啄木鸟科 Picidae（Woodpeckers）
	姬啄木鸟属 *Picumnus* Temminck，1825

【俗　　称】姬啄木鸟、小啄木鸟

【形态特征】体长约 10cm 且形似山雀的小型橄榄色啄木鸟。眉纹和颊纹白色，背部和两翼橄榄绿色，喉白，胸、腹白色，满布鳞状黑色点斑。尾部具黑白色纵纹。雄鸟前额橘黄色。

【区系分布】东洋型，华南亚种 *P.i.chinensis* 在安徽为留鸟，分布于大别山区、江淮丘陵和皖南山区。见于滁州皇甫山、合肥（大蜀山、董铺水库）、肥西紫蓬山、霍山（漫水河、青枫岭）、金寨、鹞落坪、马鞍山、芜湖、牯牛降、宣城、宁国西津河、黄山。

【生活习性】栖息于小树林和竹林中，以蚂蚁、甲虫等昆虫为食，成对或单独活动，性安静。

【受胁和保护等级】LC（IUCN，2017）；LC（中国物种红色名录，2004）；中国三有保护鸟类；安徽省 I 级保护动物（1992）。

 摄影　夏家振、杨远方

星头啄木鸟　Grey-capped Woodpecker

拉丁名	*Dendrocopos canicapillus*
	鴷形目 PICIFORMES
目科属	啄木鸟科 Picidae（Woodpeckers）
	啄木鸟属 *Dendrocopos* Koch，1816

【俗　　称】北啄木鸟、红星啄木鸟

【形态特征】体长约 15cm 的小型啄木鸟，头顶灰褐色，宽的白色眉纹从眼后延至颈侧，雄鸟枕部两侧各有一红色点斑，上体黑色，下背至腰部及两翅具白色横斑，下体淡棕色有黑褐色纵纹。华北亚种 *D.c.scintilliceps* 背白且具黑斑，华南亚种 *D.c.nagamichii* 少白色肩斑。与大斑啄木鸟近似，除体型较小外，臀部不具红色，翅膀无大块白斑。

【区系分布】广布型，在安徽为留鸟，华北亚种和华南亚种在安徽均有分布。见于萧县皇藏峪、阜阳、临泉、蒙城、涡阳、淮南、明光女山湖、滁州（皇甫山、琅琊山等）、合肥（大蜀山、董铺水库、安徽大学等）、肥西紫蓬山、长丰埠里、金寨（长岭公社老湾、古碑区水坪乡等）、六安横排头水库、鹞落坪、马鞍山、芜湖机场、安庆沿江滩地、宣城、牯牛降、清凉峰、黄山（屯溪、双溪镇等）。

【生活习性】常单独或成对活动，主要以昆虫为食，偶食植物果实和种子。冬季落叶后易见，很少鸣叫。

【受胁和保护等级】LC（IUCN，2017）；中国三有保护鸟类；安徽省 I 级保护动物（1992）。

◉ 摄影　夏家振

棕腹啄木鸟　Rufous-bellied Woodpecker

拉丁名	*Dendrocopos hyperythrus*
目科属	鴷形目 PICIFORMES
	啄木鸟科 Picidae（Woodpeckers）
	啄木鸟属 *Dendrocopos* Koch，1816

【**形态特征**】体长约 20cm 且色彩浓艳的中型啄木鸟，雄鸟头顶至后颈为深红色，雌鸟顶冠黑色且具白色斑点。上体含两翼黑色且具白色横斑，面白，下体棕色，尾下覆羽红色。

【**区系分布**】广布型，国内有 3 个亚种，普通亚种 *D.h.subrufinus* 在黑龙江繁殖，于华南地区越冬，迁徙时途经安徽。见于合肥（南艳湖、大蜀山、安徽医科大学等）、清凉峰。近年于合肥越冬（逍遥津、植物园，12 月至次年 1 月）。

【**生活习性**】冬季偶见于合肥市内的高大乔木林中，但数量稀少，习性与大斑啄木鸟类似。

【**受胁和保护等级**】LC（IUCN，2017）；中国三有保护鸟类；安徽省 I 级保护动物（1992）。

● 摄影　杨远方

大斑啄木鸟 Great Spotted Woodpecker

拉丁名	*Dendrocopos major*
	䴕形目 PICIFORMES
目科属	啄木鸟科 Picidae（Woodpeckers）
	啄木鸟属 *Dendrocopos* Koch，1816

【形态特征】体长约 24cm 且黑白相间的中型啄木鸟，上体主要为黑色，额、面部和肩部白色，翼上具一块鸟趾状的大块白斑；飞羽和外侧尾羽具黑白相间的横斑。下体白色，臀部红色。雄鸟枕部红色。

【区系分布】广布型，国内有 9 个亚种，安徽北部为华北亚种 *D.m.cabanisi*，南部为东南亚种

D.m.mandarinus，均为留鸟。见于萧县（皇藏峪等）、明光（女山湖等）、滁州（皇甫山、琅琊山）、阜阳、蒙城、涡阳、淮南（泉山湖等）、合肥（义城、安徽大学、大蜀山、董铺水库、磨店等）、肥西紫蓬山、长丰埠里、巢湖、霍山马家河林场、六安、金寨（青山、长岭等）、岳西（包家乡、鹞落坪、沙凸嘴）、马鞍山、安庆沿江滩地、武昌湖、菜子湖、芜湖（市郊、机场等）、青阳（陵阳、九华山）、宣城、石台、牯牛降、清凉峰、黄山（汤口、屯溪等）。

【生活习性】遍布于各种林地，在平原和低山区分布更多，啄木声音响亮急促，飞翔呈波浪状，繁殖期发出嘹亮的叫声，在树洞中营巢。

【受胁和保护等级】LC（IUCN，2017）；中国三有保护鸟类；安徽省 I 级保护动物（1992）。

● 摄影　高厚忠、夏家振

灰头绿啄木鸟　Grey-headed Woodpecker

拉丁名	*Picus canus*
目科属	鴷形目 PICIFORMES
	啄木鸟科 Picidae（Woodpeckers）
	绿啄木鸟属 *Picus* Linnaeus，1758

【**俗　　称**】绿啄木鸟

【**形态特征**】体长约 27cm 的中型绿色啄木鸟，头及下体灰色，有黑色的贯眼纹和髭纹，雄鸟头顶鲜红色，枕部黑色，背部橄榄绿色，腰部黄绿色。

【**区系分布**】广布型，国内有 10 个亚种，安徽有 3 个，即河北亚种 *P.c.zimmermanni*（淮北）、华东亚种 *P.c.guerini* 和华南亚种 *P.c.sobrinus*（安徽南部），在安徽均为留鸟。但最新资料已将 10 个亚种合并为 7 个亚种，其中河北亚种归入华东亚种。见于萧县皇藏峪、阜阳、亳州、涡阳、明光女山湖、滁州（皇甫山、琅琊山）、合肥（大蜀山、安徽大学、董铺水库等）、肥西紫蓬山、六安金安区、金寨、霍山青枫岭天河、菜子湖、武昌湖、升金湖、芜湖（市郊、机场等）、鹞落坪、马鞍山、青阳九华山、宣城、石台、牯牛降、清凉峰、黄山（汤口、屯溪等）。

【**生活习性**】常见，遍布于各种山林地带，繁殖期发出响亮的叫声，平时则较安静怯生。

【受胁和保护等级】LC（IUCN，2017）；LC（中国物种红色名录，2004）；安徽省Ⅰ级保护动物（1992）；中国三有保护鸟类。

戴胜　Common Hoopoe

拉丁名	*Upupa epops*
目科属	戴胜目 UPUPIFORMES
	戴胜科 Upupidae（Hoopoes）
	戴胜属 *Upupa* Linnaeus，1758

【**俗　　称**】臭咕咕、臭姑姑

【**形态特征**】体长约 30cm 的中型鸟类，具长而端黑的耸立型粉棕色丝状冠羽，头、颈、上背和胸棕色，两翼及尾具黑白相间的横斑，嘴黑色、长且下弯。

【**区系分布**】广布型，指名亚种 *U.e.epops* 在安徽为留鸟，全省分布。见于明光女山湖、滁州（皇甫山、琅琊山）、阜阳、临泉、亳州、涡阳、蒙城、淮南（泉山湖、孔店）、瓦埠湖、合肥（义城、安徽大学、董铺水库、清溪公园等）、肥东、长丰埠里、巢湖、庐江汤池、六安（金安区等）、金寨、岳西、芜湖、石臼湖、升金湖、安庆沿江滩地、武昌湖、菜子湖、清凉峰、宣城、宁国西津河、黄山（屯溪、汤口等）。

【生活习性】于平原地区活动，在地面取食土里或落叶里的昆虫，在墙洞、树洞内筑巢，以臭味趋避敌害。由于幼鸟的粪便亲鸟不处理，加之雌鸟在孵卵期间分泌一种具有特殊臭味的褐色油液，弄得巢中又脏又臭，故被老百姓俗称为"臭姑姑"。

【受胁和保护等级】LC（IUCN，2017）；LC（中国物种红色名录，2004）；中国三有保护鸟类。

◉ 摄影　高厚忠、夏家振、裴志新

普通翠鸟　Common Kingfisher

拉丁名	*Alcedo atthis*
	佛法僧目 CORACIIFORMES
目科属	翠鸟科 Alcedinidae（Kingfishers）
	翠鸟属 *Alcedo* Linnaeus，1758

【俗　　称】鱼翠、打鱼郎、钓鱼郎、刁鱼郎、小翠

【形态特征】体长约 15cm 的小型翠鸟，上体蓝绿色并具有浅蓝色斑点，背部中央为天蓝色，耳羽和

下体为棕色，喉部和颈侧白色。雌雄喙色不同，雄鸟喙全黑色；雌鸟上喙黑色，下喙为橘黄色。

【区系分布】广布型。普通亚种 *A.a.bengalensis* 在安徽为留鸟。见于萧县皇藏峪、涡阳、蒙城、阜阳、滁州（皇甫山、琅琊山）、来安、明光女山湖、肥西紫蓬山、巢湖、合肥、庐江汤池、六安、霍山（佛子岭、黑石渡）、鹞落坪、芜湖、青阳九华山、牯牛降、升金湖、龙感湖、黄湖、大官湖、泊湖、武昌湖、菜子湖、破罡湖、白荡湖、枫沙湖、陈瑶湖、当涂（湖阳、石臼湖）、黄山（汤口、屯溪）、宣城、宁国西津河、休宁岭南、清凉峰。

【生活习性】常单独或成对出没于河道、湖泊等湿地，以小型鱼类为食。常悬停于水面上方，捕食时猛冲入水中，在水边泥岸打洞筑巢。

【受胁和保护等级】LC（IUCN，2017）；中国三有保护鸟类。

◉ 摄影　夏家振、胡云程、高厚忠

白胸翡翠　White-throated Kingfisher

拉丁名	*Halcyon smyrnensis*
目科属	佛法僧目 CORACIIFORMES
	翠鸟科 Alcedinidae（Kingfishers）
	翡翠属 *Halcyon* Swainson，1820−21

【俗　　称】白胸鱼狗、白喉翡翠、翠毛鸟、鱼虎、苍翡翠

【形态特征】体长约 28cm 的中型翡翠。背部天蓝色，头部和下体为棕色，喉部和胸部白色。喙和脚为橘红色。

【区系分布】东洋型。华南亚种 *H.s.fokiensis* 在安徽为留鸟。主要分布于淮河以南。见于合肥、芜湖、青阳九华山、牯牛降、当涂（湖阳、石臼湖）、泊湖、宣城、黄山。

【生活习性】常单独出没于湖泊、河流以及农田附近，以鱼虾等小型水生动物为食。

【受胁和保护等级】LC（IUCN，2017）。

◉ 摄影　胡云程、夏家振

蓝翡翠　Black-capped Kingfisher

拉丁名	*Halcyon pileata*
目科属	佛法僧目 CORACIIFORMES
	翠鸟科 Alcedinidae（Kingfishers）
	翡翠属 *Halcyon* Swainson，1820−21

【俗　　称】黑顶翠鸟、黑帽鱼狗、钢翠、蓝袍鱼狗、喜鹊翠

【形态特征】体长约 30cm 的大型翡翠。头顶黑色，背部和尾蓝紫色，颈和喉部白色，下体浅棕色。喙和脚为橘红色。

【区系分布】东洋型。安徽省内为常见夏候鸟。见于滁州皇甫山、来安、明光女山湖、合肥大蜀山、肥西紫蓬山、巢湖、霍山太平、金寨长岭、岳西（沙凸嘴、鹞落坪）、武昌湖、菜子湖、芜湖、石臼湖、青阳九华山、牯牛降、黄山、清凉峰。

【生活习性】偏林栖，常单独出没于林地边缘，食性较杂，多以两栖爬行动物和昆虫为食，在山区崖壁上打洞筑巢。

【受胁和保护等级】LC（IUCN，2017）；中国三有保护鸟类。

◉ 摄影　高厚忠、胡云程

斑鱼狗　Pied Kingfisher

拉丁名	*Ceryle rudis*
目科属	佛法僧目 CORACIIFORMES
	翠鸟科 Alcedinidae（Kingfishers）
	鱼狗属 *Ceryle* Boie，1828

【俗　　称】钓鱼郎

【形态特征】体长约 27cm 的中型鱼狗。全身以黑白色为主，上体黑色带白色横斑，头部白色，具有黑色的贯眼纹和短羽冠，下体白色。雄鸟上胸具有两条黑色胸带，前面一条较宽，后面一条较窄；雌鸟胸带较窄，且在中部断开。喙和脚黑色。

【区系分布】东洋型。普通亚种 *C.r.insignis* 在安徽为留鸟。见于阜阳、合肥董铺水库、肥西、巢湖、泊湖、武昌湖、菜子湖、枫沙湖、陈瑶湖、升金湖、芜湖、青阳九华山、宣城、宁国西津河、黄山。

【生活习性】常单独或成对出没于湖泊、河流和池塘等湿地，以鱼类为食，善长在水面上方悬停，捕食时猛冲入水中，在岸壁上打洞筑巢。

【受胁和保护等级】LC（IUCN，2017）。

● 摄影　夏家振、高厚忠、张忠东

冠鱼狗 Crested Kingfisher

拉丁名	*Megaceryle lugubris*
目科属	佛法僧目 CORACIIFORMES
	翠鸟科 Alcedinidae（Kingfishers）
	大鱼狗属 *Megaceryle* Kaup，1848

【俗　　称】花斑钓鱼郎、鱼鹰

【形态特征】体长约 40cm 的大型鱼狗。全身以黑白色为主，上体黑色具有白色横斑纹，头部长冠羽

黑色具白色斑点，耳羽、喉部及下体白色，具有棕色并带黑色斑纹的髭纹和胸带，两肋有棕色横斑。雄鸟翼下覆羽白色，雌鸟棕色。

【区系分布】东洋型。普通亚种 *M.l.guttulata* 在安徽为留鸟。见于合肥、霍山（磨子潭、黑石渡）、武昌湖、芜湖、青阳（柯村、九华山）、石台、牯牛降、太平谭家桥、宣城、黄山（汤口、屯溪、二龙桥）。

【生活习性】常单独出没于山区大型的清澈溪流与河道，栖息于大块岩石或电线上，以鱼类为食。

【受胁和保护等级】LC（IUCN，2017）。

◉ 摄影　张忠东、夏家振

蓝喉蜂虎 Blue-throated Bee-eater

拉丁名	*Merops viridis*
目科属	佛法僧目 CORACIIFORMES
	蜂虎科 Meropidae（Bee-eaters）
	蜂虎属 *Merops* Linnaeus，1758

【俗　　称】栗头蜂虎

【形态特征】体长约 28cm 的蓝色蜂虎，头顶至背部栗红色，贯眼纹黑色，喉部、腰和尾部蓝色，两翼和腹部翠绿色，中央 2 枚尾羽延长成针状。亚成鸟尾羽无延长，头及上背绿色。

【区系分布】东洋型。指名亚种 *M.v.viridis* 在安徽为夏候鸟，主要分布于皖南山区和皖西大别山区。见于合肥、肥西紫蓬山、霍山、金寨、宿松（凉亭趾凤乡石门、柳坪乡）、青阳（九华山、陵阳）、牯牛降、清凉峰、黄山（汤口、屯溪等）。

【生活习性】主要在多沙石的河流沿岸活动，也见于丘陵地带，在河床、沙地或泥土坡上打洞筑巢，取食蜻蜓、蝴蝶、蜂等昆虫，常集群繁殖。

【受胁和保护等级】LC（IUCN，2017）；LC（中国物种红色名录，2004）；中国三有保护鸟类。

● 摄影　夏家振

三宝鸟 Dollarbird

拉丁名	*Eurystomus orientalis*
目科属	佛法僧目 CORACIIFORMES
	佛法僧科 Coraciidae（Rollers）
	三宝鸟属 *Eurystomus* Vieillot，1816

【**形态特征**】体长约 30cm 的中型佛法僧，头黑褐色，嘴大而鲜红色（幼鸟嘴黑），先端黑色，全身蓝灰色，两翼有亮蓝色色斑。

【**区系分布**】东洋型，普通亚种 *E.o.calonyx* 在安徽为夏候鸟。主要分布于淮河以南各地。见于明光女山湖、滁州（皇甫山等）、合肥（安医、大蜀山等）、巢湖中庙、石臼湖、鹞落坪、金寨、青阳九华山、宁国西津河、石台城郊、牯牛降、清凉峰、太平谭家桥、黄山（汤口、屯溪、慈光寺等）。

【**生活习性**】繁殖期喜在山顶处来回飞翔，振翅慢而略显笨拙。

【**受胁和保护等级**】LC（IUCN，2017）；LC（中国物种红色名录，2004）；中国三有保护鸟类。

◎ 摄影　胡云程、夏家振

红翅凤头鹃　Chestnut-winged Cuckoo

拉丁名	*Clamator coromandus*
目科属	鹃形目 CUCULIFORMES
	杜鹃科 Cuculidae（Cuckoos）
	凤头鹃属 *Clamator* Kaup，1829

【形态特征】体长约 45cm 的凤头鹃，头有长的黑色羽冠，上体和长尾黑色有蓝色光泽，后颈有白色领环，两翼栗色。下体喉至上胸棕色，下胸和腹白色。

【区系分布】东洋型。在安徽为夏候鸟，见于滁州（皇甫山等）、合肥（大蜀山、清溪公园、董铺水库等）、肥西紫蓬山、巢湖、六安、金寨（马鬃岭、长岭公社等）、鹞落坪、安庆、东至、铜陵、马鞍山、贵池、青阳（九华山等）、石台、牯牛降、清凉峰、黄山（汤口、屯溪等）。

【生活习性】多单独或成对活动，栖息于山地，从大树顶部发出响亮的双音节叫声，喜在低矮灌木丛活动，寄生于鹛类等巢中。主要以鳞翅目、鞘翅目昆虫等小型节肢动物为食。

【受胁和保护等级】LC（IUCN，2017）；LC（中国物种红色名录，2004）；中国三有保护鸟类；安徽省 I 级保护动物（1992）。

◉ 摄影　胡云程、夏家振

大鹰鹃 Large Hawk Cuckoo

拉丁名	*Cuculus sparverioides*
目科属	鹃形目 CUCULIFORMES
	杜鹃科 Cuculidae（Cuckoos）
	杜鹃属 *Cuculus* Linnaeus，1758

【俗　　称】假鹞子

【形态特征】体长约40cm且极似松雀鹰的杜鹃，常被误识。虹膜橘黄色并具黄色眼圈，头、颈灰色，上体、两翼及尾灰褐色，尾部5条暗褐色横斑，次端斑棕红色，尾端白色；喉和上胸棕色且具灰色纵纹，腹白而具暗褐色横纹。

【区系分布】东洋型。指名亚种 *C.s.sparverioides* 在安徽为夏候鸟，见于萧县皇藏峪、滁州（皇甫山、琅琊山等）、来安、合肥（安徽大学、大蜀山、清溪公园等）、肥西紫蓬山、金寨、鹞落坪、马鞍山、芜湖（市郊、机场等）、菜子湖、青阳九华山、休宁流口、牯牛降、清凉峰、宣城、黄山（汤口、屯溪等）。

【生活习性】主要在低山区活动，叫声为独特的 brain fever，速度及音调不断增高，寄生于卷尾、黑脸噪鹛、黄鹂等巢中。

【受胁和保护等级】LC（IUCN，2017）；LC（中国物种红色名录，2004）；中国三有保护鸟类；安徽省Ⅰ级保护动物（1992）。

● 摄影　夏家振

北棕腹鹰鹃　Northern Hawk Cuckoo

拉丁名	*Cuculus hyperythrus*
目科属	鹃形目 CUCULIFORMES
	杜鹃科 Cuculidae（Cuckoos）
	杜鹃属 *Cuculus* Linnaeus，1758

【俗　　称】北棕腹杜鹃、北鹰鹃

【形态特征】体长约 28cm 的杜鹃，头和上体暗灰色，枕部具白色条带，额黑而喉偏白，尾具黑、褐色横斑和棕色狭边，胸部白色具纵纹。

【区系分布】古北型，过去作为棕腹杜鹃华北亚种（*Cuculus fugax hyperythrus*），现提升为独立种。繁殖于东北各省，越冬于华南及东南亚。在安徽为旅鸟，见于合肥〔大蜀山（王岐山等，1962）等〕、摄于大蜀山（刘东涛，2015）。

【生活习性】少见，叫声为三音节的 ju-ichi。

【受胁和保护等级】LC（IUCN，2017）；安徽省 I 级保护动物（1992）；中国三有保护鸟类。

◉ 摄影　刘东涛

棕腹鹰鹃　Whistling Hawk Cuckoo

拉丁名	*Cuculus nisicolor*
目科属	鹃形目 CUCULIFORMES
	杜鹃科 Cuculidae（Cuckoos）
	杜鹃属 *Cuculus* Linnaeus，1758

【俗　　称】小鹰鹃、棕腹杜鹃

【形态特征】体长约 26cm 的杜鹃，头和上体暗灰色，枕部无白色条带，额黑而喉偏白，尾具黑、褐色横斑且无狭窄棕色边，胸棕色且具白色纵纹，腹白色。

【区系分布】东洋型，过去作为棕腹杜鹃华南亚种（*Cuculus fugax nisicolor*），现提升为独立种。繁殖在中国北纬 32° 以南，越冬在东南亚。在安徽为夏候鸟。

【生活习性】叫声特别，为带哨音的持续 gee-whizz 或 fe-ver 声，重复约 20 次。

【受胁和保护等级】LC（IUCN，2017）；安徽省 I 级保护动物（1992）；中国三有保护鸟类。

四声杜鹃 Indian Cuckoo

拉丁名	*Cuculus micropterus*
目科属	鹃形目 CUCULIFORMES
	杜鹃科 Cuculidae（Cuckoos）
	杜鹃属 *Cuculus* Linnaeus，1758

【俗　　称】布谷鸟

【形态特征】体长约 30cm 的杜鹃，眼圈金黄色、虹膜红褐色；头顶至枕暗灰色，上体、两翅及尾均为褐色，尾羽有白色点斑和宽的黑色次端斑。喉至上胸淡灰色，下胸至腹白色，有宽约 3.5mm 的黑褐色横斑。

【区系分布】广布型，指名亚种 *C.m.micropterus* 在安徽为夏候鸟。见于萧县皇藏峪、阜阳、亳州、蒙城、涡阳、明光女山湖、滁州（皇甫山、琅琊山、滁州师范学院）、来安、合肥（安徽大学、骆岗机场、大蜀山、清溪公园、义城、磨店等）、肥东、肥西紫蓬山、长丰埠里、巢湖、六安金安区、金寨（青山、长岭等）、马鞍山、芜湖（市郊、机场等）、安庆沿江滩地、武昌湖、菜子湖、升金湖、贵池吉阳、鹊落坪、青阳九华山、宣城、清凉峰、牯牛降、黄山（汤口、屯溪等）。

【**生活习性**】平原和山区都能见到，鸣声四声一度的"布谷布谷"，寄生于卷尾及灰喜鹊巢中。

【**受胁和保护等级**】LC（IUCN，2017）；LC（中国物种红色名录，2004）；中国三有保护鸟类；安徽省Ⅰ级保护动物（1992）。

● 摄影　夏家振

大杜鹃　Common Cuckoo

拉丁名	*Cuculus canorus*
目科属	鹃形目 CUCULIFORMES
	杜鹃科 Cuculidae（Cuckoos）
	杜鹃属 *Cuculus* Linnaeus，1758

【俗　　称】布谷鸟

【形态特征】体长约 32cm 的杜鹃。眼圈、虹膜金黄色，上体灰色，两翅暗褐色，翅角边缘白色，有褐色细横纹；尾羽黑褐色有白色斑点，但无黑色近端斑（此与四声杜鹃不同）。喉至上胸为淡灰色，其余下体白色，有宽约 1.5mm 的黑褐色细横纹。

【区系分布】广布型，华东亚种 *C.c.fallax*（郑光美 2011 年和 2018 年均将此亚种并入到华西亚种 *C.c.bakeri*）在安徽为夏候鸟。分布于全省各地，见于萧县皇藏峪、亳州、蒙城、涡阳、阜阳、明光（女山湖、老嘉山林场）、滁州（皇甫山、琅琊山等）、淮南（泉山湖、淮河大桥）、合肥（安徽大学、义城）、长丰埠里、巢湖、六安、金寨（青山、长岭螺丝坳林场）、鹞落坪、和县金江口、石臼湖、芜湖、菜

子湖、升金湖、宣城、牯牛降、青阳九华山、清凉峰。

【生活习性】常见，主要栖息于有芦苇的平原地区，在大别山区可以分布到海拔1200米的高山溪流附近，叫声为两声一度的"布谷"，寄生于东方大苇莺、红尾水鸲等小型鸟类巢中。

【受胁和保护等级】LC（IUCN，2017）；LC（中国物种红色名录，2004）；中国三有保护鸟类；安徽省Ⅰ级保护动物（1992）。

◉ 摄影　夏家振

中杜鹃　Himalayan Cuckoo

拉丁名	*Cuculus saturatus*
目科属	鹃形目 CUCULIFORMES
	杜鹃科 Cuculidae（Cuckoos）
	杜鹃属 *Cuculus* Linnaeus，1758

【形态特征】体长约 26cm 的灰色杜鹃。眼圈金黄色、虹膜红褐色；胸及上体暗灰，下背灰蓝色，两翅褐色、翅角边缘纯白。中胸至腹白色带有黑褐色横斑，其宽度约 4mm（指名亚种 *C.s.saturatus*）。

【区系分布】东洋型，指名亚种在安徽为夏候鸟。见于滁州皇甫山、合肥、六安、金寨后畈页湾、鹞落坪、安庆、池州、当涂、宣城、黄山。

【生活习性】多单独活动，以昆虫为食。叫声低沉，如"布，谷谷谷"。

【受胁和保护等级】LC（IUCN，2017）；LC（中国物种红色名录，2004）；中国三有保护鸟类；安徽省Ⅰ级保护动物（1992）。

● 摄影　李航、夏家振

东方中杜鹃 Oriental Cuckoo

拉丁名	*Cuculus optatus*
目科属	鹃形目 CUCULIFORMES
	杜鹃科 Cuculidae（Cuckoos）
	杜鹃属 *Cuculus* Linnaeus，1758

【俗　　称】北方中杜鹃、霍氏中杜鹃

【形态特征】原为中杜鹃华北亚种 *Cuculus saturatus horsfieldi* 〔霍氏中杜鹃 *Cuculus horsfieldi*，依 Panye（2005）应为 *Cuculus optatus*（郑光美，2018）〕。

【区系分布】古北型，在安徽为夏候鸟。见于萧县皇藏峪、滁州皇甫山、合肥、当涂（石臼湖、湖阳公社）。

【生活习性】同中杜鹃，但叫声有差别。

【受胁和保护等级】LC（IUCN，2017）；LC（中国物种红色名录，2004）；中国三有保护鸟类；安徽省Ⅰ级保护动物（1992）。

小杜鹃　Lesser Cuckoo

拉丁名	*Cuculus poliocephalus*
目科属	鹃形目 CUCULIFORMES
	杜鹃科 Cuculidae（Cuckoos）
	杜鹃属 *Cuculus* Linnaeus，1758

【形态特征】体长约 26cm 的灰色杜鹃。眼圈金黄色、虹膜褐色；头、颈及上胸浅灰色，上体灰褐色，腰及尾上覆羽蓝灰色，尾羽有白色斑点且尾端具白色窄边；翅角边缘灰色；腹白色，具宽约 2mm 的黑色横斑，横斑间距较宽，臀部沾皮黄色。

【区系分布】东洋型，在安徽为夏候鸟，见于明光（女山湖、老嘉山林场）、滁州（皇甫山等）、亳

州、合肥（大蜀山、磨店等）、巢湖、六安、霍山白马尖、金寨（青山、长岭公社）、芜湖、马鞍山、铜陵、安庆、鹞落坪、池州、宣城、青阳九华山、牯牛降、清凉峰、黄山（汤口、屯溪等）。

【生活习性】喜在山顶活动，可分布到海拔 1400 米的地区，鸣叫六声或五声一度，如 "guo-guo-，guoguoguoguo"，第 4、5 声最高，清脆有力，经久不息。

【受胁和保护等级】LC（IUCN，2017）；LC（中国物种红色名录，2004）；中国三有保护鸟类；安徽省 I 级保护动物（1992）。

◉ 摄影　夏家振、李航

噪鹃　Common Koel

拉丁名	*Eudynamys scolopaceus*
目科属	鹃形目 CUCULIFORMES
	杜鹃科 Cuculidae（Cuckoos）
	噪鹃属 *Eudynamys* Vigors *et* Horsfield，1826

【俗　　称】黑杜鹃

【形态特征】体长约 42cm 的雌雄异色杜鹃。嘴绿色，虹膜红色；雌鸟似幼鸟，上体灰褐色布满白色点斑，下体白色具褐色横斑；雄鸟黑色，有蓝绿色光泽。

【区系分布】东洋型。华南亚种 *E.s.chinensis* 在安徽为夏候鸟，见于滁州（皇甫山等）、亳州、淮南泉山湖、合肥（义城、大蜀山、清溪公园、安徽大学、骆岗机场、磨店）、肥西紫蓬山、巢湖、六安（金安区等）、金寨、霍山太平公社安全岭、安庆、鹞落坪、马鞍山、铜陵、池州、石台、宣城、黄山。

【生活习性】山区和平原都有分布，发出响亮而凄惨的两声一节叫声"kou-wo-"，音速音高渐增，寄生于灰喜鹊、红嘴蓝鹊等巢中，每巢可产 1~2 枚卵，并且幼鸟不会踢除寄主的卵和幼鸟。

【受胁和保护等级】LC（IUCN，2017）；LC（中国物种红色名录，2004）；中国三有保护鸟类；安徽省 I 级保护动物（1992）。

◉摄影　杨远方、夏家振、张忠东

褐翅鸦鹃　Greater Coucal

拉丁名	*Centropus sinensis*
目科属	鹃形目 CUCULIFORMES
	杜鹃科 Cuculidae（Cuckoos）
	鸦鹃属 *Centropus* Illiger，1811

【形态特征】体长约 52cm 而尾长的鸦鹃，体羽全黑，头、颈具蓝黑色光泽；上背、两翼为栗红色，翅下覆羽为黑色，亚成鸟具黑色横斑。

【区系分布】东洋型。指名亚种 *C.s.sinensis* 在安徽为夏候鸟。分布于安徽（郑光美，2018），见于武昌湖（侯银续，2005）、六安金安区（侯银续等，2014）。

【生活习性】喜活动于林缘地带、次生灌木丛、多芦苇河岸等生境，常下至地面行走取食昆虫。鸣叫时会停歇在较高的灌木上，叫声为一连串深沉的 boop 声。

【受胁和保护等级】LC（IUCN，2017）；国家Ⅱ级重点保护野生动物（1989）。

◉ 摄影　林清贤、秦皇岛市观（爱）鸟协会

小鸦鹃 Lesser Coucal

拉丁名	*Centropus bengalensis*
目科属	鹃形目 CUCULIFORMES
	杜鹃科 Cuculidae（Cuckoos）
	鸦鹃属 *Centropus* Illiger，1811

【俗　称】红毛鸡

【形态特征】体长约 42cm 且常在地面行走的杜鹃。体羽全黑，有蓝色光泽；翅、上背及翅下覆羽为栗色，肩和两翅有黄白色羽轴。亚成鸟具褐色条纹。

【区系分布】东洋型。华南亚种 *C.b.lignator* 在安徽为夏候鸟。主要分布于安徽中南部。见于滁州（皇甫山等）、界首、阜南、颍上、淮南（泉山湖、孔店）、寿县、合肥（义城、大蜀山、清溪公园、安徽大学、磨店等）、肥东、肥西（紫蓬山、圆通山）、长丰埠里、巢湖、六安（金安区、横排头等）、霍邱、金寨、芜湖、马鞍山、安庆、升金湖、武昌湖、宣城、池州、青阳九华山、清凉峰。

【生活习性】喜活动于山边灌木丛、沼泽地带及开阔的草地。常栖地面，有时作短距离的飞行，由植被上掠过。在地面取食，营巢于草丛中。鸣叫时雄鸟先发出低沉的"wu-wu-wu-wu-"4~5声之后，雌鸟对唱如"ka-da-gu，ka-da-gu"，声音渐快渐低。

【受胁和保护等级】LC（IUCN，2017）；国家Ⅱ级重点保护野生动物（1989）。

◉摄影　夏家振、胡云程

普通夜鹰 Grey Nightjar

拉丁名	*Caprimulgus indicus*
目科属	夜鹰目 CAPRIMULGIFORMES
	夜鹰科 Caprimulgidae
	夜鹰属 *Caprimulgus* Linnaeus，1758

【俗　　称】蚊母鸟、贴树皮、鬼鸟、夜燕

【形态特征】体长约28cm的偏灰色夜鹰。通体几乎全为暗褐色杂斑，喉具白斑。虹膜褐色，眼圈橘红色；嘴部偏黑，脚部巧克力色。

【区系分布】广布型，普通亚种 *C.i.jotaka* 在安徽为夏候鸟，全省分布，见于萧县皇藏峪、滁州（皇甫山、琅琊山、滁州园林场、滁州学院）、阜阳、合肥、巢湖中庙、肥东、肥西紫蓬山、六安、鹞落坪、芜湖、清凉峰、牯牛降、宣城、黄山。

【生活习性】常在夜间活动，黄昏时在空中飞捕昆虫，最为活跃，白天大都蹲伏在山坡的草地或树枝上静息。繁殖期夜间发出独特的急促"嘟~"的叫声。以昆虫为食。

【受胁和保护等级】LC（IUCN，2017）；LC（中国物种红色名录，2004）；安徽省Ⅰ级保护动物（1992）；中国三有保护鸟类。

◎ 摄影　胡云程、杨远方、李航

白腰雨燕　Fork-tailed Swift

拉丁名	*Apus pacificus*
目科属	雨燕目 APODIFORMES
	雨燕科 Apodidae（Swifts）
	雨燕属 *Apus* Scopoli，1777

【形态特征】体长约 18cm 的黑褐色雨燕。全体黑褐色，喉及腰白色，翅长而尖，尾呈深叉状。指名亚种 *A.p.pacificus* 白色腰带宽约 20mm，下体羽毛略具有白色羽缘；华南亚种 *A.p.kanoi* 腰带宽 10~15mm，下体羽毛无白色羽缘。

【区系分布】广布型。在安徽为旅鸟，指名亚种和华南亚种在安徽均有分布，其中，指名亚种见于合肥、黄山、当涂（湖阳、石臼湖）、清凉峰；华南亚种见于黄山、牯牛降。另外在升金湖、青阳九华山、宣城等地均有记录，未精确到亚种。

【生活习性】飞翔高而迅速，常集群活动。以蝇、蚊、蜉蝣等各种昆虫为食，在飞行中捕食。

【受胁和保护等级】LC（IUCN，2017）；LC（中国物种红色名录，2004）；中国三有保护鸟类。

● 摄影　薛琳

小白腰雨燕　House Swift

拉丁名	*Apus nipalensis*
目科属	雨燕目 APODIFORMES
	雨燕科 Apodidae（Swifts）
	雨燕属 *Apus* Scopoli，1777

【形态特征】体长约 15cm 的偏黑色雨燕，喉及腰白色，尾短而中部稍凹陷。与体型较大的白腰雨燕区别在于体色更深，喉及腰更白，尾部几乎为平切。

【区系分布】东洋型。华南亚种 *A.n.subfurcatus* 在安徽为夏候鸟，在黄山、牯牛降繁殖，为安徽鸟类分布新记录。

【生活习性】在开阔地上空捕食，飞行迅速而平稳。夏季在皖南高海拔处繁殖。

【受胁和保护等级】LC（IUCN，2017）；中国三有保护鸟类。

白喉针尾雨燕　White-throated Needletail

拉丁名	*Hirundapus caudacutus*
目科属	雨燕目 APODIFORMES
	雨燕科 Apodidae（Swifts）
	针尾雨燕属 *Hirundapus* Hodgson，1836

【**形态特征**】体长约 20cm 的壮硕雨燕。翅狭长而尾短，尾羽羽轴末端突出成针状。上体、头、尾及翅黑色，背、腰浅褐色，具银白色马鞍形斑块；颏、喉、胁和尾下覆羽白色，其余黑褐色。

【**区系分布**】古北型，指名亚种 *H.c.caudacutus* 在安徽为旅鸟，迁徙季节经过皖南山区和江淮丘陵区。见于黄山（云谷寺等）、牯牛降、清凉峰、合肥、芜湖。

【**生活习性**】飞行迅速，在空中捕食各种昆虫。

【**受胁和保护等级**】LC（IUCN，2017）；LC（中国物种红色名录，2004）；中国三有保护鸟类。

● 摄影　夏家振

珠颈斑鸠　Spotted Dove

拉丁名	*Streptopelia chinensis*
目科属	鸽形目 COLUMBIFORMES
	鸠鸽科 Columbidae（Doves）
	斑鸠属 *Streptopelia* Bonaparte，1855

【俗　　称】鹁鸪鸪、珍珠斑

【形态特征】体长约 30cm 的粉褐色斑鸠，上体大部分褐色，下体粉红色，头灰色；后颈有一宽阔的黑色领环，缀以珍珠状白色点斑；尾羽暗灰，外侧尾羽有白色端斑（两侧各 4 枚），脚粉色。

【区系分布】东洋型。指名亚种 *S.c.chinensis* 在安徽为留鸟。分布于全省各地。见于萧县皇藏峪、明光女山湖、滁州（琅琊山、皇甫山等）、临泉、蒙城、涡阳、阜阳、淮南（孔店等）、瓦埠湖、合肥（义城、大蜀山、董铺水库、大房郢水库、清溪公园、安徽大学、骆岗机场等）、肥东、肥西（紫蓬山等）、长丰埠里、巢湖、庐江汤池、六安金安区、金寨、霍山黑石渡、青阳（九华山、长垅、陵阳）、太平、芜湖（市郊、鲁港、机场等）、马鞍山、石臼湖、安庆（沿江滩地、机场、市区等）、岳西（汤池、鹞落坪等）、武昌湖、菜子湖、升金湖、贵池棠溪、南陵工山、宣城（宣州水东等）、宁国西津河、石台、清凉峰、黄山（汤口、屯溪等）、歙县。

【生活习性】取食各种谷物，飞行迅速，振翅有力，单独或成对活动，全年繁殖，求偶时有独特的滑翔姿态，发出"咕咕——咕"三声一度的叫声，以小树枝筑简单巢，每窝两枚卵。

【受胁和保护等级】LC（IUCN，2017）；LC（中国物种红色名录，2004）；中国三有保护鸟类。

◉ 摄影　夏家振、高厚忠

山斑鸠　Oriental Turtle Dove

拉丁名	*Streptopelia orientalis*
目科属	鸽形目 COLUMBIFORMES
	鸠鸽科 Columbidae（Doves）
	斑鸠属 *Streptopelia* Bonaparte，1855

【俗　　称】大斑鸠

【形态特征】体长约32cm的斑鸠。上体的深色扇贝状斑纹体羽羽缘红棕色，颈侧具黑白色条纹图案，腰部蓝灰色，尾羽近黑色，外侧尾羽有白色端斑（两侧各5枚），下体多偏粉色，脚红色。

【区系分布】古北型。指名亚种*S.o.orientalis*在安徽为留鸟。分布于全省各地。见于萧县皇藏峪、明光女山湖、滁州（皇甫山、琅琊山等）、淮北、宿州、临泉、涡阳、蒙城、阜阳、蚌埠、瓦埠湖、合肥（义城、大蜀山、大房郢水库、董铺水库、清溪公园、安徽大学、骆岗机场等）、长丰、肥东、肥西紫蓬山、巢湖、庐江汤池、六安（金安区等）、金寨（青山、长岭公社等）、霍山黑石渡、舒城小涧冲、岳西（鹞落坪、包家乡、汤池等）、马鞍山、石臼湖、铜陵、芜湖（市郊、机场等）、安庆、贵池、东至、升金湖、武昌湖、菜子湖、破罡湖、石台、牯牛降、青阳（九华山等）、宣城、宁国西津河、清凉峰、黄山（汤口、屯溪等）、歙县。

【生活习性】数量较珠颈斑鸠少，分布海拔也比珠颈斑鸠高。叫声为低沉的"咕咕－咕咕"，四声一度。繁殖习性与珠颈斑鸠类似。

【受胁和保护等级】LC（IUCN，2017）；LC（中国物种红色名录，2004）；中国三有保护鸟类。

◉ 摄影　张忠东、夏家振

火斑鸠　Red Collared Dove

拉丁名	*Streptopelia tranquebarica*
	鸽形目 COLUMBIFORMES
目科属	鸠鸽科 Columbidae（Doves）
	斑鸠属 *Streptopelia* Bonaparte，1855

【俗　　称】火葫芦、火鸟、红斑鸠

【形态特征】体长约 23cm 的雌雄异色的斑鸠。雄鸟头蓝灰色，颈部的黑色半领环前端白色，上体酒红色；三级飞羽黑色，青灰色的尾羽羽缘及外侧尾端白色。雌鸟和幼鸟灰色，头暗棕色，与灰斑鸠类似，但体型较小，腿深褐色。

【区系分布】东洋型，普通亚种 *S.t.humilis* 在安徽为夏候鸟。分布于全省各地。见于萧县皇藏峪、明光女山湖、滁州（琅琊山等）、阜阳、临泉、亳州、淮北、宿州、蚌埠、淮南（孔店等）、合肥（义城、大蜀山、清溪公园等）、肥西紫蓬山、巢湖、六安、芜湖（市郊、机场等）、铜陵、安庆、贵池、武昌湖、菜子湖、马鞍山、东至、石台、牯牛降、青阳（九华山等）、宣城、鹞落坪、清凉峰、黄山。

【生活习性】在平原地区活动，鸣声为轻柔短促而低沉的"咕咕咕"声，喜在高大阔叶林内营巢，繁殖习性和珠颈斑鸠类似。主要以植物种子、果实等为食。

【受胁和保护等级】LC（IUCN，2017）；LC（中国物种红色名录，2004）；中国三有保护鸟类。

◎摄影　夏家振

安徽省鸟类分布名录与图鉴

灰斑鸠 Eurasian Collared Dove

拉丁名	*Streptopelia decaocto*
目科属	鸽形目 COLUMBIFORMES
	鸠鸽科 Columbidae（Doves）
	斑鸠属 *Streptopelia* Bonaparte，1855

【形态特征】体长约 32cm 的灰色斑鸠，与火斑鸠雌鸟类似，但体型较大且尾长，色泽更淡。火斑鸠雌鸟虹膜褐色，半领环全黑，脚黑色；而灰斑鸠虹膜红褐色，半领环黑、白相间，脚粉红色。

【区系分布】东洋型，主要分布于我国中部和南部，在安徽为冬候鸟，仅有零星记录。缅甸亚种 *S.d.xanthocycla* 分布于安徽（郑光美，2018），见于安庆（郑作新，1976）、黄山屯溪（唐鑫生等，2008）、合肥（马号号，2012）。

82

【生活习性】性温顺。栖于农田及村庄，常停栖于房屋、电杆及电线上。叫声为响亮的三音节 gu-gugu，重音在第二音节。

【受胁和保护等级】LC（IUCN，2017）；LC（中国物种红色名录，2004）；中国三有保护鸟类。

仙八色鸫　Fairy Pitta

拉丁名	*Pitta nympha*
目科属	雀形目 PASSERIFORMES
	八色鸫科 Pittidae（Pittas）
	八色鸫属 *Pitta* Vieillot，1816

【形态特征】体长约 20cm 的色彩艳丽的八色鸫，头深栗褐色，中央冠纹黑色，眉纹皮黄色，宽阔的贯眼纹黑色。背部绿色，两翼蓝色而有白斑，喉白，臀部猩红色，尾很短而呈蓝色。

【区系分布】东洋型。指名亚种 *P.n.nympha* 在安徽为夏候鸟，主要分布于安徽中南部。见于滁州皇甫山、凤阳、定远、明光、合肥（大蜀山等）、肥东、肥西（紫蓬山等）、六安横排头、金寨（长岭、天马山）、霍山漫水河、鹞落坪、清凉峰、黄山、石台。

【生活习性】罕见，喜在丘陵地区活动，典型的地栖性鸟类，在地面或者树上营巢，繁殖季节发出 piwi—piwi 响亮叫声，在地面取食蚯蚓或小型节肢动物。

【受胁和保护等级】VU（IUCN，2017）；VU（中国物种红色名录，2004）；CITES 附录 II（2003）；国家 II 级重点保护野生动物（1989）。

摄影　高厚忠、夏家振

凤头百灵　Crested Lark

拉丁名	*Galerida cristata*
目科属	雀形目 PASSERIFORMES
	百灵科 Alaudidae（Larks）
	凤头百灵属 *Galerida* Boie，1828

【**俗　　称**】阿兰、窝辣子

【**形态特征**】体长约 18cm 的具明显凤头的百灵，羽冠长而窄，嘴较长，上体沙褐色而具黑色纵纹，胸口密布黑色纵纹。

【**区系分布**】古北型，东北亚种 *G.c.leautungensis* 在安徽为冬候鸟。见于萧县皇藏峪（王岐山等，1986a）。

【**生活习性**】繁殖期边飞边鸣叫，兴奋时冠羽竖起。

【受胁和保护等级】LC（IUCN，2017）；LC（中国物种红色名录，2004）。

◉ 摄影　秦皇岛市观（爱）鸟协会

云雀 Eurasian Skylark

拉丁名	*Alauda arvensis*
目科属	雀形目 PASSERIFORMES
	百灵科 Alaudidae（Larks）
	云雀属 *Alauda* Linnaeus，1758

【俗　　称】叫天子

【形态特征】体长约18cm的较为敦实的云雀，顶冠耸起不明显，面颊褐色，胸部和上体具纵纹，下体灰白色。

【区系分布】古北型，东北亚种 *A.a.intermedia* 在安徽为冬候鸟。见于蚌埠、阜阳、临泉、蒙城、滁州（皇甫山等）、合肥（大蜀山、义城、安徽大学等）、长丰埠里、瓦埠湖、牯牛降、巢湖、武昌湖、菜子湖、芜湖、安庆机场、升金湖、宣城、清凉峰。

【生活习性】常见，冬季集群活动于全省的平原地区，在荒野中取食植物种子和昆虫，性安静，飞翔时发出带颤音的叫声。

【受胁和保护等级】LC（IUCN，2017）；LC（中国物种红色名录，2004）；中国三有保护鸟类。

◉摄影　夏家振、高厚忠

小云雀　Oriental Skylark

拉丁名	*Alauda gulgula*
目科属	雀形目 PASSERIFORMES
	百灵科 Alaudidae（Larks）
	云雀属 *Alauda* Linnaeus，1758

【俗　　称】叫天子

【形态特征】体长约15cm的云雀，与云雀类似，区别为体型稍小，色较浓，嘴更细长，顶冠耸起明显。

【区系分布】古北型，长江亚种 *A.g.weigoldi* 见于华中及华东；华南亚种 *A.g.coelivox* 见于东南，两个亚种在安徽为留鸟和夏候鸟，繁殖于全省，但北方种群冬季南迁越冬。见于萧县（皇藏峪、马庄水库等）、明光女山湖、滁州（皇甫山、琅琊山、东石岳河生产队等）、来安、阜阳、蒙城、合肥（义城、骆岗机场）、肥西紫蓬山、巢湖（中庙、居巢区等）、当涂湖阳、升金湖、武昌湖、庐江汤池、菜子湖、宣城、清凉峰、黄山（汤口、屯溪等）。

其中，华南亚种主要分布于大别山区和皖南山区，见于黄山、九华山、牯牛降、东至杨鹅头、芜湖和六安横排头。

长江亚种主要分布于淮北平原和江淮丘陵区，见于安徽北部、琅琊山、芜湖、合肥（大蜀山等）。

【生活习性】常见，繁殖期边飞到高空悬停边鸣叫，在地面营巢。主要以植物性食物为食，也吃昆虫。

【受胁和保护等级】LC（IUCN，2017）；LC（中国物种红色名录，2004）；中国三有保护鸟类。

◉ 摄影　张忠东、夏家振、黄丽华

崖沙燕　Sand Martin

拉丁名	*Riparia riparia*
目科属	雀形目 PASSERIFORMES
	燕科 Hirundinidae（Swallows，Martins）
	沙燕属 *Riparia* Forster，1817

【俗　　称】灰沙燕

【形态特征】体长约 14cm 的褐色的燕，上体灰黑色，喉部和下体白色，但胸口具一道灰褐色横带。

【区系分布】古北型。东北亚种 *R.r.ijimae* 在安徽为旅鸟，迁徙季节经过全省，见于青阳九华山、繁昌荻港镇、宣城、宁国西津河、黄山、合肥新桥机场。

【生活习性】栖息于沼泽，尤其是有沙滩的河流生境，营巢于河岸沙堤洞穴。在迁徙季节常集数百只大群，非常壮观，在空中捕捉各种昆虫为食。

【受胁和保护等级】LC（IUCN，2017）；LC（中国物种红色名录，2004）；中国三有保护鸟类；安徽省 I 级保护动物（1992）。

● 摄影 夏家振

家燕　Barn Swallow

拉丁名	*Hirundo rustica*
目科属	雀形目 PASSERIFORMES
	燕科 Hirundinidae（Swallows，Martins）
	燕属 *Hirundo* Linnaeus，1758

【俗　　称】燕子

【形态特征】体长约 20cm 的辉蓝色的燕，上体钢蓝色，额部和喉部栗色，下腹部白色，外侧尾羽甚长，尾叉深。

【区系分布】广布型。普通亚种 *H.r.gutturalis* 在安徽为夏候鸟，少量可留在城市周边过冬。见于安徽各地：萧县皇藏峪、明光女山湖、滁州（皇甫山、滁州东门外、琅琊山）、来安、阜阳、临泉、亳州、蒙城、涡阳、淮南（淮河大桥、孔店）、合肥（义城、大蜀山、董铺水库、清溪公园、安徽大学、骆岗机场等）、肥东、肥西紫蓬山、长丰埠里、巢湖、庐江汤池、六安金安区、金寨（梅山、青山等）、岳西（汤池、鹞落坪）、马鞍山、芜湖（市郊、机场等）、安庆（机场、沿江滩地）、升金湖、龙感湖、黄湖、大官湖、泊湖、武昌湖、菜子湖、破罡湖、白荡湖、枫沙湖、陈瑶湖、枞阳、青阳九华山、宣城、宁国西津河、清凉峰、牯牛降、黄山（汤口、屯溪等）、歙县。

【生活习性】喜近人而居，过去主要在室内房顶椽子上筑巢，现常选择在建筑物外墙或顶部营巢，巢成浅碗状，以泥和稻草筑成外巢，内巢则由软质垫料构成，一年可繁殖2次。由于房屋结构的改变，数量有不断下降的趋势。

【受胁和保护等级】LC（IUCN，2017）；LC（中国物种红色名录，2004）；中国三有保护鸟类；安徽省Ⅰ级保护动物（1992）。

◉ 摄影　高厚忠、夏家振

金腰燕　Red-rumped Swallow

拉丁名	*Cecropis daurica*
目科属	雀形目 PASSERIFORMES
	燕科 Hirundinidae（Swallows，Martins）
	斑燕属 *Cecropis* Boie，1826

【形态特征】体长约 18cm 的燕，上体深蓝色，腰部浅栗色，下体白色而布满黑色纵纹，尾叉深。

【区系分布】广布型。普通亚种 *C.d.japonica* 在安徽为夏候鸟，见于安徽各地：萧县皇藏峪、明光女山湖、滁州（皇甫山、琅琊山、滁州师范学院等）、阜阳、蒙城、淮南淮河大桥、合肥（义城、清溪公园、安徽大学、骆岗机场等）、肥西紫蓬山、肥东、长丰埠里、巢湖、庐江汤池、六安金安区、金寨、岳西（汤池、鹞落坪）、马鞍山、芜湖（市郊、机场等）、升金湖、武昌湖、菜子湖、宿松华阳、青阳（九华山、柯村）、宣城、宁国西津河、清凉峰、石台、牯牛降、黄山（汤口、屯溪等）、歙县。

【生活习性】喜近人而居，习性与家燕类似，但巢不同，呈葫芦状，在山区更常见。

【受胁和保护等级】LC（IUCN，2017）；LC（中国物种红色名录，2004）；中国三有保护鸟类；安徽省 I 级保护动物（1992）。

● 摄影　夏家振

烟腹毛脚燕　Asian House Martin

拉丁名	*Delichon dasypus*
目科属	雀形目 PASSERIFORMES
	燕科 Hirundinidae（Swallows，Martins）
	毛脚燕属 *Delichon* Horsfield *et* Moore，1854

【形态特征】体长约 13cm 的矮壮的燕，上体钢蓝色，下体灰色，面颊及腰白色，尾浅叉。

【区系分布】东洋型。福建亚种 *D.d.nigrimentalis* 在安徽为夏候鸟，主要分布于淮河以南。见于阜阳、鹞落坪、霍山马家河林场、芜湖、菜子湖、清凉峰、牯牛降、黄山（汤口、汤岭关、屯溪等）。

【生活习性】分布海拔较高，多见于山区溪流处，常集群活动，喜在高空中飞翔。

【受胁和保护等级】LC（IUCN，2017）；LC（中国物种红色名录，2004）；中国三有保护鸟类；安徽省 I 级保护动物（1992）。

◉ 摄影　李航、徐蕾

白鹡鸰　White Wagtail

拉丁名	*Motacilla alba*
目科属	雀形目 PASSERIFORMES
	鹡鸰科 Motacillidae（Wagtails，Pipits）
	鹡鸰属 *Motacilla* Linnaeus，1758

【形态特征】体长约 20cm 的黑白色鹡鸰。普通亚种 *M.a.leucopsis* 头顶黑色，面颊白色，上体灰色，胸口有一黑色领环；下体白，尾上覆羽和尾羽黑色，2 对外侧尾羽白色。东北亚种 *M.a.baicalensis* 颏及喉灰色，其余白色；灰背眼纹亚种 *M.a.ocularis* 颏及喉黑色，背灰色，有黑色贯眼纹。黑背眼纹亚种 *M.a.lugens* 背全黑，飞行时两翼大部为白色，有黑色贯眼纹。

【区系分布】广布型。在安徽普通亚种为留鸟，灰背眼纹亚种为冬候鸟和旅鸟，东北亚种和黑背眼纹亚种为旅鸟（王岐山，2005）。分布于安徽各地：明光女山湖、滁州（皇甫山等）、亳州、蒙城、涡阳、阜阳、淮南、瓦埠湖、合肥（大蜀山、安徽大学、骆岗机场、大房郢水库、董铺水库、清溪公园、义城等）、肥东、肥西紫蓬山、长丰埠里、巢湖、庐江汤池、六安金安区、金寨、霍山黑石渡、岳西（鹞落坪、汤池等）、芜湖、安庆（机场、沿江滩地）、黄湖、泊湖、武昌湖、菜子湖、破罡湖、枫沙湖、陈瑶湖、升金湖、宣城、宁国西津河、清凉峰、黄山（猴谷、屯溪等）、歙县、太平谭家桥。

普通亚种见于安徽（郑光美，2018）、芜湖（王宗英等，1989）、黄山（郑作新等，1960；王岐山等，1981）、牯牛降（李炳华，1987）、青阳九华山（王岐山等，1965）、青阳（王岐山等，1960年 4 月 28 日）、青阳南阳湾（王岐山等，1963 年 11 月 30 日）、合肥（王岐山等，1979）、合肥义城公社圹西大队圩田水沟（王岐山等，1983 年 3 月 6 日）、巢湖中庙（王岐山等，1959 年 9 月 20 日）、舒城小涧冲（王岐山等，1992 年 5 月 13 日）、滁州皇甫山（王岐山等，1979 年 6 月 18 日）、琅琊山（王岐山，1965）、岳西鹞落坪（王岐山等，1989 年 5 月 6 日）。

灰背眼纹亚种见于合肥义城（王岐山等，1983 年 5 月 3 日）、庐江马尾河（王岐山等，1983 年 4 月 17 日）、太平太平渔场（王岐山等，1978 年 12 月 9 日）、青阳九华山（王岐山等，1965）、芜湖机场（张兴桃，2003）。

东北亚种见于清凉峰。

黑背眼纹亚种见于巢湖（陈军林等，2010）、阜阳（曹玲亮，2016）、岳西鹞落坪（刘彬，2007）、合肥（王岐山等，2006）。

【生活习性】成对活动，更喜栖息于水边，飞翔呈波浪状并发出"叽呤－叽呤"的叫声，北方各亚种秋冬季集群南迁至本省，迁徙时在市区集群过夜，甚是热闹。

【受胁和保护等级】LC（IUCN，2017）；LC（中国物种红色名录，2004）；中国三有保护鸟类。

◉摄影　高厚忠、夏家振

黄头鹡鸰　Citrine Wagtail

拉丁名	*Motacilla citreola*
目科属	雀形目 PASSERIFORMES
	鹡鸰科 Motacillidae（Wagtails，Pipits）
	鹡鸰属 *Motacilla* Linnaeus，1758

【形态特征】体长约 18cm 的黄色鹡鸰，头部及下体艳黄色，背部灰色，腿脚黑色。

【区系分布】古北型。指名亚种 *M.c.citreola* 在安徽为旅鸟，分布于安徽（郑光美，2018；赵正阶，中国鸟类志，La Touche，1925~1934）；安徽北部（郑作新，1976），见于巢湖、宣城鳌峰公园宛溪河边（郝帅丞，2016 年 4 月 18 日）。

【生活习性】罕见，与其他鹡鸰混群迁徙，喜在水边活动。主要以鳞翅目、鞘翅目等昆虫为食，也食少量植物性食物。

【受胁和保护等级】LC（IUCN，2017）；LC（中国物种红色名录，2004）；中国三有保护鸟类。

⊙ 摄影　夏家振

黄鹡鸰 Yellow Wagtail

拉丁名	*Motacilla flava*
目科属	雀形目 PASSERIFORMES
	鹡鸰科 Motacillidae（Wagtails，Pipits）
	鹡鸰属 *Motacilla* Linnaeus，1758

【形态特征】体长约 18cm 的褐色及黄色鹡鸰，上体橄榄绿色，喉部至下体均为黄色，腿黑色。东北亚种 *M.f.macronyx* 头灰色，无眉纹，颏白而喉黄，背橄榄绿色；台湾亚种 *M.f.taivana* 头顶至背部橄榄色，眉纹及喉黄色；勘察加亚种 *M.f.simillima*（有学者将其划入西黄鹡鸰的一个亚种）眉纹及喉白色，头及后颈灰色，背部橄榄绿色。

【区系分布】古北型，在安徽为旅鸟。迁徙期见于全省：阜阳、青阳、黄山、牯牛降、芜湖机场、巢湖（马尾河等）、滁州皇甫山、升金湖、武昌湖、菜子湖、合肥义城、庐江汤池、鹞落坪、清凉峰、宣

城、淮南舜耕山。

【生活习性】迁徙季节集群活动，喜在水边活动。常见停栖于河边或河中的石头上，尾常上下摆动。

【受胁和保护等级】LC（IUCN，2017）；LC（中国物种红色名录，2004）；中国三有保护鸟类。

◉ 摄影　夏家振、高厚忠

105

灰鹡鸰 Grey Wagtail

拉丁名	*Motacilla cinerea*
目科属	雀形目 PASSERIFORMES
	鹡鸰科 Motacillidae（Wagtails，Pipits）
	鹡鸰属 *Motacilla* Linnaeus，1758

【形态特征】体长约 19cm 的灰黄色鹡鸰，头部和上体灰色，眉纹和颊纹白色，下体黄色，冬季喉部白色，夏季繁殖期喉部黑色，与黄鹡鸰区别为腿肉红色。

【区系分布】古北型。普通亚种 *M.c.robusta* 在安徽为留鸟和旅鸟，秋冬季迁徙季节途经全省，但夏季仅繁殖于本省山区。见于萧县皇藏峪、滁州（琅琊山、皇甫山等）、阜阳、亳州、合肥（安徽大学、董铺水库等）、芜湖、青阳（九华山、柯村等）、肥西紫蓬山、巢湖、金寨、岳西（美丽乡、鹞落坪）、武昌湖、菜子湖、清凉峰、石台、祁门历溪、宣城、宁国西津河、黄山（猴谷等）、太平谭家桥。

【生活习性】栖息于山地、丘陵地区的溪流、河谷、湖泊、水塘等湿地附近。常单独或成对活动，主要以昆虫为食。

【受胁和保护等级】LC（IUCN，2017）；LC（中国物种红色名录，2004）；中国三有保护鸟类。

● 摄影　高厚忠、夏家振

山鹡鸰　Forest Wagtail

拉丁名	*Dendronanthus indicus*
目科属	雀形目 PASSERIFORMES
	鹡鸰科 Motacillidae（Wagtails，Pipits）
	山鹡鸰属 *Dendronanthus* Blyth，1844

【俗　　称】林鹡鸰

【形态特征】体长约 17cm 的鹡鸰，上体灰褐色，眉纹白色，两翼具黑白色横斑，胸口具两道黑色横斑，下体白色。腿细长，适于地面行走。

【区系分布】古北型。在安徽为夏候鸟，见于安徽各地：萧县皇藏峪、滁州（皇甫山、琅琊山、醉翁亭、滁州师范学院等）、来安、亳州、涡阳、淮南舜耕山、合肥（大蜀山等）、肥西紫蓬山、霍山、岳

西（美丽乡、鹞落坪）、芜湖（市郊、机场等）、青阳（九华山、柯村等）、清凉峰、宣城、黄山（汤口、屯溪等）。

【生活习性】繁殖于山地和平原等生境，与其他鹡鸰不同处在于喜在树上活动，停栖时尾部常左右摆动而不似其他鹡鸰上下摆动。

【受胁和保护等级】LC（IUCN，2017）；LC（中国物种红色名录，2004）；中国三有保护鸟类。

● 摄影　夏家振

田鹨　Richard's Pipit

拉丁名	*Anthus richardi*
目科属	雀形目 PASSERIFORMES
	鹡鸰科 Motacillidae（Wagtails，Pipits）
	鹨属 *Anthus* Bechstein，1805

【俗　　称】理氏鹨

【形态特征】体长约 18cm 的鹨，体褐色而具纵纹，具浅皮黄色眉纹，喉部白色，胸口具黑色纵纹。

【区系分布】古北型。指名亚种 *A.r.richardi*（即东北亚种）在安徽为冬候鸟，华南亚种 *A.r.sinensis* 为夏候鸟（安徽南部）。见于萧县皇藏峪、滁州皇甫山、阜阳、合肥（大蜀山等）、巢湖（中庙等）、岳西（美丽乡、鹞落坪）、芜湖、黄湖、泊湖、菜子湖、枫沙湖、陈瑶湖、青阳九华山、宣城、黄山（汤口、屯溪等）。

【生活习性】栖息于开阔的草地、林缘灌丛、农田、水边，常单独活动。

【受胁和保护等级】LC（IUCN，2017）；LC（中国物种红色名录，2004）；中国三有保护鸟类。

◉ 摄影　夏家振

树鹨　Olive-backed Pipit

拉丁名	*Anthus hodgsoni*
目科属	雀形目 PASSERIFORMES
	鹡鸰科 Motacillidae（Wagtails，Pipits）
	鹨属 *Anthus* Bechstein，1805

【俗　　称】出溜

【形态特征】体长约 15cm 的橄榄色鹨，具乳白色眉纹，贯眼纹黑褐色，耳羽后有一白斑，翅有 2 条棕白色横纹，胸、胁部沾棕黄色，有粗的黑色纵纹，其余下体白色。

【区系分布】古北型。东北亚种 *A.h.yunnanensis* 在安徽为冬候鸟，见于全省各地：阜阳、亳州、蒙城、涡阳、瓦埠湖、滁州（皇甫山、琅琊山、醉翁亭等）、合肥（安徽大学、骆岗机场、大房郢水库、大蜀山、清溪公园、董铺水库、义城、稻香楼等）、肥东、长丰埠里、巢湖、六安金安区、金寨（青山、长岭公社双尖寺林场）、鹞落坪、马鞍山、芜湖、青阳（九华山、柯村等）、安庆沿江滩地、升金湖、武昌湖、菜子湖、清凉峰、石台、牯牛降、宣城、宁国西津河、黄山。

【生活习性】冬季集小群，喜在林下地面活动，也停歇于树上，受惊飞起时发出尖利的叫声。

【受胁和保护等级】LC（IUCN，2017）； LC（中国物种红色名录，2004）；中国三有保护鸟类。

● 摄影　高厚忠、张忠东

红喉鹨 Red-throated Pipit

拉丁名	*Anthus cervinus*
目科属	雀形目 PASSERIFORMES
	鹡鸰科 Motacillidae（Wagtails，Pipits）
	鹨属 *Anthus* Bechstein，1805

【形态特征】体长约 15cm 的褐色的鹨，与树鹨的区别是上体褐色较重，腰部多纵纹并具黑斑，胸口的黑斑较细，繁殖期头、喉及胸棕红色。

【区系分布】古北型，在安徽为旅鸟和冬候鸟。见于当涂（石臼湖、湖阳镇等）、武昌湖、菜子湖、巢湖、宣城。

【生活习性】集群迁徙，常和其他鹨混群，喜在收割后的稻田活动。主要以鞘翅目、膜翅目、双翅目

等昆虫及其幼虫为食，食物匮乏时也吃少量植物性食物。

【受胁和保护等级】LC（IUCN，2017）； LC（中国物种红色名录，2004）；中国三有保护鸟类。

● 摄影　杨远方

水鹨　Water Pipit

拉丁名	*Anthus spinoletta*
目科属	雀形目 PASSERIFORMES
	鹡鸰科 Motacillidae（Wagtails，Pipits）
	鹨属 *Anthus* Bechstein，1805

【形态特征】体长约 15cm 的灰褐色而有纵纹的鹨，上体深灰色，前胸具淡的纵纹，下体皮黄色，与树鹨区别为整体颜色明显较淡。

【区系分布】古北型，在安徽为冬候鸟和旅鸟，迁徙季节见于安徽各地：滁州（琅琊山、城西水库）、阜阳、临泉、瓦埠湖、合肥（大蜀山、小蜀山、义城）、巢湖（中庙、城关镇）、芜湖、升金湖、大官湖、贵池牛头山、青阳（陵阳、九华山等）、宣城、牯牛降。普通亚种 *A.s.coutellii* 见于芜湖（王宗英等，1989）、滁州（吴侠中，1987）；东北亚种 *A.s.japonicus* 见于青阳九华山（王岐山等，1965）、合肥（王岐山等，1979）、牯牛降（李炳华，1987）；新疆亚种 *A.s.blakistoni* 见于琅琊山（王岐山，1965）。2011 年郑光美将水鹨东北亚种和新疆亚种合并为普通亚种。

【生活习性】喜在水边活动，常单独活动，不易被发现。

【受胁和保护等级】LC（IUCN，2017）；LC（中国物种红色名录，2004）；中国三有保护鸟类。

◉ 摄影　杨远方、张忠东

黄腹鹨 Buff-bellied Pipit

拉丁名	*Anthus rubescens*
目科属	雀形目 PASSERIFORMES
	鹡鸰科 Motacillidae（Wagtails，Pipits）
	鹨属 *Anthus* Bechstein，1805

【形态特征】体长约 15cm 的褐色而密布纵纹的鹨，与树鹨的区别为上体褐色浓重，胸口和两胁的纵纹较密，集中到颈部成黑斑，且耳后无白斑。

【区系分布】古北型，日本亚种 *A.r.japonicus* 在安徽为冬候鸟。见于阜阳、涡阳、合肥、瓦埠湖、金寨、庐江汤池、宣城。

【生活习性】不常见，秋冬季集群迁徙，喜在水边活动。

【受胁和保护等级】LC（IUCN，2017）；LC（中国物种红色名录，2004）。

●摄影 夏家振

暗灰鹃䴗 Black-winged Cuckooshrike

拉丁名	*Coracina melaschistos*
目科属	雀形目 PASSERIFORMES
	山椒鸟科 Campephagidae（Cuckoo Shrikes）
	鹃䴗属 *Coracina* Vieillot，1816

【形态特征】长约 23cm 的黑灰色鹃䴗，主体为灰色，两翼和尾黑色，但外侧尾羽先端具白斑，虹膜红褐色，具不完整的白色眼圈，嘴和脚黑色。

【区系分布】东洋型。普通亚种 *C.m.intermedia* 在安徽为夏候鸟，分布于皖南山区、大别山区及江淮丘陵区。见于滁州（皇甫山等）、淮南（淮河大桥、孔店）、合肥（大蜀山等）、肥西紫蓬山、长丰埠里、六安（横排头、金安区）、鹞落坪、青阳（九华山等）、宣城、牯牛降、清凉峰、黄山（汤口、屯溪等）。

【生活习性】主要在低海拔山地活动，行踪隐蔽，取食各种昆虫，通常较安静，不易见。

【受胁和保护等级】LC（IUCN，2017）；LC（中国物种红色名录，2004）；中国三有保护鸟类。

● 摄影　夏家振

小灰山椒鸟　Swinhoe's Minivet

拉丁名	*Pericrocotus cantonensis*	
目科属	雀形目 PASSERIFORMES	
	山椒鸟科 Campephagidae （Cuckoo Shrikes）	
	山椒鸟属 *Pericrocotus* Boie，1826	

【**形态特征**】体长约 18cm 的灰色山椒鸟，头顶灰色，前额白色，胸口沾灰色，腰部及尾上覆羽淡黄色。

【**区系分布**】东洋型。原作为粉红山椒鸟的华南亚种 *Pericrocotus roseus cantonensis*，现为独立种。在安徽为夏候鸟，见于安徽各地：滁州（皇甫山、琅琊山等）、涡阳、蒙城、淮南舜耕山、合肥

（大蜀山、安徽大学、董铺水库、清溪公园等）、肥东、肥西紫蓬山、长丰埠里、六安金安区、金寨（长岭公社、青山）、岳西（包家乡、鹞落坪）、马鞍山、芜湖机场、青阳（九华山等）、石台、宣城、牯牛降、清凉峰、黄山、歙县。

【生活习性】在丘陵、山地的林地内繁殖，在树顶营巢，飞翔时发出成串银铃般的鸣叫声。主要以鞘翅目、鳞翅目等昆虫及其幼虫为食。

【受胁和保护等级】LC（IUCN，2017）；LC（中国物种红色名录，2004），中国三有保护鸟类。

● 摄影　高厚忠

灰山椒鸟　Ashy Minivet

拉丁名	*Pericrocotus divaricatus*
目科属	雀形目 PASSERIFORMES
	山椒鸟科 Campephagidae（Cuckoo Shrikes）
	山椒鸟属 *Pericrocotus* Boie，1826

【形态特征】体长约20cm的灰色山椒鸟，近似于小灰山椒鸟，但雄鸟头顶后部黑色和前额的白色对比明显，腹部雪白。

【区系分布】古北型。指名亚种 *P.d.divaricatus* 在安徽为旅鸟。迁徙季节见于全省各地：萧县皇藏峪、蚌埠、合肥（安医、大蜀山等）、肥西紫蓬山、金寨、宣城。

【生活习性】集小群迁徙，鸣声和习性都和小灰山椒鸟类似。

【受胁和保护等级】LC（IUCN，2017）；LC（中国物种红色名录，2004）；中国三有保护鸟类。

◎ 摄影　夏家振、李航

短嘴山椒鸟　Short-billed Minivet

拉丁名	*Pericrocotus brevirostris*
目科属	雀形目 PASSERIFORMES
	山椒鸟科 Campephagidae（Cuckoo Shrikes）
	山椒鸟属 *Pericrocotus* Boie，1826

【形态特征】体长约 19cm 的山椒鸟。与赤红山椒鸟近似，但雄鸟臀部亦为红色。雌鸟额部明黄色，肩部灰色。区别在于翼斑斑纹不同。

【区系分布】东洋型。在安徽为夏候鸟，分布于皖南山区，见于石台牯牛降（黄丽华、侯银续等，2014）。应为短嘴山椒鸟华南亚种（*P.b.anthoides*），其主要分布于越南以及中国大陆的云南、贵州、广西、广东、海南等地。

【生活习性】习性与其他山椒鸟类似。

【受胁和保护等级】LC（IUCN，2017）；中国三有保护鸟类。

赤红山椒鸟　Scarlet Minivet

拉丁名	*Pericrocotus flammeus*
目科属	雀形目 PASSERIFORMES
	山椒鸟科 Campephagidae（Cuckoo Shrikes）
	山椒鸟属 *Pericrocotus* Boie，1826

【俗　　称】大红辣椒

【形态特征】体长约 19cm 的红色和黄色山椒鸟，雄鸟头部、背部、两翼、肩部蓝黑色，下体红色，翅和尾黑红相间，两翼红色斑纹较复杂。雌鸟背部多灰色，以黄色取代雄鸟的红色，且黄色延伸至喉部、耳羽及前额。

【区系分布】东洋型。华南亚种 *P.f.fohkiensis* 在安徽为留鸟。分布于皖南山区，见于绩溪（李春林、杨森等，2016年 5 月 13 日）。

【生活习性】成对活动，在树顶部纷飞取食，鸣声为一串铃音。

【受胁和保护等级】LC（IUCN，2017）；LC（中国物种红色名录，2004）；中国三有保护鸟类。

灰喉山椒鸟　Grey-chinned Minivet

拉丁名	*Pericrocotus solaris*
目科属	雀形目 PASSERIFORMES
	山椒鸟科 Campephagidae （Cuckoo Shrikes）
	山椒鸟属 *Pericrocotus* Boie，1826

【俗　　称】红辣椒

【形态特征】体长约 17cm 的红色和黄色山椒鸟，雄鸟下体红色，喉部、头部和上体灰色，翅和尾黑红相间，雌鸟以黄色取代雄鸟的红色。

【区系分布】东洋型。华南亚种 *P.s.griseogularis* 在安徽为留鸟，分布于安徽（郑光美，2018）、牯牛降（王剑，2010）、黄山（虞磊等，2014）、石台（黄丽华、汪浩等；胡云程，2014 年 12 月 6 日）、休宁（张保卫；赵凯，2015）。

【生活习性】成对在树顶活动，习性与其他山椒鸟相似。

【受胁和保护等级】LC（IUCN，2017）；　LC（中国物种红色名录，2004）；　中国三有保护鸟类。

● 摄影　夏家振、黄丽华

领雀嘴鹎　Collared Finchbill

拉丁名	*Spizixos semitorques*
目科属	雀形目 PASSERIFORMES
	鹎科 Pycnonotidae（Bulbuls）
	雀嘴鹎属 *Spizixos* Blyth，1845

【俗　　称】绿鹦嘴鹎、金枝

【形态特征】体长约 23cm 的绿色鹎，厚重的嘴象牙黄色，头黑色，具一半月形白色领环，面颊具白色细纹，肩、背、腰和尾上覆羽橄榄绿色，尾上覆羽稍浅淡，尾橄榄黄色具宽阔的暗褐色至黑褐色端斑。

【区系分布】东洋型，指名亚种 *S.s.semitorques* 在安徽为留鸟。见于滁州（皇甫山、琅琊山等）、来安、亳州、淮南舜耕山、合肥（安徽大学、大蜀山、董铺水库、清溪公园）、肥西紫蓬山、巢湖、六安（金安区、横排头）、金寨（梅山、青山、长岭石垟、白马寨虎形地）、霍山（石家河韩家冲、黑石渡、吴家呼）、岳西（包家乡、美丽乡、鹞落坪）、太湖花凉亭水库、马鞍山、芜湖机场、安庆机场、武昌湖、菜子湖、升金湖、青阳九华山、宣城、宁国西津河、清凉峰、石台、东至、牯牛降、黄山（汤口、屯溪等）、歙县、太平（谭家桥等）。

【生活习性】山区和平原均有分布，成对活动，取食各种植物果实和昆虫，性胆大，不惧人。

【受胁和保护等级】LC（IUCN，2017）；LC（中国物种红色名录，2004）； 中国三有保护鸟类。

◉ 摄影 夏家振

黄臀鹎　Brown-breasted Bulbul

拉丁名	*Pycnonotus xanthorrhous*
目科属	雀形目 PASSERIFORMES
	鹎科 Pycnonotidae（Bulbuls）
	鹎属 *Pycnonotus* Boie，1826

【俗　　称】黄屁屁

【形态特征】体长约 20cm 的灰色鹎，与白头鹎很类似，区别为额至头顶黑色，臀部鲜黄色。上体土褐色，颏、喉白色，其余下体近白色，胸具黑褐色横带。

【区系分布】东洋型，华南亚种 *P.x.andersoni* 在安徽为留鸟。主要分布于安徽中南部，见于阜阳、明

光老嘉山林场、合肥、肥西（圆通山、云洞山、紫蓬山）、庐江汤池、六安金安区、金寨（青山等）、霍山黑石渡、岳西（鹞落坪、汤池）、青阳（九华山、陵阳）、清凉峰、石台、牯牛降、宣城、宁国西津河、黄山（汤口、屯溪等）、歙县。

【生活习性】主要在山区活动，在大别山其分布区内取代白头鹎而成为伴人而居的鹎类，习性与白头鹎类似。主要以植物果实与种子为食，也吃昆虫等动物性食物，但幼鸟主要以昆虫为食。

【受胁和保护等级】LC（IUCN，2017）；LC（中国物种红色名录，2004）； 中国三有保护鸟类。

◉ 摄影　夏家振

白头鹎　Light-vented Bulbul

拉丁名	*Pycnonotus sinensis*
目科属	雀形目 PASSERIFORMES
	鹎科 Pycnonotidae（Bulbuls）
	鹎属 *Pycnonotus* Boie，1826

【俗　　称】白头翁

【形态特征】体长约19cm的橄榄绿色的鹎，成鸟头顶黑色，眼后有一白色宽纹，胸口灰，下体白，两翼及尾部橄榄绿色。

【区系分布】东洋型，指名亚种 *P.s.sinensis* 在安徽为留鸟。见于安徽各地：萧县皇藏峪、阜阳、亳州、蒙城、涡阳、明光女山湖、滁州（皇甫山、滁州师范学校、琅琊山等）、合肥（义城李荣大队、大蜀山、安徽大学、骆岗机场、大房郢水库、董铺水库、清溪公园、磨店）、肥东、肥西紫蓬山、长丰埠里、巢湖（中庙等）、庐江汤池、六安金安区、金寨（青山、梅山、长岭公社）、霍山黑石渡、马鞍山、芜湖（市郊、机场等）、岳西（包家乡、汤池、鹞落坪）、安庆（机场、沿江滩地）、升金湖、武昌湖、菜子湖、白荡湖、青阳（九华山、长垅）、宣城、宁国西津河、清凉峰、石台、牯牛降、黄山（汤口、屯溪等）、歙县、太平。

【生活习性】伴人而居，主要生活于全省各地的乡村、城镇中，杂食性，喜取食植物果实和花蜜，筑巢于矮树上，巢深杯状，一年可繁殖2~3次。

【受胁和保护等级】LC（IUCN，2017）；LC（中国物种红色名录，2004）； 中国三有保护鸟类。

◉摄影　张忠东、夏家振

红耳鹎　Red-whiskered Bulbul

拉丁名	*Pycnonotus jocosus*
目科属	雀形目 PASSERIFORMES
	鹎科 Pycnonotidae（Bulbuls）
	鹎属 *Pycnonotus* Boie，1826

【俗　　称】高冠

【形态特征】体长约 20cm 且具凤头的鹎，黑色的羽冠长而前弯，甚为显著，头部黑色，面颊白色而具鲜红色耳斑，上体棕褐色或土褐色，下体皮黄色，臀部红色，尾端白色。

【区系分布】东洋型，指名亚种 *P.j.jocosus* 在安徽为留鸟，见于合肥、滁州、宣城。邻省湖南、江

西、浙江和福建均有分布（郑光美，2018），1976 年上述三省还无分布记录，当时仅分布于两广和云贵地区，可见近 40 年来该种的分布区在不断向北扩展，已推进到长江中下游地区。近年一些城市周边的观测记录也可能为逃逸鸟。

【生活习性】与白头鹎习性相似，在南方取代白头鹎成为城镇中的鹎类。

【受胁和保护等级】LC（IUCN，2017）；中国三有保护鸟类。

● 摄影　夏家振

栗背短脚鹎 Chestnut Bulbul

拉丁名	*Hemixos castanonotus*
目科属	雀形目 PASSERIFORMES
	鹎科 Pycnonotidae（Bulbuls）
	灰短脚鹎属 *Hemixos* Blyth，1845

【俗　　称】一枝花

【形态特征】体长约21cm的栗色的鹎，头黑具羽冠，上体栗褐色，两翼及尾灰褐色。颏、喉白色，胸及两胁灰白色，腹及尾下覆羽白色。华南亚种 *H.c.canipennis* 多棕色，翼及尾无绿黄色翼缘。

【区系分布】东洋型，华南亚种在安徽为留鸟，分布于安徽（郑光美，2018），见于牯牛降、合肥、巢湖、岳西、歙县、黄山。

【生活习性】常成对活动，主要栖息于淮河以南的山地，迁徙时亦见于丘陵地带。活跃于树冠层，杂食性，主要以植物果实和昆虫为食。

【受胁和保护等级】LC（IUCN，2017）；LC（中国物种红色名录，2004）；中国三有保护鸟类。

◉ 摄影　夏家振

绿翅短脚鹎　Mountain Bulbul

拉丁名	*Hypsipetes mcclellandii*
目科属	雀形目 PASSERIFORMES
	鹎科 Pycnonotidae（Bulbuls）
	短脚鹎属 *Hypsipetes* Vigors，1831

【形态特征】体长约 24cm 的绿色的鹎，羽冠短而尖，颈背及上胸棕色，喉部具白色纵纹，腹部白色，尾下覆羽浅黄色。其余大体以橄榄绿色为主。

【区系分布】东洋型，华南亚种 *H.m.holtii* 在安徽为留鸟，分布于江淮丘陵及皖南山区，见于合肥、巢湖、石台、牯牛降、歙县、黄山（汤口、屯溪等）、休宁齐云山。

【生活习性】栖息于丘陵和山地，常集群活动，性喧闹。食性杂，主要以植物果实和种子为食，也食昆虫。

【受胁和保护等级】LC（IUCN，2017）；LC（中国物种红色名录，2004）；中国三有保护鸟类。

◉ 摄影 夏家振、杨远方

黑短脚鹎　Black Bulbul

拉丁名	*Hypsipetes leucocephalus*
目科属	雀形目 PASSERIFORMES
	鹎科 Pycnonotidae（Bulbuls）
	短脚鹎属 *Hypsipetes* Vigors，1831

【俗　　　称】富贵白头、黑鹎

【形态特征】体长约 20cm 的黑色鹎，一种色型是头颈部白色，还有一种色型全黑色，也有头部黑白相间的过渡个体，嘴和爪橘红色。四川亚种 *H.l.leucothorax*：头、颈、胸白色，其余黑色具蓝色金属光泽；东南亚种（指名亚种）*H.l.leucocephalus*：头、颈白色，胸以下黑色。

【**区系分布**】东洋型，指名亚种和四川亚种在安徽为夏候鸟。见于滁州皇甫山、合肥大蜀山、肥西紫蓬山、金寨（青山、长岭公社、桐元大队）、霍山马家河林场、芜湖、岳西（包家乡、鹞落坪）、马鞍山、青阳（九华山、甘露寺、天台老常住）、清凉峰、石台、牯牛降、宣城、宁国西津河、黄山（汤口、屯溪等）、歙县。

【**生活习性**】繁殖于淮河以南的山区，夏季成对活动，冬季集群迁徙。

【**受胁和保护等级**】LC（IUCN，2017）；LC（中国物种红色名录，2004）；中国三有保护鸟类。

● 摄影　夏家振、高厚忠

橙腹叶鹎　Orange-bellied Leafbird

拉丁名	*Chloropsis hardwickii*
目科属	雀形目 PASSERIFORMES
	叶鹎科 Chloropseidae（Leafbirds）
	叶鹎属 *Chloropsis* Jardine *et* Selby，1827

【俗　　称】彩绿

【形态特征】体长约 20cm 且色彩鲜艳的叶鹎。雄鸟上体绿色，下体橙色，两翼及尾蓝色，脸罩及胸部黑色，有蓝色面颊纹。雌鸟身体大部分为绿色，也有蓝色面颊纹。

【区系分布】东洋型，华南亚种 *C.h.melliana* 在安徽为留鸟，2012 年以来在黄山有繁殖记录。近年合肥周边有观测记录，可能是逃逸鸟。

【生活习性】成对活动，鸣声婉转多变，善效鸣，喜取食植物花粉、花蜜及瓜果等甜食。

【受胁和保护等级】LC（IUCN，2017）；中国三有保护鸟类。

◉摄影　夏家振、杨远方、张忠东

太平鸟　Bohemian Waxwing

拉丁名	*Bombycilla garrulus*
目科属	雀形目 PASSERIFORMES
	太平鸟科 Bombycillidae（Waxwings）
	太平鸟属 *Bombycilla* Vieillot，1807

【俗　　称】十二黄

【形态特征】体长约18cm的粉褐色太平鸟，前额栗褐色，贯眼纹及喉部黑色，头顶具凤冠，两翼黑色，端部具规则排列的白色和黄色斑，臀绯红，尾尖端黄色。

【区系分布】古北型，普通亚种 *B.g.centralasiae* 在安徽为冬候鸟。分布于江淮丘陵及皖南山区，见于滁州（皇甫山等）、合肥（西郊、安徽大学）、宣城、牯牛降、清凉峰、黄山。

【**生活习性**】冬季集小群活动，取食植物果实，贪吃到几乎飞不动都不愿停，鸣声为一串银铃般叫声。

【**受胁和保护等级**】LC（IUCN，2017）；LC（中国物种红色名录，2004）； 中国三有保护鸟类。

◉ 摄影 李航

小太平鸟 Japanese Waxwing

拉丁名	*Bombycilla japonica*
目科属	雀形目 PASSERIFORMES
	太平鸟科 Bombycillidae（Waxwings）
	太平鸟属 *Bombycilla* Vieillot，1807

【**俗　　称**】十二红

【**形态特征**】体长约 16cm 的太平鸟，与太平鸟很接近，但体型稍小，黑色的贯眼纹绕过冠羽延伸至头后，尾尖端为红色。

【**区系分布**】古北型，在安徽为冬候鸟。见于合肥（西郊、安徽大学）、亳州、滁州。

【**生活习性**】集小群越冬，习性与太平鸟近似。

【**受胁和保护等级**】NT（IUCN，2017）；NT 几近符合 VU（中国物种红色名录，2004）；中国三有保护鸟类。

摄影　牛友好、杨远方

虎纹伯劳　Tiger Shrike

拉丁名	*Lanius tigrinus*
目科属	雀形目 PASSERIFORMES
	伯劳科 Laniidae（Shrikes）
	伯劳属 *Lanius* Linnaeus，1758

【形态特征】体长约 19cm 且背部为棕红色的伯劳，体型与红尾伯劳近似，但颜色更亮丽，背部及两翼棕红色而具横纹，头顶灰色，下体雪白，幼鸟和雌鸟略具横纹。

【区系分布】广布型。在安徽为夏候鸟，分布于全省各地。见于萧县（皇藏峪、天门寺）、滁州（皇甫山等）、来安、淮南（上窑、山南）、合肥（大蜀山、安徽大学、清溪公园等）、巢湖、庐江汤池、六安金安区、金寨（青山、长岭公社）、芜湖、马鞍山、岳西（包家乡、汤池、鹞落坪）、青阳（九华山、陵阳）、宣城、宁国西津河、牯牛降、清凉峰、黄山。

【生活习性】成对栖息于矮林地，主要捕食昆虫和小型两爬动物。

【**受胁和保护等级**】LC（IUCN，2017）；LC（中国物种红色名录，2004）；中国三有保护鸟类；安徽省 II 级保护动物（1992）。

◎ 摄影　高厚忠、夏家振、张忠东

牛头伯劳　Bull-headed Shrike

拉丁名	*Lanius bucephalus*
目科属	雀形目 PASSERIFORMES
	伯劳科 Laniidae（Shrikes）
	伯劳属 *Lanius* Linnaeus，1758

【形态特征】体长约 19cm 的褐红色伯劳，头顶褐红色，背部灰褐色，飞羽黑色而具白斑，两胁棕色。

【区系分布】古北型。指名亚种 *L.b.bucephalus* 在安徽为冬候鸟。见于滁州（皇甫山、琅琊山、滁州师范学院等）、合肥（稻香楼、安徽医科大学、大蜀山、董铺水库等）、巢湖、金寨、霍山石家河、芜

湖机场、岳西（来榜、鹞落坪等）、青阳（九华山、陵阳）、太平、宣城、牯牛降、清凉峰、黄山。

【生活习性】主要在低山区单独活动，捕食昆虫，鸣声动听。

【受胁和保护等级】LC（IUCN，2017）；LC（中国物种红色名录，2004）； 中国三有保护鸟类；安徽省 II 级保护动物（1992）。

◎ 摄影　夏家振、胡云程、李航

红尾伯劳　Brown Shrike

拉丁名	*Lanius cristatus*
	雀形目 PASSERIFORMES
目科属	伯劳科 Laniidae（Shrikes）
	伯劳属 *Lanius* Linnaeus，1758

【形态特征】体长约 20cm 的淡褐色伯劳，喉部白，两胁和尾部棕红色，与虎纹伯劳虽大小接近，但颜色没那么艳丽。普通亚种 *L.c.lucionensis* 后背至尾羽褐色，额及头顶为灰色，与指名亚种 *L.c.cristatus* 的额及头顶为红棕色有别。日本亚种 *L.c.superciliosus* 头顶至后背以及尾羽颜色为栗褐色，白色眉纹更加明显。

【区系分布】广布型。普通亚种在安徽为夏候鸟，指名亚种和日本亚种在安徽为旅鸟。见于全省各地：阜阳、涡阳、蒙城、萧县皇藏峪、明光女山湖、滁州（皇甫山、滁州师范学院、琅琊山等）、来安、阜阳、淮南（孔店等）、合肥（义城、安徽大学、骆岗机场、大蜀山、清溪公园等）、肥东、肥西紫蓬山、长丰埠里、巢湖、庐江汤池、金寨、岳西（汤池、鹞落坪等）、芜湖（市郊、机场等）、马鞍山、安庆（机场、沿江滩地等）、升金湖、武昌湖、菜子湖、青阳九华山、宣城、宁国西津河、清凉峰、牯牛降、黄山（汤口、屯溪等）、歙县。

【生活习性】喜栖息于水边、低山丘陵或平原的松林及混交林，多筑巢于林缘开阔地附近。性不畏人，取食各种昆虫、蛙类。

【受胁和保护等级】LC（IUCN，2017）；LC（中国物种红色名录，2004）； 中国三有保护鸟类；安徽省Ⅱ级保护动物（1992）。

◉ 摄影　夏家振、高厚忠、张忠东

棕背伯劳 Long-tailed Shrike

拉丁名	*Lanius schach*
目科属	雀形目 PASSERIFORMES
	伯劳科 Laniidae（Shrikes）
	伯劳属 *Lanius* Linnaeus，1758

【形态特征】体长约 25cm 的伯劳，贯眼纹宽而黑，头顶灰色，背部、腰部和体侧棕红色，翅黑色有小块白斑，尾长，嘴、爪锋利。

【区系分布】东洋型。指名亚种 *L.s.schach* 在安徽为留鸟，分布于全省各地，见于阜阳、亳州、蒙城、涡阳、明光女山湖、滁州（皇甫山等）、瓦埠湖、合肥（义城、小蜀山、安徽大学、骆岗机场、大房郢水库、大蜀山、董铺水库、清溪公园等）、肥东、肥西（圆通山、紫蓬山等）、长丰埠里、巢湖、庐江汤池、六安金安区、金寨（梅山水库、青山等）、霍山黑石渡、岳西（汤池、鹞落坪等）、马鞍山、芜湖（市郊、机场等）、繁昌螃蟹矶、青阳九华山、宿松毛坝乡龙湖圩、安庆（机场、沿江滩地等）、升金湖、武昌湖、菜子湖、牯牛降、清凉峰、宣城、宁国西津河、黄山（汤口、屯溪等）、太平（城郊、谭家桥、陈村水库、太平渔场等）。

【生活习性】栖息于平原地区，叫声通常为刺耳尖利的"喳—喳"声，善于模仿各种鸟叫，生性凶猛，取食昆虫、鱼、两爬类、小型鸟类，甚至啮齿类，在不高的密灌木林中筑巢，繁殖较早，一年可繁殖2次。

【受胁和保护等级】LC（IUCN，2017）；LC（中国物种红色名录，2004）； 中国三有保护鸟类；安徽省Ⅱ级保护动物（1992）。

◉ 摄影　高厚忠、夏家振

楔尾伯劳　Chinese Grey Shrike

拉丁名	*Lanius sphenocercus*
目科属	雀形目 PASSERIFORMES
	伯劳科 Laniidae（Shrikes）
	伯劳属 *Lanius* Linnaeus，1758

【俗　　称】白伯劳

【形态特征】体长约 31cm 的灰色伯劳，具黑色宽眼纹，背部灰色，腹白，黑色翅膀上有大块白斑。

【区系分布】古北型。指名亚种 *L.s.sphenocercus* 在安徽为冬候鸟，见于全省各地：蒙城、萧县皇藏峪、五河、滁州皇甫山、淮南淮河大桥、瓦埠湖、长丰、合肥（义城、大蜀山、骆岗机场）、肥东、巢湖、芜湖、青阳陵阳、武昌湖、菜子湖、升金湖、太平谭家桥。

【生活习性】冬季在平原地区偶尔可见，单独活动，主要在村庄、农田或者抛荒地活动，取食昆虫、小型两爬类、小型鸟类和鼠类。

【受胁和保护等级】LC（IUCN，2017）；LC（中国物种红色名录，2004）；中国三有保护鸟类；安徽省 Ⅱ 级保护动物（1992）。

摄影　夏家振、高厚忠

黑枕黄鹂　Black-naped Oriole

拉丁名	*Oriolus chinensis*
目科属	雀形目 PASSERIFORMES
	黄鹂科 Oriolidae（Old World Orioles）
	黄鹂属 *Oriolus* Linnaeus，1766

【俗　　称】黄鹂，黄雀

【形态特征】体长约 26cm 且以黄色为主的鹂，成鸟体为鲜艳的黄色，有黑色的贯眼纹延至枕部，翅和尾羽大部黑色，嘴粉红色。幼鸟黄绿色无黑枕，下体白色而具黑色纵纹。

【区系分布】广布型。普通亚种 *O.c.diffusus* 在安徽为夏候鸟，见于全省各地：阜阳、临泉、亳州、蒙城、涡阳、萧县皇藏峪、滁州（皇甫山、琅琊山等）、来安、淮南泉山湖、合肥（安徽大学、骆岗机场、大蜀山、清溪公园、磨店等）、肥西紫蓬山、长丰埠里、巢湖（中庙等）、六安（横排头水库）、金寨（长岭公社、青山）、鹂落坪、芜湖（市郊、机场等）、青阳九华山（二圣殿等）、安庆沿江滩地、升金湖、武昌湖、菜子湖、宣城、清凉峰、牯牛降、黄山（双溪镇、屯溪等）。

【生活习性】喜栖息于有高大乔木的生境，常成对或单独活动，鸣声似黑管音而悠扬，性胆怯惧生，很难见到，喜食各种浆果和昆虫，筑巢于高大阔叶树顶端。

【受胁和保护等级】LC（IUCN，2017）；LC（中国物种红色名录，2004）；中国三有保护鸟类；安徽省Ⅰ级保护动物（1992）。

◉ 摄影　夏家振

黑卷尾　Black Drongo

拉丁名	*Dicrurus macrocercus*
目科属	雀形目 PASSERIFORMES
	卷尾科 Dicruridae（Drongos）
	卷尾属 *Dicrurus* Vieillot，1816

【俗　　称】扎格朗、黎鸡儿

【形态特征】体长约30cm的黑色卷尾，尾长而叉深，飞翔时极显著，亚成鸟下腹部带白色横纹。

【区系分布】广布型。普通亚种 *D.m.cathoecus* 在安徽为夏候鸟，见于全省各地：萧县（皇藏峪、黄芷谷东石村庄）、明光女山湖、滁州（皇甫山、琅琊山、南郊等）、来安、临泉、亳州、涡阳、蒙城、阜阳、淮南（泉山湖、淮河大桥、山南、孔店）、合肥（义城、大蜀山、清溪公园、安徽大学、骆岗机场等）、肥东、肥西（紫蓬山、圆通山）、长丰埠里、巢湖、六安金安区、金寨、岳西（汤池、鹞落坪）、芜湖（市郊、机场等）、安庆（沿江滩地、机场）、升金湖、武昌湖、菜子湖、青阳九华山、宣城、清凉峰、牯牛降、黄山（汤口、屯溪等）。

【生活习性】取食各种昆虫，常集小群在平原地区活动，筑巢在不高的分权树枝上，常被杜鹃寄生。

【受胁和保护等级】LC（IUCN，2017）；LC（中国物种红色名录，2004）；中国三有保护鸟类。

◉ 摄影　夏家振

灰卷尾　Ashy Drongo

拉丁名	*Dicrurus leucophaeus*
目科属	雀形目 PASSERIFORMES
	卷尾科 Dicruridae（Drongos）
	卷尾属 *Dicrurus* Vieillot，1816

【形态特征】体长约28cm的全灰色卷尾，脸白色，尾长而又深。

【区系分布】东洋型。普通亚种 *D.l.leucogenis* 在安徽为夏候鸟，见于全省各地：明光老嘉山林场、滁州（皇甫山等）、金寨（长岭公社、青山）、合肥（安徽大学、大蜀山等）、肥西（紫蓬山等）、鹞落坪、芜湖机场、安庆沿江滩地、武昌湖、菜子湖、升金湖、青阳（九华山、陵阳）、宣城、清凉峰、石台、牯牛降、黄山、太平潭云桥、歙县。

【生活习性】栖息于山地密林中，性胆怯，喜隐蔽，不易见到，常单独或成对活动，捕食飞翔的昆虫。

【受胁和保护等级】LC（IUCN，2017）；LC（中国物种红色名录，2004）；中国三有保护鸟类。

● 摄影　夏家振、高厚忠

发冠卷尾 Spangled Drongo

拉丁名	*Dicrurus hottentottus*		
目科属	雀形目 PASSERIFORMES		
	卷尾科 Dicruridae（Drongos）		
	卷尾属 *Dicrurus* Vieillot，1816		

【俗　　称】黑嘎

【形态特征】体长约32cm 的黑色具金属光泽的卷尾，头顶具特殊的发丝状羽毛，浑身黑色的羽毛有天鹅绒般蓝色金属反光，尾外侧上翘而内卷，极其特殊。

【区系分布】东洋型。普通亚种 *D.h.brevirostris* 在安徽为夏候鸟，见于全省各地：萧县皇藏峪、滁州皇甫山、合肥（安徽大学、大蜀山等）、金寨（青山、长岭公社）、岳西（包家乡、鹞落坪）、武昌湖、菜子湖、青阳九华山、宣城、清凉峰、牯牛降、黄山（慈光寺、屯溪等）、歙县。

【生活习性】繁殖于各处的山地，喜活动于阔叶树密林中，性吵闹，胆大，敢于成群攻击猛禽和乌鸦。

【受胁和保护等级】LC（IUCN，2017）；LC（中国物种红色名录，2004）；中国三有保护鸟类。

◉摄影　杨远方、夏家振

八哥 Crested Myna

拉丁名	*Acridotheres cristatellus*
目科属	雀形目 PASSERIFORMES
	椋鸟科 Sturnidae（Starlings）
	八哥属 *Acridotheres* Vieillot，1816

【俗　　称】黑八哥

【形态特征】体长约 26cm 的黑色八哥，成鸟前额有羽簇，通体黑色，仅两翼具八字型白斑，尾尖白色。嘴乳黄色，脚黄色。

【区系分布】东洋型。指名亚种 *A.c.cristatellus* 在安徽为留鸟，分布于全省各地：淮北、滁州（皇甫山等）、阜阳、亳州、蒙城、淮南（淮河大桥、孔店）、瓦埠湖、合肥（义城、大房郢水库、安徽大学、骆岗机场、大蜀山、董铺水库、清溪公园、磨店等）、肥东、肥西紫蓬山、长丰埠里、巢湖、庐江汤池、六安（金安区等）、金寨（青山、长岭公社）、岳西（汤池、沙凸嘴、鹞落坪等）、马鞍山、芜湖（市郊、机场等）、铜陵、安庆（机场、沿江滩地等）、池州、武昌湖、菜子湖、升金湖、青阳（九华山、柯村、陵阳）、宣城、宁国西津河、清凉峰、牯牛降、黄山（汤口、屯溪等）、太平。

【生活习性】为人所熟识的鸟类，伴人而居，在道路标志杆以及建筑物洞中营巢，也利用喜鹊的旧巢，卵蓝色，繁殖期成对活动，秋冬季则集小群活动，集大群过夜，因为可以模仿人语而常被非法捕捉作笼养鸟。

【受胁和保护等级】LC（IUCN，2017）；LC（中国物种红色名录，2004）；中国三有保护鸟类。

◉ 摄影　夏家振

丝光椋鸟　Silky starling

拉丁名	*Sturnus sericeus*
目科属	雀形目 PASSERIFORMES
	椋鸟科 Sturnidae（Starlings）
	椋鸟属 *Sturnus* Linnaeus，1758

【俗　　称】丝光鸟、灰八哥

【形态特征】体长约 24cm 的灰白色椋鸟，嘴朱红色，先端黑色，脚橙黄色。两翼及尾辉黑色，雄鸟头部为白色丝羽，雌鸟头灰色。

【区系分布】东洋型。在安徽为留鸟和夏候鸟，繁殖于全省，但淮河以北的群体南迁越冬。见于淮北、滁州皇甫山、亳州、淮南（上窑、山南、舜耕山）、合肥（义城、安徽大学、骆岗机场、大蜀山、董铺水库、清溪公园等）、长丰、肥东、肥西紫蓬山、巢湖、庐江汤池、六安金安区、金寨（青山、长岭等）、岳西（汤池、鹞落坪）、马鞍山、芜湖（市郊、机场等）、安庆（机场、沿江滩地等）、升金湖、武昌湖、菜子湖、青阳（九华山、陵阳）、宣城、宁国西津河、石台、牯牛降、清凉峰、黄山（汤口、屯溪等）。

【生活习性】性喧闹，食性杂，主要以昆虫为食，也吃植物果实。繁殖期成对活动，在建筑物洞内筑巢，常与八哥或灰椋鸟争巢，秋冬季集大群过夜并逐步南迁。

【**受胁和保护等级**】LC（IUCN，2017）；LC（中国物种红色名录，2004）； 中国三有保护鸟类。

灰椋鸟 White-cheeked Starling

拉丁名	*Sturnus cineraceus*
目科属	雀形目 PASSERIFORMES
	椋鸟科 Sturnidae（Starlings）
	椋鸟属 *Sturnus* Linnaeus，1758

【形态特征】体长约24cm的深灰色椋鸟，头黑色，头两侧尤其是面颊部白色，上体深灰色，腰部白色，嘴橙红色，先端黑色，脚橙黄色。

【区系分布】古北型。在安徽为留鸟，繁殖于全省。见于明光女山湖、滁州（皇甫山、琅琊山等）、临泉、亳州、蒙城、涡阳、阜阳、淮南、瓦埠湖、合肥（南郊、义城、大蜀山、大房郢水库、清溪公园、安徽大学、骆岗机场等）、长丰埠里、肥西紫蓬山、巢湖、庐江汤池、六安金安区、金寨（梅山、青山等）、岳西（汤池、鹞落坪）、当涂湖阳公社、马鞍山、芜湖（市郊、机场等）、枞阳（青山等）、青阳（九华山等）、安庆（机场、沿江滩地）、升金湖、黄湖、泊湖、武昌湖、菜子湖、枫沙湖、陈瑶湖、宣城、宁国西津河、清凉峰、石台、牯牛降、黄山（汤口、屯溪等）。

【生活习性】常在草甸、河谷、农田等的潮湿地上觅食，多栖于电线、电杆和树木枯枝上。在平原地区常结群活动；在山区多活动于开阔地带，接近农田、水田的林缘。习性与丝光椋鸟类似，但更喜近城市而居，冬季集群活动，食性杂，食量大。

【受胁和保护等级】LC（IUCN，2017）；LC（中国物种红色名录，2004）； 中国三有保护鸟类。

◉ 摄影　夏家振、张忠东

紫翅椋鸟　Common Starling

拉丁名	*Sturnus vulgaris*
目科属	雀形目 PASSERIFORMES
	椋鸟科 Sturnidae（Starlings）
	椋鸟属 *Sturnus* Linnaeus，1758

【俗　　称】满天星、大珍珠鸟

【形态特征】体长约 21cm 的椋鸟，体羽闪辉黑、紫、绿色，具不同程度的白色点斑。虹膜深褐色，嘴黄色，脚肉红色。

【区系分布】古北型。安徽为冬候鸟和旅鸟，原分布于新疆的种群，近年在长江流域有不少越冬

记录，迁徙时见于本省淮河以南地区，冬季偶见于江南，目前省内尚未见到繁殖记录。北疆亚种 *S.v.poltaratskyi* 分布于安徽（郑光美，2018），见于当涂、合肥、肥东、巢湖、金寨。

【**生活习性**】常与丝光椋鸟和灰椋鸟混群，习性与其他椋鸟相似。多栖息于村落附近的果园、耕地或开阔多树的村庄生境，喜栖息于树梢或较高的树枝上。

【**受胁和保护等级**】LC（IUCN，2017）；LC（中国物种红色名录，2004）；中国三有保护鸟类。

◉ 摄影　夏家振

北椋鸟　Daurian Starling

拉丁名	*Agropsar sturninus*
目科属	雀形目 PASSERIFORMES
	椋鸟科 Sturnidae（Starlings）
	北椋鸟属 *Agropsar* Oates，1889

【形态特征】体长约 18cm 的灰褐色椋鸟，头、胸部灰色，枕部有一块黑斑，背部闪辉紫色；两翼辉绿黑色并具醒目的白色翼斑，腹部白色。

【区系分布】古北型。在安徽为旅鸟，见于明光女山湖、合肥（安徽大学等）、肥西紫蓬山、宣城、清凉峰。

【生活习性】迁徙时常与灰椋鸟混群活动，与其他椋鸟习性相似。

【受胁和保护等级】LC（IUCN，2017）；中国三有保护鸟类。

◉ 摄影　夏家振、李航

黑领椋鸟 Black-collared Starling

拉丁名	*Gracupica nigricollis*
目科属	雀形目 PASSERIFORMES
	椋鸟科 Sturnidae（Starlings）
	斑椋鸟属 *Gracupica* Lesson，R，1831

【俗　　称】花八哥、海南八哥

【形态特征】体长约28cm的黑白色椋鸟，头及下体白色，眼周有黄色的裸皮，具黑色的颈环，背部、两翼和尾部黑色，两翼和尾部具白色羽缘。

【区系分布】东洋型。在安徽为留鸟，主要在淮河以南平原地区活动，但近年有数量不断增加、分布地不断往北方扩展的趋势。见于长丰、肥东、合肥（义城、安徽大学、大房郢水库、清溪公园、南艳湖等）、巢湖、金寨、潜山、枞阳、菜子湖、安庆沿江滩地、升金湖、芜湖、武昌湖、宁国西津河、石台、祁门、黄山。

【生活习性】鸣声洪亮，成对或集小群活动，有时候也与八哥混群，习性与八哥类似。

【受胁和保护等级】LC（IUCN，2017）；中国三有保护鸟类。

◉摄影　夏家振、张忠东

松鸦 Eurasian Jay

拉丁名	*Garrulus glandarius*	
目科属	雀形目 PASSERIFORMES	
	鸦科 Corvidae（Crows，Jays）	
	松鸦属 *Garrulus* Brisson，1760	

【俗　　称】沙和尚

【形态特征】体长约 35cm 的粉红色鸦，上体粉红色，具黑色髭纹，两翼侧面具蓝、白、黑相间的斑纹，腰及尾下覆羽白色，尾黑色。嘴黑褐色；脚肉红色，爪淡褐色。

【区系分布】广布型。普通亚种 *G.g.sinensis* 在安徽为留鸟，主要分布在淮河以南的山区林地，见于滁州皇甫山、合肥（大蜀山等）、肥西紫蓬山、金寨（青山、长岭公社等）、舒城（河棚等）、马鞍山、岳

西（来榜、鹬落坪、包家乡等）、安庆沿江滩地、升金湖、武昌湖、菜子湖、宿松（柳坪、凉亭、趾凤乡石门）、青阳（九华山、城关）、宣城、石台、清凉峰、牯牛降、黄山（汤口、屯溪等）、歙县。

【生活习性】喜在高大密林间活动，尤其喜爱马尾松林，取食植物果实及动物性食物，性凶猛，叫声为沙哑的"喳啊—喳啊"声，也可模仿其他声音。飞翔缓慢，筑巢于针叶林内。

【受胁和保护等级】LC（IUCN，2017）；LC（中国物种红色名录，2004）。

● 摄影　夏家振

红嘴蓝鹊　Red-billed Blue Magpie

拉丁名	*Urocissa erythroryncha*
目科属	雀形目 PASSERIFORMES
	鸦科 Corvidae（Crows，Jays）
	蓝鹊属 *Urocissa* Gould，1862

【俗　　称】山鸦雀、山喜鹊、长尾蓝鹊

【形态特征】体长约 46cm 而色彩艳丽的鹊，身体大部为亮蓝色，嘴和脚红色，头黑色，头顶至颈部白色，尾较长且呈蓝色，末端白色，中央尾羽甚长，外侧尾羽依次渐短，呈梯状。

【区系分布】东洋型。指名亚种 *U.e.erythroryncha* 在安徽为留鸟，分布于皖南山区、大别山区及江淮丘陵区。见于滁州（琅琊山、皇甫山等）、金寨（青山、长岭公社等）、合肥（大蜀山、安徽大学等）、肥东、肥西紫蓬山、巢湖、六安金安区、马鞍山、芜湖（市郊、机场等）、岳西（鹞落坪等）、升金湖、青阳（长坽、九华山）、宣城、宁国西津河、清凉峰、牯牛降、黄山（汤口、北海、屯溪等）、太平谭家桥、歙县。

【生活习性】栖息于各种山地，胆大而不惧人，性吵闹凶猛，集小群活动，善于模仿各种叫声，取食各种动物性食物（包括小型哺乳动物、蛇、蛙、蜥蜴、昆虫和鸟等），也取食植物果实，常成群攻击猛禽，在不高的小树或竹林中营简单的巢。

【受胁和保护等级】LC（IUCN，2017）；LC（中国物种红色名录，2004）； 中国三有保护鸟类；安徽省Ⅰ级保护动物（1992）。

● 摄影　张忠东、夏家振

灰喜鹊　Azure-winged Magpie

拉丁名	*Cyanopica cyanus*
目科属	雀形目 PASSERIFORMES
	鸦科 Corvidae（Crows，Jays）
	灰喜鹊属 *Cyanopica* Bonaparte，1850

【俗　　称】山蛮子

【形态特征】体长约 35cm 的灰蓝色鹊，头顶黑色，翅和尾灰蓝色，上体灰色，尾长，尖端白色。

【区系分布】古北型。长江亚种 *C.c.swinhoei* 在安徽为留鸟，分布于全省各地。见于萧县皇藏峪、淮北、宿州、临泉、亳州、涡阳、蒙城、阜阳、淮南、瓦埠湖、蚌埠、明光女山湖、滁州（皇甫山、琅琊山等）、来安、六安、合肥（义城、北郊、大蜀山、安徽大学、骆岗机场、大房郢水库、董铺水库、清溪公园等）、肥东、肥西紫蓬山、长丰、巢湖、庐江汤池、六安金安区、金寨、马鞍山、铜陵、芜湖（市郊、机场等）、安庆、池州、望江、武昌湖、升金湖、菜子湖、宣城、清凉峰、牯牛降、黄山（汤口、屯溪等）。

【生活习性】喜伴人而居，喜在城市和村庄中集小群活动，性吵闹，食性杂，在大树高处主干分权处营巢，虽为留鸟但繁殖时间晚而常被杜鹃类寄生，为安徽省省鸟。

【受胁和保护等级】LC（IUCN，2017）；LC（中国物种红色名录，2004）；中国三有保护鸟类；安徽省 I 级保护动物（1992）。

◉摄影　高厚忠、夏家振

灰树鹊　Grey Treepie

拉丁名	*Dendrocitta formosae*
目科属	*雀形目* PASSERIFORMES
	鸦科 Corvidae（Crows，Jays）
	树鹊属 *Dendrocitta* Gould，1833

【形态特征】体长约 35cm 的黑褐色鹊，面部黑色，头顶灰色，背部棕褐色，翅黑色具小块白斑，尾黑色呈楔形，飞翔时可见腰部明显的白色。

【区系分布】东洋型。华南亚种 *D.f.sinica* 在安徽为留鸟，主要分布于淮河以南地区。见于滁州（皇甫山、琅琊山）、肥西紫蓬山、合肥大蜀山、巢湖、马鞍山、鹞落坪、升金湖、青阳九华山、休宁、石台、清凉峰、牯牛降、宣城、黄山（汤口、焦村小岭、屯溪等）。

【**生活习性**】常集群活动，栖息于山地密林中，但较不易发现，性胆怯，喜隐蔽，发出呱呱的叫声。

【**受胁和保护等级**】LC（IUCN，2017）；LC（中国物种红色名录，2004）； 中国三有保护鸟类。

◉ 摄影　石峰、张忠东

喜鹊 Common Magpie

拉丁名	*Pica pica*
目科属	雀形目 PASSERIFORMES
	鸦科 Corvidae（Crows，Jays）
	鹊属 *Pica* Brisson，1760

【俗　　称】花喜鹊

【形态特征】体长约 45cm 的黑白色长尾鹊，因易于识别而为人熟识，头黑色，两翼及尾黑色并具蓝色金属光泽，翅肩及下腹部白色。

【区系分布】广布型。普通亚种 *P.p.sericea* 在安徽为留鸟，见于全省各地：亳州、涡阳、蒙城、萧县皇藏峪、明光女山湖、滁州（皇甫山、琅琊山等）、阜阳、淮南、瓦埠湖、合肥（安徽大学、义城、骆岗机场、大蜀山、大房郢水库、清溪公园、董铺水库等）、肥东、肥西（紫蓬山、圆通山等）、长丰埠里、巢湖、六安（皖西学院、金安区、裕安区等）、金寨（青山、梅山、长岭公社等）、霍山（黑石渡、太平乡）、鹞落坪、马鞍山、芜湖、安庆沿江滩地、武昌湖、菜子湖、升金湖、青阳九华山、宣城、太平、清凉峰、石台、牯牛降、黄山。

【生活习性】喜活动于平原地区的村庄周围，繁殖期早，但每年仅繁殖一窝，在有高大落叶阔叶树的地方营大型鸟巢，也在高压塔营巢，常同时筑巢数个，但仅利用其中一个鸟巢繁殖，旧巢经年不毁，冬季偶可见修巢行为。性凶猛，食性杂，繁殖期成对活动，秋冬季集群，为合肥市市鸟。

【受胁和保护等级】LC（IUCN，2017）；NT 几近符合 VU（中国物种红色名录，2004）；中国三有保护鸟类。

◉摄影　夏家振、张忠东

达乌里寒鸦　Daurian Jackdaw

拉丁名	*Corvus dauuricus*
目科属	雀形目 PASSERIFORMES
	鸦科 Corvidae（Crows，Jays）
	鸦属 *Corvus* Linnaeus，1758

【形态特征】体长约 32cm 的黑白色鸦，成鸟颈部和腹部白色，其余黑色。与白颈鸦的区别为体型较小且嘴细，胸部白色部分较大。亚成鸟色彩反差小。

【区系分布】古北型。在安徽为冬候鸟，见于全省各地：滁州（皇甫山等）、临泉、淮南淮河大桥、合肥（义城等）、肥西、肥东（长临河等）、巢湖、升金湖、青阳（陵阳、九华山）、清凉峰、牯牛降、黄山（汤口、屯溪等）。

【生活习性】冬季栖息于省内的平原区，偶尔和小嘴乌鸦混群出现，集群活动。杂食性，取食植物种子和昆虫等。

【受胁和保护等级】LC（IUCN，2017）；LC（中国物种红色名录，2004）；中国三有保护鸟类。

◎摄影　夏家振、叶宏

秃鼻乌鸦 Rook

拉丁名	*Corvus frugilegus*	
目科属	雀形目 PASSERIFORMES	
	鸦科 Corvidae（Crows，Jays）	
	鸦属 *Corvus* Linnaeus，1758	

【形态特征】体长约 47cm 的黑色鸦，通体灰黑色，额裸露，粗厚的嘴长直而尖。成年鸟嘴基部具显著的灰白色裸皮，但幼鸟嘴基部被毛。嘴及脚黑色。

【区系分布】古北型，普通亚种 *C.f.pastinator* 在安徽为冬候鸟，主要见于淮河以南的山区或湿地：临泉、合肥（义城等）、巢湖、枞阳青山、升金湖、青阳九华山、牯牛降、清凉峰、宣城、黄山。

【生活习性】常与小嘴乌鸦混群，习性与其他乌鸦类似。栖息于平原、低山、丘陵地区，较常见于农田、河流和村庄附近。

【受胁和保护等级】LC（IUCN，2017）；LC（中国物种红色名录，2004）；中国三有保护鸟类。

摄影　夏家振

小嘴乌鸦 Carrion Crow

拉丁名	*Corvus corone*
	雀形目 PASSERIFORMES
目科属	鸦科 Corvidae（Crows，Jays）
	鸦属 *Corvus* Linnaeus，1758

【形态特征】体长约 50cm 的黑色鸦，通体黑色具紫蓝色金属光泽。与秃鼻乌鸦的区别为嘴基部不裸露。

【区系分布】古北型，普通亚种 *C.c.orientalis* 在安徽为冬候鸟，冬季见于淮北平原、沿江平原和江淮丘陵区：阜阳、临泉、涡阳、蒙城、合肥（安徽大学、义城等）、肥东、肥西、巢湖、金寨古碑区古路岭、当涂湖阳公社南弯岩、升金湖。

【生活习性】冬季成大群在农田、村庄取食，傍晚又集群迁徙到城镇过夜，常与其他乌鸦混群。

【受胁和保护等级】LC（IUCN，2017）；LC（中国物种红色名录，2004）。

◉ 摄影　张忠东、夏家振

大嘴乌鸦　Large-billed Crow

拉丁名	*Corvus macrorhynchos*
目科属	雀形目 PASSERIFORMES
	鸦科 Corvidae（Crows, Jays）
	鸦属 *Corvus* Linnaeus，1758

【俗　　称】老鸹

【形态特征】体长约 50cm 的黑色鸦，与小嘴乌鸦的区别是嘴更粗厚弯曲，嘴后部至头顶明显拱起，尾圆。嘴和脚黑色。

【区系分布】广布型。普通亚种 *C.m.colonorum* 在安徽为留鸟，繁殖于皖西大别山区等地，冬季见于全省各地：萧县皇藏峪、明光女山湖、滁州、蚌埠、合肥（义城、骆岗机场、科学岛等）、巢湖、六安、金寨（长岭公社等）、岳西（沙凸嘴、鹞落坪等）、太平大桥公社、升金湖、青阳九华山、宣城、清凉峰、牯牛降、黄山（汤口、屯溪等）。

【生活习性】平原地区通常仅在冬季可以看到，在大别山有繁殖种群，集小群活动，飞翔缓慢，有集群攻击猛禽的行为。叫声单调粗哑。

【受胁和保护等级】LC（IUCN，2017）；LC（中国物种红色名录，2004）。

● 摄影　张忠东、叶宏

白颈鸦 Collared Crow

拉丁名	*Corvus pectoralis*
目科属	雀形目 PASSERIFORMES
	鸦科 Corvidae（Crows，Jays）
	鸦属 *Corvus* Linnaeus，1758

【形态特征】体长约 54cm 的黑白色鸦，体型比达乌里寒鸦明显大许多，且白色羽毛仅分布于颈、背和前胸，其余体羽全黑。嘴及脚黑色。

【区系分布】东洋型。在安徽为留鸟，见于明光女山湖、滁州（皇甫山、琅琊山等）、合肥、金寨（长岭公社、青山）、安庆沿江滩地、升金湖、鹞落坪、宣城、青阳九华山、牯牛降、清凉峰、黄山。

【**生活习性**】主要在山区活动，喜欢栖息于河流、湖泊附近，取食动物内脏、腐肉和死鱼等，通常单独或成对活动，除育雏期外，少见集群。性机警，鸣声较其他鸦类更洪亮。

【**受胁和保护等级**】NT（IUCN，2017）；LC（中国物种红色名录，2004）。

◉ 摄影　夏家振、张忠东

褐河乌 Brown Dipper

拉丁名	*Cinclus pallasii*
目科属	雀形目 PASSERIFORMES
	河乌科 Cinclidae（Dippers）
	河乌属 *Cinclus* Borkhausen，1797

【俗　　　称】河乌、水老鸹

【形态特征】体长约 21cm 的黑褐色河乌，眼周裸皮白色。成鸟通体呈咖啡褐色，背和尾上覆羽具棕红色羽缘；翅和尾黑褐色。

【区系分布】广布型，指名亚种 *C.p.pallasii* 在安徽为留鸟。见于皖南山区及大别山区：金寨（青山、长岭公社乌沟生产队、白马寨林场）、霍山（佛子岭水库、吴家呼、黑石渡）、岳西（来榜、美丽乡、沙凸嘴、鹞落坪）、青阳九华山、宣城、宁国西津河、石台城郊、牯牛降、升金湖、清凉峰、黄山（汤口、屯溪等）、歙县、太平（太平河、太平渔场、谭家桥等）。

【生活习性】常在山区溪间岩石上停留，性活跃，不停弹动尾部，尾向上翘时体呈元宝状，善潜入水中取食各种水生动物，飞翔时发出嘎嘎的叫声，雄鸟繁殖时发出悦耳的鸣叫，以苔藓在石壁上筑圆形鸟巢。

【受胁和保护等级】LC（IUCN，2017）；LC（中国物种红色名录，2004）。

● 摄影　张忠东、高厚忠

鹪鹩 Eurasian Wren

拉丁名	*Troglodytes troglodytes*
目科属	雀形目 PASSERIFORMES
	鹪鹩科 Troglodytidae（Wrens）
	鹪鹩属 *Troglodytes* Vieillot，1807

【形态特征】体长约10cm的褐色小鸟，具模糊的皮黄色眉纹，浑身布满横纹及斑点，尾上翘。

【区系分布】古北型，普通亚种 *T.t.idius* 在安徽为旅鸟和冬候鸟。见于江淮丘陵及皖南山区：明光老嘉山林场、滁州（皇甫山等）、合肥（义城等）、青阳九华山、清凉峰。

【生活习性】秋季迁徙季节可见于平原地区的荒草丛内，飞翔力弱，繁殖期鸣声优美，但冬季安静。

【受胁和保护等级】LC（IUCN，2017）；LC（中国物种红色名录，2004）。

◉ 摄影　杨远方、李航

棕眉山岩鹨　Siberian Accentor

拉丁名	*Prunella montanella*
目科属	雀形目 PASSERIFORMES
	岩鹨科 Prunellidae（Accentors）
	岩鹨属 *Prunella* Vieillot，1816

【形态特征】体长约 15cm 的褐色岩鹨，具明显的皮黄色眉纹，头顶和眼周黑色，上体多褐色纵纹，下体淡黄色。

【区系分布】古北型，指名亚种 *P.m.montanella* 在安徽为冬候鸟，见于安徽（郑光美，2018）、合肥大蜀山（王岐山等，1976）、合肥（王岐山等，1979）、合肥（安徽省珍鸟会，2012）。

【生活习性】冬季集小群在林下灌丛中活动，取食植物种子及昆虫。

【受胁和保护等级】LC（IUCN，2017）；LC（中国物种红色名录，2004）； 中国三有保护鸟类。

◉ 摄影　秦皇岛市观（爱）鸟协会

白喉短翅鸫　Lesser Shortwing

拉丁名	*Brachypteryx leucophris*
目科属	雀形目 PASSERIFORMES
	鸫科 Turdidae（Thrushes，Chats）
	短翅鸫属 *Brachypteryx* Horsfield，1821

【形态特征】体长约 13cm 且腿长的褐色短翅鸫，具模糊的浅色眉纹，上体棕褐色，胸及两胁具红褐色鳞状纹，腹部偏白色，雌鸟似雄鸟但多棕色，嘴深褐色，脚粉褐色。

【区系分布】东洋型，华南亚种 *B.L.carolinae* 分布于我国东南及华南地区，在安徽为留鸟。见于黄山（张保卫、虞磊、林清贤等，2016–2017）、石台。

【生活习性】多活动于海拔 1000~3200 米的湿润山区森林，性胆怯，喜隐蔽，鸣声优美。

【受胁和保护等级】LC（IUCN，2017）。

◉ 摄影　杨远方

红尾歌鸲 Rufous-tailed Robin

拉丁名	*Luscinia sibilans*	
目科属	雀形目 PASSERIFORMES	
	鸫科 Turdidae（Thrushes，Chats）	
	歌鸲属 *Luscinia* Forster，1817	

【形态特征】体长约13cm且浑身布满鳞纹的歌鸲，尾部棕红色，胸口具有橄榄色的扇贝形鳞纹。

【区系分布】古北型，在安徽为旅鸟。见于全省各地：淮北、蚌埠、淮南、合肥（大蜀山等）、肥西紫蓬山、石台、黄山。

【生活习性】栖息于全省平原和低山地区，单独在地面活动，鸣声为一连串响亮的颤音。

【受胁和保护等级】LC（IUCN，2017）；中国三有保护鸟类。

◉ 摄影　夏家振

红喉歌鸲　Siberian Rubythroat

拉丁名	*Luscinia calliope*
目科属	雀形目 PASSERIFORMES
	鸫科 Turdidae（Thrushes，Chats）
	歌鸲属 *Luscinia* Forster，1817

【俗　　称】红点颏、红脖

【形态特征】体长约16cm的褐色歌鸲，具醒目的白色眉纹和髭纹，雄鸟颏和喉部鲜红色，雌鸟无此颜色。

【区系分布】古北型，在安徽为旅鸟，2017年在合肥有繁殖记录。见于淮北、涡阳、蒙城、蚌埠、淮南、合肥（大蜀山、安徽大学）、宁国西津河。

【生活习性】迁徙时栖息于全省各地的平原地区，喜在水边的高草丛、农田活动，鸣声优美，善于模仿各种鸟叫，但冬季一般较安静，常被非法捕捉作为笼养鸟。

【受胁和保护等级】LC（IUCN，2017）；中国三有保护鸟类。

◉摄影　杨远方

蓝喉歌鸲　Bluethroat

拉丁名	*Luscinia svecica*
目科属	雀形目 PASSERIFORMES
	鸫科 Turdidae（Thrushes，Chats）
	歌鸲属 *Luscinia* Forster，1817

【俗　　称】蓝点颏、蓝脖

【形态特征】体长约 14cm 且色彩鲜艳的歌鸲，喉部至上胸具有栗色、蓝色、黑色、白色带组成的特殊花纹，眉纹皮黄色，外侧尾羽棕红色，展开时可见。雌鸟喉白，胸部无彩色带。

【区系分布】古北型，指名亚种 *L.s.svecica* 在安徽为旅鸟，少量留居越冬。见于淮北、淮南、蚌埠、合肥、金寨、芜湖。

【生活习性】习性似红喉歌鸲，但善于模仿昆虫及蛙的叫声。

【受胁和保护等级】LC（IUCN，2017）； 中国三有保护鸟类。

◉摄影　杨远方、夏家振

蓝歌鸲 Siberian Blue Robin

拉丁名	*Luscinia cyane*
目科属	雀形目 PASSERIFORMES
	鸫科 Turdidae（Thrushes，Chats）
	歌鸲属 *Luscinia* Forster，1817

【**俗 称**】挂银牌

【**形态特征**】体长约 14cm 的蓝色歌鸲，雄鸟上体石青蓝色，面部黑色，下体为纯净的白色。雌鸟上体橄榄褐色，喉及胸褐色并具皮黄色鳞状斑纹，腰及尾上覆羽沾蓝色。

【区系分布】古北型，指名亚种 *L.c.cyane* 在安徽为旅鸟。见于萧县皇藏峪、蚌埠、淮南、滁州、合肥（西郊、安徽大学）、巢湖、青阳黄石溪。

【生活习性】与红喉歌鸲习性相似，鸣声为一连串不同音调的颤音。

【受胁和保护等级】LC（IUCN，2017）；LC（中国物种红色名录，2004）；中国三有保护鸟类。

● 摄影　杨远方

红胁蓝尾鸲　Orange-flanked Bush Robin

拉丁名	*Tarsiger cyanurus*
目科属	雀形目 PASSERIFORMES
	鸫科 Turdidae（Thrushes，Chats）
	鸲属 *Tarsiger* Hodgson，1844

【俗　　称】蓝尾巴

【形态特征】体长约15cm且尾部蓝色的鸲，两胁橙黄色，腹部白色。成年雄鸟上体蓝色具白色眉纹，亚成鸟及雌鸟褐色，但亚成雄鸟肩部羽毛泛蓝色。

【区系分布】古北型，指名亚种 *T.c.cyanurus* 在安徽为冬候鸟，见于全省各地：滁州（皇甫山、醉翁亭、琅琊山等）、阜阳、亳州、涡阳、淮南山南、巢湖、合肥（安徽农业大学、安徽大学、大蜀山、董铺水库等）、肥西紫蓬山、长丰埠里、金寨（古碑区古路岭、青山）、岳西（来榜、美丽公社、鹞落坪）、芜湖（市郊、机场等）、东至杨鹅头、青阳（南阳湾、九华山）、升金湖、清凉峰、石台、牯牛降、宣城、宁国西津河、黄山。

【**生活习性**】冬季在平原地区和低山区都有分布，单独活动，不甚畏人，性安静，极少鸣叫。

【**受胁和保护等级**】LC（IUCN，2017）；LC（中国物种红色名录，2004）；中国三有保护鸟类。

▶摄影　高厚忠、张忠东

鹊鸲　Oriental Magpie Robin

拉丁名	*Copsychus saularis*
目科属	雀形目 PASSERIFORMES
	鸫科 Turdidae（Thrushes，Chats）
	鹊鸲属 *Copsychus* Wagler，1827

【俗　　称】四喜、猪屎渣

【形态特征】体长约 20cm 的黑白色鸲，雄鸟头部和上体黑色，下腹部白色，翅膀黑色有白斑，外侧尾羽白，内侧尾羽黑。雌鸟以灰色取代雄鸟的黑色。

【区系分布】东洋型，华南亚种 *C.s.prosthopellus* 在安徽为留鸟。见于淮南舜耕山、合肥（安徽大学、大蜀山、清溪公园、翡翠湖公园等）、巢湖、庐江汤池、金寨、马鞍山、芜湖（市郊、机场等）、岳西（汤池、鹞落坪）、升金湖、武昌湖、菜子湖、青阳（陵阳、九华山、九华乡长龙大队）、宣城、宁国西津河、清凉峰、石台、牯牛降、黄山（汤口、屯溪等）、歙县、太平谭家桥。

【**生活习性**】主要在居民区活动，冬季仅发出"喳~"的颤音，繁殖期鸣声优美动听，成对活动，雄鸟常为领地发生打斗。喜取食蚯蚓和蝇蛆，在老旧建筑物的墙洞处营巢。

【**受胁和保护等级**】LC（IUCN，2017）；LC（中国物种红色名录，2004）；中国三有保护鸟类。

◉摄影　张忠东、夏家振

白腰鹊鸲　White-rumped Shama

拉丁名	*Copsychus malabaricus*
目科属	雀形目 PASSERIFORMES
	鸫科 Turdidae（Thrushes，Chats）
	鹊鸲属 *Copsychus* Wagler，1827

【俗　　称】长尾四喜

【形态特征】体长约 27cm 的长尾鹊鸲，头颈及背部黑色而具蓝光，两翼及中央尾羽暗黑色，腰部及外侧尾羽白色，腹部橙褐色，雌鸟似雄鸟，但以褐色取代黑色。

【区系分布】东洋型，在安徽为留鸟和逃逸鸟。见于合肥琥珀山庄和大蜀山（侯银续、张忠东等，2014）。

【生活习性】性胆怯，常隐藏在林下地面或灌丛中活动，以甲虫、蜻蜓、蚂蚁等昆虫为食。善鸣叫，鸣声清脆婉转，悦耳多变，晨昏时于低栖处发出嘹亮的鸣声，两翼下悬，尾高举。在地面跳动或作短距离飞行，降落时长尾抽动。

【受胁和保护等级】LC（IUCN，2017）。

● 摄影　张忠东

北红尾鸲　Daurian Redstart

拉丁名	*Phoenicurus auroreus*
目科属	雀形目 PASSERIFORMES
	鸫科 Turdidae（Thrushes，Chats）
	红尾鸲属 *Phoenicurus* Forster，1817

【俗　　称】火燕

【形态特征】体长约 15cm 的红色鸲，两翼具宽大的白色斑，雄鸟头灰黑色，面颊、喉部以及上体黑色，下体和尾部褐红色。雌鸟浑身褐色，尾部红色。

【区系分布】古北型，指名亚种 *P.a.auroreus* 在安徽为留鸟和冬候鸟。见于全省各地：萧县（皇藏峪、天门寺）、滁州（皇甫山、琅琊山等）、阜阳、临泉、亳州、蒙城、涡阳、淮南（泉山湖、淮河大桥、孔店）、瓦埠湖、合肥（义城、大蜀山、董铺水库、清溪公园、安徽大学等）、巢湖、庐江汤池、肥东、肥西紫蓬山、金寨、霍山吴家呼、岳西（美丽公社、鹞落坪、汤池）、芜湖（市郊、机场等）、安庆沿江滩地、升金湖、青阳九华山、石台、清凉峰、牯牛降、宣城、宁国西津河、黄山（汤口、屯溪等）、太平。

【生活习性】成对或单独活动，繁殖于淮河以北的平原和低山区，在淮河以南主要繁殖于山区，冬季下迁至低海拔地区越冬，在墙洞或者凹洞中营巢，繁殖期鸣声优美，冬季安静，栖息时尾常颤动不停。

【受胁和保护等级】LC（IUCN，2017）；LC（中国物种红色名录，2004）；中国三有保护鸟类。

◉摄影　高厚忠、张忠东

红尾水鸲 Plumbeous Water Redstart

拉丁名	*Rhyacornis fuliginosus*
目科属	雀形目 PASSERIFORMES
	鸫科 Turdidae（Thrushes，Chats）
	水鸲属 *Rhyacornis* Blanford，1872

【俗　　称】石燕、水鸫

【形态特征】体长约 14cm 的胖乎乎的鸲，雄鸟深灰蓝色，尾栗红色，雌鸟浑身灰色，下体布满鱼鳞纹，尾白色。

【区系分布】东洋型，指名亚种 *R.f.fuliginosus* 在安徽为留鸟。见于滁州（皇甫山、琅琊山等）、合肥、金寨（长岭公社、古碑区水坪乡、青山）、霍山黑石渡、岳西（鹞落坪、美丽乡、来榜）、青阳（九华山、柯村）、宿松（凉亭、趾凤乡石门）、升金湖、宣城、宁国西津河、清凉峰、石台、牯牛降、黄山（汤口、屯溪等）、太平谭家桥、歙县。

【生活习性】山区常见，喜在溪流、河流岸边活动，尾扇动不停，成对或单独活动，领域性强，雄鸟常在突出物上鸣叫，为响亮的金属颤音，筑巢于河边石缝的凹陷处，以苔藓和细草营碗状巢，每窝产卵 4 枚。

【受胁和保护等级】LC（IUCN，2017）；LC（中国物种红色名录，2004）。

◉摄影　高厚忠、张忠东

白顶溪鸲　White-capped Water Redstart

拉丁名	*Chaimarrornis leucocephalus*	
目科属	雀形目 PASSERIFORMES	
	鸫科 Turdidae（Thrushes，Chats）	
	溪鸲属 *Chaimarrornis* Hodgson，1844	

【形态特征】体长约 19cm 的黑色及红色鸲，头顶白色，上体、前胸部和两翼黑色，下体棕红色，尾红。
【区系分布】古北型，在安徽为夏候鸟。见于黄山（虞磊，2012；林清贤，2016）、宣城（郝帅丞，2015）。
【生活习性】罕见，繁殖于大别山区和皖南山区的少数溪流，与红尾水鸲习性类似。
【受胁和保护等级】LC（IUCN，2017）；LC（中国物种红色名录，2004）。

◉ 摄影　杨远方

小燕尾 Little Forktail

拉丁名	*Enicurus scouleri*
目科属	雀形目 PASSERIFORMES
	鹟科 Turdidae（Thrushes，Chats）
	燕尾属 *Enicurus* Temminck，1822

【**形态特征**】体长约 13cm 的小型黑白色燕尾，尾很短，成鸟头前额白色，胸和背部黑色，腰腹部白色，尾叉浅且为黑白色，幼鸟头背部棕色，无白色前额。

【**区系分布**】东洋型，在安徽为留鸟。主要分布于皖南山区及大别山区。见于金寨（长岭公社等）、岳

西（美丽乡、鸬落坪）、宣城、宿松（凉亭、趾凤乡石门）、青阳九华山、石台、牯牛降、清凉峰、黄山。

【生活习性】主要栖息在山区海拔较高、落差大的溪流生境，常成对活动，尾扇动不停，在水边取食各种水生动物。

【受胁和保护等级】LC（IUCN，2017）； LC（中国物种红色名录，2004）。

●摄影 高厚忠

白额燕尾　White-crowned Forktail

拉丁名	*Enicurus leschenaulti*
目科属	雀形目 PASSERIFORMES
	鸫科 Turdidae（Thrushes，Chats）
	燕尾属 *Enicurus* Temminck，1822

【俗　　称】水鸦雀、白冠燕尾、黑背燕尾

【形态特征】体长约25cm的大型燕尾，前额白，色调与小燕尾类似，但尾很长，尾叉深，最外侧尾羽白色，中部尾羽黑色，有3道白色横纹，尾尖白色，幼鸟头棕色，无白色前额。

【区系分布】东洋型，普通亚种 *E.l.sinensis* 在安徽为留鸟。见于合肥、肥西紫蓬山、舒城、庐江

汤池、六安横排头水库、霍山（漫水河公社毛竹园、黑石渡）、金寨（青山、马鬃岭林场、古碑区水坪乡、长岭公社）、岳西（包家乡、美丽乡、沙凸嘴、鹞落坪）、青阳（九华山、柯村）、宿松柳坪乡、宣城、祁门、清凉峰、石台、黄山（汤口、屯溪等）、太平（谭家桥、太平渔场）。

【生活习性】鸣声尖厉，单独或成对活动，习性与小燕尾类似。

【受胁和保护等级】LC（IUCN，2017）；LC（中国物种红色名录，2004）。

◉ 摄影　张忠东、高厚忠

黑喉石䳭　Siberian Stonechat

拉丁名	*Saxicola maurus*
目科属	雀形目 PASSERIFORMES
	鸫科 Turdidae（Thrushes，Chats）
	石䳭属 *Saxicola* Bechstein，1802

【形态特征】体长约 14cm 的黑白色䳭，雄鸟繁殖羽头部及飞羽黑色，上体褐色，胸口棕色，下腹和腰部白色。雌鸟上体浅褐色，下体皮黄，有皮黄色眉纹。

【区系分布】古北型，东北亚种 *S.m.stejnegeri* 在安徽为旅鸟。见于全省各地：滁州（滁州师范学院、琅琊山等）、蒙城、涡阳、淮南泉山湖、合肥（大蜀山、南艳湖、安徽大学等）、巢湖、舒城河棚、霍山青枫岭天河、金寨长岭、岳西（美丽乡、鹞落坪）、安庆沿江滩地、芜湖、黄湖、武昌湖、菜子湖、青阳九华山、清凉峰、宣城、黄山。

【生活习性】冬季安静，喜在平原地区的高草丛中活动，常站在草秆上取食地面昆虫。

【受胁和保护等级】LC（IUCN，2017）；LC（中国物种红色名录，2004）；中国三有保护鸟类。

⊙摄影 夏家振、杨远方

灰林䳭　Grey Bushchat

拉丁名	*Saxicola ferrea*
目科属	雀形目 PASSERIFORMES
	鸫科 Turdidae（Thrushes，Chats）
	石䳭属 *Saxicola* Bechstein，1802

【形态特征】体长约 15cm 的灰色䳭，雄鸟有一个明显的黑色面罩，有白色眉纹，腹白，其余大部分为灰色。雌鸟以褐色为主，有皮黄色眉纹和深褐色面罩。

【区系分布】东洋型，普通亚种 *S.f.haringtoni* 在安徽为留鸟。主要分布于大别山区及皖南山区，偶见于淮北平原区：涡阳（西阳、单集林场）、合肥（董铺水库等）、巢湖、岳西（鹞落坪、美丽乡）、青阳九华山、清凉峰、宣城、宁国西津河、黄山。

【生活习性】性胆大，喜在电线上静立不动并轻声鸣叫，捕食昆虫。

【受胁和保护等级】LC（IUCN，2017）；LC（中国物种红色名录，2004）。

◉ 摄影　张忠东

白喉矶鸫　White-throated Rock Thrush

拉丁名	*Monticola gularis*
目科属	雀形目 PASSERIFORMES
	鸫科 Turdidae（Thrushes，Chats）
	矶鸫属 *Monticola* Boie，1822

【俗　　称】虎皮翠

【形态特征】体长约 19cm 的鸫，雌雄异色，雄鸟头顶和肩部蓝色，喉白色，下体栗红色，背部和两翼布满虎皮状色斑，雌鸟灰褐色，具黑褐色鳞状斑纹，喉白色。

【区系分布】古北型，在安徽为旅鸟。白喉矶鸫曾被作为蓝头矶鸫普通亚种 *Monticola cinclorhynchus gularis*，主要分布在亚洲东北部，现在独立为种；而分布在亚洲西部喜马拉雅山地区的蓝头矶鸫指名亚种 *Monticola cinclorhynchus cinclorhychus* 现叫蓝头矶鸫 *Monticola cinclorhynchus*，在我国分布于西藏东南部。安徽见于萧县皇藏峪、滁州（皇甫山等）、淮南（上窑、舜耕山）、合肥（大蜀山、骆岗机场等）、黄山（汤口等）。

【生活习性】迁徙季节在各处山地林间活动，性安静温驯，常在夜晚发出哀怨的鸣叫。

【受胁和保护等级】LC（IUCN，2017）。

栗腹矶鸫 Chestnut-bellied RockThrush

拉丁名	*Monticola rufiventris*
目科属	雀形目 PASSERIFORMES
	鸫科 Turdidae（Thrushes，Chats）
	矶鸫属 *Monticola* Boie，1822

【形态特征】体长约 24cm 且色彩艳丽的蓝色鸫，雄鸟与红腹的蓝矶鸫华北亚种近似，但个体明显较粗壮，具显著的黑色眼罩，头顶以及上体的亮蓝色、下体的栗红色均更加鲜艳。雌鸟与蓝矶鸫雌鸟区别为耳羽后具月牙形的皮黄色斑纹。

【区系分布】东洋型，在安徽为留鸟。分布于安徽（郑光美，2018），见于合肥四顶山（夏家振，2018）、黄山（汤口、屯溪等）。

【生活习性】繁殖于高海拔的山林，越冬在低海拔多岩开阔的山坡林地，单独或成对活动。直立而栖，尾缓慢地上下弹动。繁殖期鸣声优美动听。

【受胁和保护等级】LC（IUCN，2017）；LC（中国物种红色名录，2004）。

◉ 摄影　杨远方

蓝矶鸫　Blue Rock Thrush

拉丁名	*Monticola solitarius*
目科属	雀形目 PASSERIFORMES
	鸫科 Turdidae（Thrushes，Chats）
	矶鸫属 *Monticola* Boie，1822

【形态特征】体长约 23cm 的蓝色鸫，雄鸟上体钴蓝色，翅和尾羽黑褐色，有蓝色羽缘，华南亚种 *M.s.pandoo*（或称纯蓝亚种）的下体和上体同为暗蓝色，华北亚种 *M.s.philippensis*（或称红腹亚种）下体栗红色。雌鸟灰蓝色，腹部密布黑色鳞状斑。

【区系分布】古北型，在安徽为夏候鸟和旅鸟。见于萧县（皇藏峪、天门寺）、蚌埠、淮南、合肥（大蜀山等）、巢湖、当涂、庐江白山、太湖花凉亭水库、青阳九华山、鹞落坪、清凉峰、宣城、黄山（汤口、屯溪等）。两个亚种均在安徽繁殖，华南亚种主要繁殖于大别山区和长江以南，华北亚种主要繁殖在淮河以北的山地（蚌埠、淮南、淮北），冬季也见于黄山、合肥地区。

【生活习性】繁殖期发出优美的鸣叫。多在地上觅食，常栖于突出位置如岩石、房屋柱子及枯树枝，冲向地面捕捉昆虫。在墙洞或岩石缝隙中筑巢。

【受胁和保护等级】LC（IUCN，2017）；LC（中国物种红色名录，2004）。

● 摄影　夏家振、李航

紫啸鸫　Blue Whistling Thrush

拉丁名	*Myophonus caeruleus*
目科属	雀形目 PASSERIFORMES
	鸫科 Turdidae（Thrushes，Chats）
	啸鸫属 *Myophonus* Temminck，1822

【形态特征】体长约 32cm 的黑蓝色鸫，通体蓝黑色，缀有少量浅色斑，两翼及尾羽有紫色金属光泽，在阳光下甚是美丽，嘴和脚黑色。

【区系分布】东洋型，指名亚种 *M.c.caeruleus* 在安徽为留鸟。见于滁州皇甫山、淮南、巢湖、肥西紫蓬山、霍山马家河林场、岳西（美丽乡、鹞落坪）、青阳（九华山、道德洞）、清凉峰、石台、牯牛降、宁

国西津河、休宁岭南、黄山（汤口、芙蓉居、屯溪等）、歙县。

【生活习性】喜在溪水边活动，性胆怯，喜隐蔽，一般较安静，鸣声尖利，尾部常炫耀式的张开，在水边石壁上以苔藓营巢。

【受胁和保护等级】LC（IUCN，2017）；LC（中国物种红色名录，2004）。

◉ 摄影　夏家振

橙头地鸫　Orange-headed Thrush

拉丁名	*Zoothera citrina*
目科属	雀形目 PASSERIFORMES
	鸫科 Turdidae（Thrushes，Chats）
	地鸫属 *Zoothera* Vigors，1832

【俗　　称】千鸣鸟

【形态特征】体长约 22cm 的橙黄色鸫，雄鸟头与下体红褐色，上体蓝灰色，翼具白色横斑纹，面颊具两道深色纵纹。雌鸟近似雄鸟，仅两翼飞羽呈灰色。

【区系分布】东洋型，安徽亚种 *Z.c.courtoisi* 在安徽为夏候鸟。见于淮北、蚌埠、淮南、明光老嘉

山林场、滁州（皇甫山等）、合肥（大蜀山等）、肥西紫蓬山、霍山、芜湖、鹞落坪。

【生活习性】夏季在山区繁殖，于树上营巢，单独或成对活动。雄鸟发出悦耳的鸣声，性胆怯，喜隐蔽，常只闻其声不见其身。

【受胁和保护等级】LC（IUCN，2017）；LC（中国物种红色名录，2004）。

◉ 摄影　夏家振

白眉地鸫　Siberian Thrush

拉丁名	*Zoothera sibirica*
目科属	雀形目 PASSERIFORMES
	鸫科 Turdidae（Thrushes，Chats）
	地鸫属 *Zoothera* Vigors，1832

【形态特征】体长约 23cm 的近黑色鸫，雄鸟有显著的白色眉纹，下腹及臀部白色，其余黑色；雌鸟近似红尾鸫，眉纹皮黄色。

【区系分布】古北型，指名亚种 *Z.s.sibirica* 在安徽为旅鸟。见于萧县（皇藏峪、天门寺）、滁州（琅琊山等）、蚌埠、淮南、肥东、合肥（大蜀山等）、霍山青枫岭天河、岳西（美丽乡、鹞落坪）。华南亚种 *Z.s.davisoni* 见于岳西美丽乡（王岐山等，1987 年 9 月 21 日）。

【生活习性】栖于森林地面及树间，常单独活动，在地面取食，性安静。

【受胁和保护等级】LC（IUCN，2017）；LC（中国物种红色名录，2004）；中国三有保护鸟类。

● 摄影　黄丽华、李航

怀氏虎鸫　White's Thrush

拉丁名	*Zoothera aurea*
目科属	雀形目 PASSERIFORMES
	鸫科 Turdidae（Thrushes，Chats）
	地鸫属 *Zoothera* Vigors，1832

【俗　　称】老虎鸟、虎斑地鸫

【形态特征】体长约 28cm 且浑身鱼鳞纹的鸫，黑色及金色的羽缘使其通体布满鳞状花斑。

【区系分布】古北型，在安徽为冬候鸟。虎斑地鸫普通亚种 *Zoothera dauma aurea* 已提升为独立种怀

氏虎鸫 *Zoothera aurea*，虎斑地鸫日本亚种 *Zoothera dauma toratugumi* 亦调整为怀氏虎鸫的亚种。本省见于萧县皇藏峪、淮北、滁州（皇甫山、琅琊山等）、涡阳、肥东、合肥（骆岗机场、安徽大学、大蜀山等）、肥西紫蓬山、马鞍山、东至昭潭、鹞落坪、清凉峰、黄山。

【生活习性】常单独活动，栖居茂密森林，于地面取食。

【受胁和保护等级】LC（IUCN，2017）；LC（中国物种红色名录，2004）；中国三有保护鸟类。

◉ 摄影　夏家振

灰背鸫　Grey-backed Thrush

拉丁名	*Turdus hortulorum*
目科属	雀形目 PASSERIFORMES
	鸫科 Turdidae（Thrushes，Chats）
	鸫属 *Turdus* Linnaeus，1758

【俗　　称】灰乌鸫

【形态特征】体长约 24cm 的灰色鸫，两胁棕红色，雄鸟上体浅灰蓝色，喉部灰白色，胸口灰色。雌鸟上体灰褐色，喉部、胸部具黑色点斑。

【区系分布】古北型，在安徽为冬候鸟。分布于全省各地：滁州（皇甫山等）、阜阳、亳州、蒙城、淮南舜耕山、合肥（南郊、大蜀山、安徽大学、骆岗机场、清溪公园、合肥化工厂等）、马鞍山、当涂湖阳、芜湖、鹊落坪、升金湖、休宁汊口、宣城、宁国西津河、清凉峰。

【生活习性】冬季常集小群活动，在落叶下翻找昆虫，亦取食植物果实。

【受胁和保护等级】LC（IUCN，2017）；LC（中国物种红色名录，2004）；中国三有保护鸟类。

◎ 摄影　夏家振

乌灰鸫　Japanese Thrush

拉丁名	*Turdus cardis*
目科属	雀形目 PASSERIFORMES
	鸫科 Turdidae（Thrushes，Chats）
	鸫属 *Turdus* Linnaeus，1758

【形态特征】体长约 21cm 的黑白色鸫，雄鸟头、胸部及上体黑色，腹部白色，缀满黑色斑点。雌鸟和灰背鸫雌鸟类似，区别在于腰部灰色且黑色点斑一直布满整个腹部。

【区系分布】东洋型，在安徽为夏候鸟。见于淮北、涡阳（西阳、单集林场）、阜阳、颍上、滁州皇甫山林场、合肥（安徽大学、清溪公园、大蜀山、磨店等）、鹞落坪、清凉峰。

【生活习性】主要在平原和低山区繁殖，筑巢于主干伸出的平行侧枝上，一年可繁殖 2 窝，习性与乌鸫近似，叫声略显单调。

【受胁和保护等级】LC（IUCN，2017）；LC（中国物种红色名录，2004）；中国三有保护鸟类。

◉ 摄影　夏家振

乌鸫　Chinese Blackbird

拉丁名	*Turdus mandarinus*
目科属	雀形目 PASSERIFORMES
	鸫科 Turdidae（Thrushes，Chats）
	鸫属 *Turdus* Linnaeus，1758

【俗　　称】百舌、黑鸟、黑雀

【形态特征】体长约 29cm 的最常见黑色鸫，雄鸟全黑色，繁殖期嘴和眼圈金黄色，雌鸟胸口的黑色沾铁锈色，嘴褐色。

【区系分布】东洋型，由于 *Turdus merula* 的亚种（普通亚种 *mandarinus* 和四川亚种 *sowerbyi*）提升为种，因此原普通亚种更名为指名亚种 *T.m.mandarinus*。在安徽为留鸟。见于全省各地：阜阳、亳州、蒙城、涡阳、滁州（皇甫山、琅琊山等）、淮南舜耕山、瓦埠湖、合肥（义城、安徽大学、骆岗机场、大房郢水库、大蜀山、董铺水库、清溪公园等）、肥东（张集、机场等）、肥西紫蓬山、长丰埠里、巢湖、庐阳（汤池、白山）、六安、金寨（长岭、梅山、后畈、青山）、霍山（太平、黑石渡、石家河）、太湖花凉亭水库、马鞍山、芜湖（市郊、机场等）、岳西（汤池、鹞落坪）、安庆沿江滩地、当涂湖阳、升金湖、武昌湖、菜子湖、青阳（陵阳、九华山等）、宣城、宁国西津河、清凉峰、牯牛降、黄山（汤口、屯溪等）、歙县、太平（城郊、谭家桥）。

【生活习性】繁殖期鸣声优美动听，善于模仿各种声音，夏季成对活动，主要取食蚯蚓，秋冬季则集小群，主食植物果实。在乔木的主干分权处营巢，巢材主要由泥巴和草构成，每年可繁殖 2 窝。

【受胁和保护等级】LC（IUCN，2017）；LC（中国物种红色名录，2004）。

● 摄影　夏家振、张忠东

白眉鸫　Eyebrowed Thrush

拉丁名	*Turdus obscurus*
目科属	雀形目 PASSERIFORMES
	鸫科 Turdidae（Thrushes，Chats）
	鸫属 *Turdus* Linnaeus，1758

【形态特征】体长约 23cm 的褐色鸫，有白色眉纹，眼下有一白斑，头深灰色，胸带及两胁赤褐色，腹白色。雌鸟头和上体橄榄褐色，喉白而具褐色条纹，其余与雄鸟相似，但羽色稍暗。

【区系分布】古北型，在安徽为旅鸟。分布于安徽（郑光美，2018），见于滁州琅琊山、合肥（大蜀山等）、巢湖中庙、安庆机场。白腹鸫（*Turdus pallidus*）、白眉鸫（*Turdus obscurus*）、赤胸鸫

（*Turdus chrysolaus*）曾分别作为白腹鸫的指名亚种 *T.p.pallidus*、东北亚种 *T.p.obscurus* 和日本亚种 *T.p.chrysolaus*，目前后两个亚种均已提升为独立种。

【生活习性】性机警，栖息于各地林缘、果园或近郊公园。于低矮树丛及林间活动。主要以昆虫及其幼虫为食，也吃小型无脊椎动物和植物果实与种子。

【受胁和保护等级】LC（IUCN，2017）。

◉摄影　高厚忠、黄丽华

白腹鸫　Pale Thrush

拉丁名	*Turdus pallidus*
目科属	雀形目 PASSERIFORMES
	鸫科 Turdidae（Thrushes，Chats）
	鸫属 *Turdus* Linnaeus，1758

【**形态特征**】体长约 24cm 的褐色鸫，腹及臀部白色。雄鸟头及喉灰褐色；雌鸟头褐色，喉偏白而略具细纹。上嘴灰色、下嘴黄色，脚浅褐色。与白眉鸫近似，但无明显白色眼纹。

【**区系分布**】古北型，在安徽为冬候鸟。见于萧县皇藏峪、滁州（皇甫山、琅琊山林场）、阜阳、合肥（大蜀山等）、巢湖（姥山、中庙）、石臼湖、芜湖、武昌湖、菜子湖、鹞落坪、清凉峰。

【**生活习性**】一般单独活动于低地森林、农田、公园、郊区林地，多在地面活动和林下觅食，性胆怯怕生，常隐匿于林中。

【**受胁和保护等级**】LC（IUCN，2017）；LC（中国物种红色名录，2004）；中国三有保护鸟类。

赤颈鸫　Dark-throated Thrush

拉丁名	*Turdus ruficollis*
目科属	雀形目 PASSERIFORMES
	鸫科 Turdidae（Thrushes，Chats）
	鸫属 *Turdus* Linnaeus，1758

【俗　　称】红喉鸫

【形态特征】体长约 25cm 的灰色及赤红色鸫。雄鸟上体灰褐色，眉纹、颈侧、喉及上胸红褐色，两翼灰褐色，尾羽灰褐色，腹部及臀纯白色。雌鸟似雄鸟，但栗红色部分较浅，且喉部具黑色纵纹。

【区系分布】古北型，在安徽为冬候鸟，拍摄于升金湖（张忠东，2012 月 11 月 12 日）、亳州（牛友

好，2013 年 3 月）、合肥南艳湖（夏家振，2015 年 2 月 13 日和 2015 年 3 月 12 日）。原有两个亚种即指名亚种（红喉亚种）*T.r.ruficollis* 和北方亚种（黑喉亚种）*T.r.atrogularis*，而北方亚种现已提升为独立鸟种——黑颈鸫 *Turdus atrogularis*。

【生活习性】少见，常栖息于山坡草地或丘陵疏林、平原灌丛，性安静，成松散群体生活或单独活动。

【受胁和保护等级】LC（IUCN，2017）。

⦿ 摄影　牛友好、夏家振

黑颈鸫 Black-throated Thrush

拉丁名	*Turdus atrogularis*
目科属	雀形目 PASSERIFORMES
	鸫科 Turdidae（Thrushes，Chats）
	鸫属 *Turdus* Linnaeus，1758

【俗　　称】黑喉鸫

【形态特征】体长约 25cm 的灰黑色鸫，雄鸟颊、喉部及前胸为黑色。冬季多白色纵纹，尾羽无棕色羽缘。雌鸟及幼鸟具浅色眉纹，下体多纵纹。

【区系分布】古北型，原作为赤颈鸫的黑喉亚种 *T.r.atrogularis*，现已提升为独立鸟种。在安徽为冬候鸟。拍摄于合肥市安徽大学（吕昊，2016 年 12 月 20 日）。

【生活习性】冬季安静，常单独活动或混于斑鸫群中，习性与赤颈鸫相似。

【受胁和保护等级】LC（IUCN，2017）。

斑鸫　Dusky Thrush

拉丁名	*Turdus eunomus*
目科属	雀形目 PASSERIFORMES
	鸫科 Turdidae（Thrushes，Chats）
	鸫属 *Turdus* Linnaeus，1758

【俗　　称】窜鸡

【形态特征】体长约 25cm 的黑白色鸫，具白色的眉纹和下颊纹，头顶至后颈黑褐色，有淡棕色羽缘，背部栗褐色有暗色粗斑，翅和尾黑褐色，翅具棕色羽缘。下体白色，胸、胁密布黑褐色鳞状点斑。

【区系分布】古北型，原作为斑鸫北方亚种（*Turdus naumanni eunomus*），在安徽为冬候鸟。见于全省各地：阜阳、临泉、亳州、涡阳、蒙城、滁州（滁州师范学院、琅琊山等）、淮南（泉山湖、八公山）、合肥（义城、稻香楼、安徽大学、大房郢水库、大蜀山等）、肥东、巢湖、庐江汤池、金寨、岳西（汤池、鹞落坪）、芜湖机场、青阳（九华山、柯村）、升金湖、清凉峰、宣城、牯牛降、黄山。

【生活习性】喜于平原田地或开阔山坡的草丛灌木间，在丘陵、林缘等地带觅食，常结成小群活动。性安静，仅发出噗噗的叫声。

【受胁和保护等级】LC（IUCN，2017）；LC（中国物种红色名录，2004）；中国三有保护鸟类。

◉ 摄影　张忠东、夏家振、高厚忠

红尾斑鸫　Naumann's Thrush

拉丁名	*Turdus naumanni*
目科属	雀形目 PASSERIFORMES
	鸫科 Turdidae（Thrushes，Chats）
	鸫属 *Turdus* Linnaeus，1758

【俗　　称】红尾鸫

【形态特征】体长约 25cm 的棕色鸫。眉纹棕白色，下体白色，翅黑褐色，羽缘棕红色。与斑鸫的区别为尾上覆羽棕红色，下体胸、胁密布的鳞状斑栗红色，上体颜色也更加棕红。

【区系分布】古北型，原作为斑鸫的指名亚种 *Turdus naumanni naumanni*，在安徽为冬候鸟。见于全省各地：临泉、亳州、涡阳、滁州（皇甫山、琅琊山等）、淮南八公山、合肥（大房郢水库、大蜀山、安徽大学等）、肥西紫蓬山、巢湖、庐江白山、升金湖、牯牛降、青阳九华山、芜湖（市郊、机场等）、黄山（浮溪等）、太平（县城、西郊、谭家桥）。

【生活习性】习性与斑鸫相似。

【受胁和保护等级】LC（IUCN，2017）；LC（中国物种红色名录，2004）；中国三有保护鸟类。

◎ 摄影　张忠东、夏家振

宝兴歌鸫　Chinese Thrush

拉丁名	*Turdus mupinensis*
目科属	雀形目 PASSERIFORMES
	鸫科 Turdidae（Thrushes，Chats）
	鸫属 *Turdus* Linnaeus，1758

【形态特征】体长约 23cm 的灰色鸫，上体灰褐色，脸颊具有黑色块斑，下体布满黑色的圆斑。虹膜褐色，嘴污黄色，脚肉红色。

【区系分布】古北型，是我国特有鸟类，在安徽为旅鸟和冬候鸟。见于淮北、怀远、金寨天堂寨、合肥。

【生活习性】常单独活动，于林下灌丛或地面上觅食，甚惧生，鸣声悦耳。

【受胁和保护等级】LC（IUCN，2017）；中国三有保护鸟类。

◉ 摄影　胡云程、杨远方、夏家振

白喉林鹟　Brown-chested Jungle Flycatcher

拉丁名	*Rhinomyias brunneatus*
目科属	雀形目 PASSERIFORMES
	鹟科 Muscicapidae（Old World Flycatchers）
	林鹟属 *Rhinomyias* Sharpe，1879

【俗　　称】褐胸林鹟

【形态特征】体长约 15cm 的褐色鹟，上体及两翼橄榄褐色，眼圈淡黄，喉白，胸带淡褐色，腹和尾下覆羽白色，尾上覆羽和尾羽红褐色。

【区系分布】东洋型，指名亚种 *R.b.brunneatus* 在安徽为夏候鸟。见于合肥、金寨、鹞落坪、绩溪、清凉峰、石台、祁门、牯牛降、黄山（汤口、芙蓉居）、歙县（武阳乡、金川公社）。

【生活习性】栖于高可至海拔 1100 米的林缘下层、茂密竹丛、次生林及人工林，鸣声为粗哑的颤音。

【受胁和保护等级】VU（IUCN，2017）；LC（中国物种红色名录，2004）；中国三有保护鸟类。

◉摄影　杨远方

灰纹鹟　Grey-streaked Flycatcher

拉丁名	*Muscicapa griseisticta*
目科属	雀形目 PASSERIFORMES
	鹟科 Muscicapidae（Old World Flycatchers）
	鹟属 *Muscicapa* Brisson，1760

【俗　　称】灰斑鹟、斑胸鹟

【形态特征】体长约 14cm 的灰褐色鹟，下体白色，胸及两胁布满深灰色纵纹。眼圈及眼先白色，翼长几乎至尾端，并具狭窄的白色翼斑。虹膜褐色，嘴及脚黑色。

【区系分布】古北型，在安徽为旅鸟。见于合肥（王岐山等，1962 年 9 月 26 日）、摄于合肥（高厚忠，2010 年）、长丰埠里。

【生活习性】迁徙季节性安静，惧生，喜在密林、开阔森林及林缘地带活动，在飞行中捕食昆虫。

【受胁和保护等级】LC（IUCN，2017）；中国三有保护鸟类。

● 摄影　夏家振

乌鹟 Dark-sided Flycatcher

拉丁名	*Muscicapa sibirica*
目科属	雀形目 PASSERIFORMES
	鹟科 Muscicapidae（Old World Flycatchers）
	鹟属 *Muscicapa* Brisson，1760

【形态特征】体长约 13cm 的灰褐色鹟，下体白色，白色眼圈明显，喉白，通常具白色的半颈环。与灰纹鹟的区别是两胁无深色纵纹且为深灰色，胸部斑纹模糊不清；翼长至尾的 2/3；嘴较短。虹膜深褐色，嘴及脚黑色。

【区系分布】古北型，指名亚种 *M.s.sibirica* 在安徽为旅鸟。见于滁州（皇甫山等）、阜阳、合肥（大蜀山、安徽大学等）、当涂湖阳陶村、岳西（美丽乡、鹞落坪）、芜湖、安庆沿江滩地、清凉峰、牯牛降、宣

城、黄山（松谷庵等）。

【生活习性】习性与灰纹鹟近似。栖于山区或山麓森林的林下植被层及林间。常站立于突出的枯树枝上，飞捕空中过往的小昆虫。

【受胁和保护等级】LC（IUCN，2017）；LC（中国物种红色名录，2004）；中国三有保护鸟类。

● 摄影　夏家振

北灰鹟　Asian Brown Flycatcher

拉丁名	*Muscicapa dauurica*
目科属	雀形目 PASSERIFORMES
	鹟科 Muscicapidae（Old World Flycatchers）
	鹟属 *Muscicapa* Brisson，1760

【俗　　称】大眼鸟

【形态特征】体长约 14cm 的灰褐色鹟，与乌鹟的区别为下嘴基部黄色，腹部更白，两翼相对较短。虹膜褐色；嘴黑色，下嘴基部黄色；脚黑色。

【区系分布】古北型，指名亚种 *M.d.dauurica* 在安徽为旅鸟。见于萧县皇藏峪、滁州（皇甫山、琅琊山等）、阜阳、蒙城、涡阳、合肥（安徽大学、大蜀山、清溪公园等）、肥西紫蓬山、长丰埠里、巢湖中庙、金寨长岭、青阳九华山、鹞落坪、宣城、清凉峰、黄山（汤口、焦村小岭等）、安庆沿江滩地、武昌湖、菜子湖。

【生活习性】习性与灰纹鹟近似。

【受胁和保护等级】LC（IUCN，2017）；LC（中国物种红色名录，2004）；中国三有保护鸟类。

◉ 摄影　夏家振、高厚忠、张忠东

白眉姬鹟　Yellow-rumped Flycatcher

拉丁名	*Ficedula zanthopygia*
目科属	雀形目 PASSERIFORMES
	鹟科 Muscicapidae（Old World Flycatchers）
	姬鹟属 *Ficedula* Brisson，1760

【俗　　称】三色鹟、鸭蛋黄

【形态特征】体长约 13cm 且色彩艳丽的鹟，雄鸟头、上体、两翼及尾黑色，具白色眉纹和"Y"形白色翼斑，喉至腹、腰部均为鲜黄色。雌鸟无眉纹，上体橄榄绿色，腰黄色，胸口灰褐色。

【区系分布】古北型，在安徽为夏候鸟。迁徙季节见于全省各地：萧县皇藏峪、明光女山湖、滁州（皇甫山、琅琊山等）、来安、阜阳、亳州、淮南（淮河大桥、舜耕山）、合肥（安徽大学、大蜀山等）、肥西紫蓬山、金寨长岭、六安（金安区、横排头水库）、马鞍山、青阳（九华山、柯村）、鹞落坪、芜湖、宣城、清凉峰。

【生活习性】在低山区繁殖，繁殖期鸣声优美，成对活动。喜灌丛及近水林地生境。

【受胁和保护等级】LC（IUCN，2017）；LC（中国物种红色名录，2004）；中国三有保护鸟类。

◎ 摄影　高厚忠、杨远方

黄眉姬鹟　Narcissus Flycatcher

拉丁名	Ficedula narcissina
目科属	雀形目 PASSERIFORMES
	鹟科 Muscicapidae（Old World Flycatchers）
	姬鹟属 Ficedula Brisson，1760

【俗　　称】蛋黄

【形态特征】体长约13cm且色彩艳丽的黑黄色鹟，与白眉姬鹟区别为眉纹黄色，胸口橘黄色，翼具白色"一"字形横斑。雌鸟上体橄榄灰，腰和上体颜色一致，尾棕色。

【区系分布】古北型，指名亚种 F.n.narcissina 在安徽为旅鸟，见于合肥（大蜀山、安徽大学）、宣城。

【生活习性】习性与白眉姬鹟相似。

【受胁和保护等级】LC（IUCN，2017）；中国三有保护鸟类。

● 摄影　胡云程

鸲姬鹟　Mugimaki Flycatcher

拉丁名	*Ficedula mugimaki*
目科属	雀形目 PASSERIFORMES
	鹟科 Muscicapidae（Old World Flycatchers）
	姬鹟属 *Ficedula* Brisson，1760

【俗　　称】白眉赭胸、白眉紫砂来、郊鹟、麦鹟

【形态特征】体长约 13cm 且较艳丽的鹟，雄鸟头和上体黑色，眼后的眉点、翼斑和尾基部羽缘白色，下体从喉至上腹橘黄色，其余白色。雌鸟以褐色取代雄鸟的黑色。

【区系分布】古北型，在安徽为旅鸟。迁徙季节见于全省各地：萧县皇藏峪、滁州皇甫山、阜阳、淮南淮河大桥、合肥（安徽大学、清溪公园等）、芜湖、清凉峰、牯牛降、黄山。

【生活习性】喜栖息于林缘地带、林间空地及山区森林，在树顶层活动，尾常抽动并展开。

【受胁和保护等级】LC（IUCN，2017）；LC（中国物种红色名录，2004）；中国三有保护鸟类。

红喉姬鹟　Taiga Flycatcher

拉丁名	*Ficedula albicilla*
目科属	雀形目 PASSERIFORMES
	鹟科 Muscicapidae（Old World Flycatchers）
	姬鹟属 *Ficedula* Brisson，1760

【俗　　称】黄点颏

【形态特征】体长约 13cm 的褐色鹟，眼圈窄，白色，尾色暗，外侧尾羽基部白色。繁殖期的雄鸟喉部橘红色，胸以下大致灰色。雌鸟及非繁殖期的雄鸟暗灰褐色，喉近白色，尾及尾上覆羽黑色区别于北灰鹟。

　　红喉姬鹟（*Ficedula albicilla*）与红胸姬鹟（*Ficedula parva*）曾作为红喉姬鹟（*Ficedula parva*）下的普通亚种 *F.p.albicilla* 和指名亚种 *F.p.parva*，近年来很多学者依据形态、鸣声、分子等证据，认为两者应为在古北界异域分布（allopatric）的半分化种（semispecies）。两者的区别：红喉姬鹟仅喉部呈橘红色，上胸部偏灰色。后者雄鸟喉部的橘红色一直延伸至上胸部。另外，红胸姬鹟的下喙为浅色，而红喉姬鹟下喙颜色深。

【区系分布】古北型，在安徽为旅鸟。迁徙季节见于全省各地：滁州皇甫山、萧县皇藏峪、合肥（安徽大学、大蜀山等）、清凉峰、黄山。

【生活习性】单独活动，活泼而胆怯，鸣声优美，习性似其他鹟。常栖于林缘及河流两岸的小树上。

【受胁和保护等级】LC（IUCN，2017）；LC（中国物种红色名录，2004）；中国三有保护鸟类。

◉ 摄影　夏家振

白腹蓝〔姬〕鹟　Blue-and-white Flycatcher

拉丁名	*Cyanoptila cyanomelana*
目科属	雀形目 PASSERIFORMES
	鹟科 Muscicapidae（Old World Flycatchers）
	蓝鹟属 *Cyanoptila* Thayer et Bangs，1909

【俗　　称】白腹蓝燕、白腹鹟、白腹蓝鹟、琉璃鸟

【形态特征】体长约17cm的蓝、黑及白色鹟，雄鸟颊、喉及上胸黑色，上体闪金属光泽，腹白色。雌

鸟上体灰褐色，喉及腹白色，两翼及尾褐色。雄性幼鸟的头、颈背及胸灰褐色，而两翼、尾及尾上覆羽蓝色。

【区系分布】古北型，指名亚种 *C.c.cyanomelana* 在安徽为旅鸟。分布于皖中及皖西大别山区，见于合肥（安徽大学、安徽医科大学、大蜀山等）、巢湖中庙、霍山青枫岭天河。

【生活习性】性安静惧生，迁徙时集小群活动，在丘陵、山地的常绿林中活动。

【受胁和保护等级】LC（IUCN，2017）；LC（中国物种红色名录，2004）。

◉摄影　胡云程、夏家振

琉璃蓝鹟　Zappey's Flycatcher

拉丁名	*Cyanoptila cumatilis*
目科属	雀形目 PASSERIFORMES
	鹟科 Muscicapidae（Old World Flycatchers）
	蓝鹟属 *Cyanoptila* Thayer et Bangs，1909

【俗　　称】白腹暗蓝鹟、琉璃鸟

【形态特征】由白腹蓝〔姬〕鹟的东北亚种 *C.c.cumatilis* 提升为独立鸟种。与白腹蓝〔姬〕鹟指名亚种 *C.c.cyanomelana* 相似，但体色更偏于青蓝色。琉璃蓝鹟的耳羽、喉及上胸均为蓝色或蓝绿色，仅眼线黑，而白腹蓝〔姬〕鹟指名亚种的这些区域都是黑色。

【区系分布】古北型，在安徽为旅鸟，分布于皖东及皖南山区。见于滁州（皇甫山、琅琊山等）、青阳九华山、芜湖、清凉峰、黄山。

【生活习性】习性与白腹蓝〔姬〕鹟相似。主要栖息于山地阔叶林和混交林中，以鳞翅目等昆虫及其幼虫为食。

【受胁和保护等级】LC（IUCN，2017）；LC（中国物种红色名录，2004）。

铜蓝鹟　Verditer Flycatcher

拉丁名	*Eumyias thalassinus*
目科属	雀形目 PASSERIFORMES
	鹟科 Muscicapidae（Old World Flycatchers）
	铜蓝仙鹟属 *Eumyias* Cabanis，1850

【俗　　称】铁观音

【形态特征】体长约 17cm 且全身铜蓝色的鹟，雄鸟眼先黑色，浑身蓝绿金属色，易于识别；雌鸟色暗，眼先暗黑。雄雌两性尾下覆羽均具偏白色的鳞状斑纹。

【区系分布】东洋型，指名亚种 *E.t.thalassinus* 在安徽为旅鸟，迁徙季节在合肥周边有记录。

【生活习性】喜栖息于开阔森林或林缘空地，由空旷栖处捕食过往昆虫，以鳞翅目、鞘翅目等昆虫及其幼虫为食，也吃植物果实和种子。

【受胁和保护等级】LC（IUCN，2017）。

方尾鹟　Grey-headed Canary Flycatcher

拉丁名	*Culicicapa ceylonensis*		
目科属	雀形目 PASSERIFORMES		
	鹟科 Muscicapidae（Old World Flycatchers）		
	方尾鹟属 *Culicicapa* Swinhoe，1871		

【**俗　　称**】灰头仙鹟

【**形态特征**】体长约 13cm 且色彩丰富的鹟，头、胸部灰色，略具羽冠，背、两翼及尾橄榄绿色，下腹部黄色。虹膜褐色；上嘴黑色，下嘴角质色；脚黄褐色。

【**区系分布**】东洋型，西南亚种 *C.c.calochrysea* 在安徽为夏候鸟。见于霍山马家河、鹞落坪、黄

山汤口。

【生活习性】性活跃，在密林树枝间跳跃捕食，常将尾展开。喜栖于森林的底层或中层，与其他鸟混群。

【受胁和保护等级】LC（IUCN，2017）；LC（中国物种红色名录，2004）。

◉摄影　杨远方、李航

寿带　Asian Paradise Flycatcher

拉丁名	*Terpsiphone paradisi*
目科属	雀形目 PASSERIFORMES
	王鹟科 Monarchidae（Flycatchers）
	寿带属 *Terpsiphone* Gloger，1827

【俗　　称】凤凰鸟、长尾鹟、一枝花

【形态特征】体长约 22cm 且易识别的长尾鸟，体羽有栗色型和白色型两种色型。栗色型的个体头蓝黑色，有羽冠，上体栗色，胸灰色，下体灰白；白色型除头部蓝黑色外，其余均为白色。雄鸟有长达

20cm 的 2 根超长尾羽，飞翔起来极其飘逸。

【区系分布】东洋型，普通亚种 *T.p.incei* 在安徽为夏候鸟。全省分布，见于萧县（皇藏峪、天门寺）、临泉、亳州、滁州（皇甫山等）、来安、淮南舜耕山、合肥（安徽大学、义城、大蜀山、植物园、清溪公园等）、肥西（紫蓬山、圆通山）、金寨（长岭、青山）、霍山太平、鹞落坪、当涂湖阳、升金湖、青阳（九华山等）、绩溪、宣城溪口、牯牛降、清凉峰、黄山（汤口、屯溪等）、太平谭家桥。

【生活习性】性胆怯，喜隐蔽，对筑巢地有很高要求，一般距离水源较近，巢呈锥形，主食蚊蝇类、蜉蝣、天蛾等各种昆虫。成对或单独行动。

【受胁和保护等级】LC（IUCN，2017）；LC（中国物种红色名录，2004）；安徽省 I 级保护动物（1992）；中国三有保护鸟类。

◉ 摄影　张忠东、胡云程、高厚忠

安徽省鸟类分布名录与图鉴

黑脸噪鹛　Masked Laughingthrush

拉丁名	*Garrulax perspicillatus*
目科属	雀形目 PASSERIFORMES
	画眉科 Timaliidae（Laughingthrushes，Babblers，Fulvettas）
	噪鹛属 *Garrulax* Lesson，1831

【俗　　称】土画眉

【形态特征】体长约30cm的浅褐色鹛，有明显的黑色面罩，上体暗褐色，臀部棕黄色。

【区系分布】东洋型，国内分布于秦岭—淮河一线以南，是中国特有鸟类。在安徽为留鸟。分布于安徽中南部：明光老嘉山林场、滁州（皇甫山、琅琊山等）、来安、临泉、淮南山南、合肥（义城、大房郢水库、大蜀山、安徽大学、董铺水库、清溪公园等）、肥东、肥西紫蓬山、巢湖、庐江汤池、霍

290

山佛子岭、六安金安区、金寨（青山、梅山等）、鹋落坪、马鞍山、芜湖（市郊、机场等）、安庆沿江滩地、升金湖、太湖花凉亭水库、武昌湖、菜子湖、青阳（九华山、陵阳）、宣城、宁国西津河、清凉峰、石台城关、牯牛降、黄山（汤口、猴谷、屯溪等）、歙县、休宁岭南、太平（城外、太平渔场）。

【生活习性】于平原和低山区集小群活动，常在地面取食，性喧闹，发出响亮的呱呱联络声，在灌丛中营巢。

【受胁和保护等级】LC（IUCN，2017）；LC（中国物种红色名录，2004）；中国三有保护鸟类。

◎ 摄影　夏家振

黑领噪鹛　Greater Necklaced Laughingthrush

拉丁名	*Garrulax pectoralis*
目科属	雀形目 PASSERIFORMES
	画眉科 Timaliidae（Laughingthrushes，Babblers，Fulvettas）
	噪鹛属 *Garrulax* Lesson，1831

【俗　　称】大花脸

【形态特征】体长约 30cm 的花色鹛，头褐色，颊及胸部有复杂的黑白色图案，喉白，颈部有黑色领环，上背和胁部棕黄色。与小黑领噪鹛的区别为眼先色浅，初级覆羽色深，与翼余部成对比。分布于我国中南及华东的华南亚种 *G.p.picticollis* 喉及眼先较白，领环的黑色由宽灰色取代。

【区系分布】东洋型，华南亚种在安徽为留鸟。分布于安徽中南部：滁州（琅琊山、皇甫山）、合肥、肥西紫蓬山、金寨、鹞落坪、青阳（九华山等）、太湖花凉亭水库、清凉峰、石台城关、牯牛降、黄山（汤口等）、休宁岭南、太平（城郊、太平渔场）。

【生活习性】集小群活动，性吵闹，常在林间活动。主要以甲虫、天蛾、蝇等昆虫及其幼虫为食，也食植物果实与种子。

【受胁和保护等级】LC（IUCN，2017）；LC（中国物种红色名录，2004）；中国三有保护鸟类。

● 摄影 李航、夏家振

小黑领噪鹛　Lesser Necklaced Laughingthrush

拉丁名	*Garrulax monileger*
目科属	雀形目 PASSERIFORMES
	画眉科 Timaliidae（Laughingthrushes，Babblers，Fulvettas）
	噪鹛属 *Garrulax* Lesson，1831

【俗　　称】小花脸

【形态特征】体长约 28cm 的棕褐色噪鹛，有白色的眉纹和黑色的眼纹，喉部白色，黑色的项纹明显，其余和黑领噪鹛近似，但眼先黑色，面颊白。

【区系分布】东洋型，华南亚种 *G.m.melli* 在安徽为留鸟。分布于安徽（郑光美，2018），见于黄山（虞磊等，2013 年以来每年均观测到）。

【生活习性】习性与黑领噪鹛近似，且常混群活动。通常在森林地面的树叶间翻找食物。

【受胁和保护等级】LC（IUCN，2017）；LC（中国物种红色名录，2004）；中国三有保护鸟类。

◉ 摄影　李航

蓝冠噪鹛　Blue-crowned Laughingthrush

拉丁名	*Garrulax courtoisi*
目科属	雀形目 PASSERIFORMES
	画眉科 Timaliidae（Laughingthrushes，Babblers，Fulvettas）
	噪鹛属 *Garrulax* Lesson，1831

【俗　　称】靛冠噪鹛、黄喉噪鹛

【形态特征】体长约 23cm 的蓝色和明黄色噪鹛，顶冠蓝灰色，具黑色眼罩和鲜黄色的喉部，上体褐色，尾端黑色具白色边缘，下体淡黄色，臀部黄色。

【**区系分布**】东洋型，指名亚种 *G.c.courtoisi* 在安徽为留鸟，是我国特有鸟类。原作为黄喉噪鹛 *Garrulax galbanus* 的华南亚种 *G.g.courtoisi*，现在已升为独立鸟种，目前所知主要分布于江西的婺源和安徽歙县。2015 年 7 月 14 日清晨 5 点多，侯银续等在歙县一山村河道边听到山林中几声鸣叫，2018 年 11 月 10 日下午 1 点多，再次在临近乡镇听到鸣叫声，并于次日清晨 7 点多在隔壁乡镇山村边发现灌木丛中有 1 只（三地相距 5~8 千米），另外安徽牯牛降可能也有分布（国际鸟盟，2009）。

【**生活习性**】罕见，活动于常绿树林和浓密灌丛，于地面杂物中觅食，喜食昆虫，也食蚯蚓及植物果实。

【**受胁和保护等级**】CR（IUCN，2017）；EN（中国物种红色名录，2004）；中国三有保护鸟类。

▶ 摄影　胡云程、黄丽华

灰翅噪鹛 Moustached Laughingthrush

拉丁名	*Garrulax cineraceus*
目科属	雀形目 PASSERIFORMES
	画眉科 Timaliidae（Laughingthrushes，Babblers，Fulvettas）
	噪鹛属 *Garrulax* Lesson，1831

【形态特征】体长约 22cm 且斑纹醒目的噪鹛，头顶、颈黑色，面颊白色，下部有黑色细纵纹，上体红褐色，两翼外缘灰色，尾端白色，近端部黑色。

【区系分布】东洋型，华南亚种 *G.c.cinereiceps* 在安徽为留鸟。见于滁州、霍山青枫岭天河、岳西（美丽乡、鹞落坪）、清凉峰、牯牛降、黄山、太平太平渔场。

【生活习性】主要分布于山区，集小群活动于灌丛及竹林，也到村庄周围活动，性吵闹，鸣声优美。

【受胁和保护等级】LC（IUCN，2017）；LC（中国物种红色名录，2004）；中国三有保护鸟类。

棕噪鹛　Buffy Laughingthrush

拉丁名	*Garrulax berthemyi*
目科属	雀形目 PASSERIFORMES
	画眉科 Timaliidae（Laughingthrushes，Babblers，Fulvettas）
	噪鹛属 *Garrulax* Lesson，1831

【俗　　称】山道士、八音鸟

【形态特征】体长约 28cm 的棕褐色噪鹛，眼周具蓝色裸皮，头、胸、两翼及尾栗色，下体灰白色。

【区系分布】东洋型，是我国特有鸟类。原作为棕噪鹛华南亚种 *Garrulax poecilorhynchus berthemyi* 现已升为独立鸟种，在安徽为留鸟，见于鹞落坪、清凉峰、牯牛降、黄山（汤口、北海、屯溪等）。

【生活习性】成对或小群活动，鸣声悦耳，常在景区路边活动，不惧人。主要以昆虫为食，也吃植物果实、种子和草籽等。

【受胁和保护等级】LC（IUCN，2017）；LC（中国物种红色名录，2004）；中国三有保护鸟类。

安徽省鸟类分布名录与图鉴

◉ 摄影　黄奕铭、夏家振

画眉　Hwamei

拉丁名	*Garrulax canorus*
目科属	雀形目 PASSERIFORMES
	画眉科 Timaliidae（Laughingthrushes，Babblers，Fulvettas）
	噪鹛属 Garrulax Lesson，1831

【形态特征】体长约 22cm 的棕黄色鹛，具白色的眼圈和眉纹，上体棕褐色，成鸟头顶至上背及胸部具黑褐色纵纹，下体棕黄色，下腹灰白色。

【区系分布】东洋型，指名亚种 *G.c.canorus* 在安徽为留鸟，全省各处的山区都有分布。见于淮北、滁州（琅琊山、皇甫山等）、阜阳、合肥（大蜀山、董铺水库等）、巢湖、肥西（紫蓬山、圆通山）、六安、金寨（青山、长岭、梅山等）、霍山（天平、黑石渡、吴家呼）、岳西（包家乡、鹞落坪）、马鞍山、芜湖（市郊、机场等）、池州、东至（昭潭、杨鹅头、升金湖）、铜陵、安庆、武昌湖、菜子湖、青阳（九华山、陵阳）、宣城、清凉峰、石台（牯牛降等）、黄山（猴谷、屯溪等）、歙县、太平（太平渔场、谭家桥）。

【生活习性】成对活动，性胆怯，喜隐蔽，雄鸟鸣声优美动听，雌鸟鸣声单调，在低矮的灌木丛中筑

巢，巢材主要是树叶、草和松针，卵蓝色，每窝 4 枚，一年可繁殖 2 次，常被非法捕捉为笼养鸟。

【受胁和保护等级】LC（IUCN，2017）；NT 几近符合 VU（中国物种红色名录，2004）；CITES
附录 II（2003）；中国三有保护鸟类；安徽省 II 级保护动物（1992）。

◎摄影　胡云程、张忠东

白颊噪鹛　White-browed Laughingthrush

拉丁名	*Garrulax sannio*
目科属	雀形目 PASSERIFORMES
	画眉科 Timaliidae（Laughingthrushes, Babblers, Fulvettas）
	噪鹛属 *Garrulax* Lesson, 1831

【俗　　称】白脸画眉

【形态特征】体长约25cm的灰褐色鹛，头顶栗褐色，眼先、眉纹及颊部白色，上体棕褐色，尾棕栗色。下体淡棕色，尾下覆羽红棕色。

【区系分布】东洋型，指名亚种 *G.s.sannio* 在安徽为留鸟，见于金寨、鹞落坪、青阳九华山、清凉峰、石台、歙县。

【生活习性】成对或小群活动，鸣声与黑脸噪鹛类似，但音更高亢，在矮树林中活动。

【受胁和保护等级】LC（IUCN, 2017）；LC（中国物种红色名录, 2004）；中国三有保护鸟类。

摄影　高厚忠、张忠东

斑胸钩嘴鹛 Spot-breated Scimitar Babbler

拉丁名	*Pomatorhinus erythrocnemis*
目科属	雀形目 PASSERIFORMES
	画眉科 Timaliidae（Laughingthrushes，Babblers，Fulvettas）
	钩嘴鹛属 *Pomatorhinus* Horsfield，1821

【俗　　称】锈脸钩嘴鹛

【形态特征】体长约 24cm 的钩嘴鹛，东南亚种 *P.e.swinhoei* 面颊棕色无眉纹，胸部具浓密的粗黑色纵纹，两胁灰色，上背栗褐色。

【区系分布】东洋型，东南亚种在安徽为留鸟。也有学者将东南亚种与中南亚种 *P.e.abbreviatus* 合并提升为独立种华南斑胸钩嘴鹛 *Erythrogenys swinhoei*（郑光美，2018）。分布于皖西大别山和皖南山区，见于金寨、鹞落坪、青阳九华山、清凉峰、石台、牯牛降、黄山、太平（太平森林区、太平渔场）。

【生活习性】栖息于山区的稠密灌丛中，性胆怯，喜隐蔽，鸣声为响亮的双音节或三音节。

【受胁和保护等级】LC（IUCN，2017）；LC（中国物种红色名录，2004）。

◉ 摄影　夏家振、高厚忠

棕颈钩嘴鹛　Streak-breasted Scimitar Babbler

拉丁名	*Pomatorhinus ruficollis*
目科属	雀形目 PASSERIFORMES
	画眉科 Timaliidae（Laughingthrushes，Babblers，Fulvettas）
	钩嘴鹛属 *Pomatorhinus* Horsfield，1821

【俗　　称】小画眉

【形态特征】体长约 19cm 的褐色鹛，具白色的长眉纹和黑色的眼罩，上背褐色沾栗色，喉部白色，胸部棕褐色而具白色纵纹，嘴较长而下弯，上嘴黑而下嘴黄色。

【区系分布】东洋型，长江亚种 *P.r.styani* 在安徽为留鸟。见于合肥、滁州、金寨（青山、长岭公社、长岭河口等）、霍山黑石渡、岳西（沙凸嘴、鹞落坪）、升金湖、青阳（九华山、陵阳、南阳湾）、宣城、宁国西津河、清凉峰、石台（牯牛降等）、黄山、歙县。

【生活习性】在山区成对或小群活动，性胆怯，喜隐蔽，发出"呼呼呼"的鸣叫。

【受胁和保护等级】LC（IUCN，2017）；LC（中国物种红色名录，2004）。

◉ 摄影　胡云程、夏家振

307

小鳞胸鹪鹛　Pygmy Wren Babbler

拉丁名	*Pnoepyga pusilla*
目科属	雀形目 PASSERIFORMES
	画眉科 Timaliidae（Laughingthrushes，Babblers，Fulvettas）
	鹪鹛属 *Pnoepyga* Hodgson，1844

【俗　　称】小鹪鹛

【形态特征】体长约 9cm 的鹛，浑身具醒目的贝壳形斑纹，尾极短。虹膜深褐色，嘴黑色，脚粉红色。

【区系分布】东洋型，指名亚种 *P.p.pusilla* 在安徽为留鸟，分布于安徽（郑光美，2018），在大别山区和皖南山区都有分布。见于黄山、鹞落坪、清凉峰。

【生活习性】地栖性，性胆怯，喜隐蔽，成对或单独活动，在地面像老鼠一样走动，发出独特的金属音长鸣声。

【受胁和保护等级】LC（IUCN，2017）；LC（中国物种红色名录，2004）。

◉ 摄影　胡云程、杨远方

丽星鹩鹛　Spotted Wren Babbler

拉丁名	*Spelaeornis formosus*
目科属	雀形目 PASSERIFORMES
	画眉科 Timaliidae（Laughingthrushes，Babblers，Fulvettas）
	鹩鹛属 *Spelaeornis* David *et* Oustalet，1877

【形态特征】体长约10cm 的短尾鹛，上体深褐色具白色小斑点，两翼及尾有棕色及黑色横斑，下体皮黄褐色，具黑色或白色小斑点。

【区系分布】东洋型，国内主要分布于云南、浙江和福建北部。在安徽为留鸟，见于黄山（章麟，2013；林清贤，2016），为安徽省鸟类分布新记录。

【生活习性】习性与小鳞胸鹩鹛类似，叫声偏高，性胆怯，喜隐蔽。

【受胁和保护等级】LC（IUCN，2017）；中国三有保护鸟类。

◎摄影　林清贤

红头穗鹛　Rufous-capped Babbler

拉丁名	*Stachyris ruficeps*
目科属	雀形目 PASSERIFORMES
	画眉科 Timaliidae（Laughingthrushes，Babblers，Fulvettas）
	穗鹛属 *Stachyris* Blyth，1844

【形态特征】体长约 12.5cm 的橄榄褐色穗鹛，头顶红棕色，眼圈暗黄，喉、胸及头侧沾黄色，上体暗灰橄榄色，普通亚种 *S.r.davidi* 下体浅黄色，喉具黑色细纹。

【区系分布】东洋型，普通亚种在安徽为留鸟，见于合肥、金寨、霍山太平、青阳九华山、鹞落坪、清凉峰、石台、宣城、黄山、歙县、太平（谭家桥、焦村小岭）。

【生活习性】在丘陵、山地的林间灌丛中活动，常集成小群，叫声细弱短促，常 5 声一度，如 "di di di di di" 叫声。

【受胁和保护等级】LC（IUCN，2017）；LC（中国物种红色名录，2004）。

◉ 摄影　胡云程、夏家振、杨远方

红嘴相思鸟　Red-billed Leiothrix

拉丁名	*Leiothrix lutea*
目科属	雀形目 PASSERIFORMES
	画眉科 Timaliidae（Laughingthrushes，Babblers，Fulvettas）
	相思鸟属 *Leiothrix* Swainson，1831-32

【俗　　称】相思鸟、红嘴玉

【形态特征】体长约 15.5cm 且色彩鲜艳的相思鸟，嘴红色，眼周、眼先及眼后眉纹黄白色，上体橄榄绿色，喉部黄色，前胸橘红色，腹部黄色，两翼具红黄色斑，尾叉浅。

【区系分布】东洋型，指名亚种 *L.l.lutea* 在安徽为留鸟和夏候鸟，见于淮南舜耕山、合肥（大蜀山等）、鹞落坪、芜湖、池州、东至、升金湖、贵池、青阳、泾县、宁国、绩溪、清凉峰、牯牛降、黟县、祁门、石

台、旌德、休宁（龙田公社等）、宣城、黄山（汤口、屯溪、光明顶等）、太平、歙县。

【**生活习性**】主要活动于山地，集小群活动，鸣声婉转，被大量捕捉并作为放生鸟在各处放生。

【**受胁和保护等级**】LC（IUCN，2017）；NT 几近符合 VU（中国物种红色名录，2004）；CITES 附录 II（2003）；中国三有保护鸟类；安徽省 I 级保护动物（1992）。

◉ 摄影　胡云程、夏家振

淡绿鹀鹛　Green Shrike Babbler

拉丁名	*Pteruthius xanthochlorus*
目科属	雀形目 PASSERIFORMES
	画眉科 Timaliidae（Laughingthrushes，Babblers，Fulvettas）
	鹀鹛属 *Pteruthius* Swainson，1832

【形态特征】体长约 12cm 的灰色和绿色的鹛，嘴黑色粗厚。雄鸟眼圈白色，头部和上背灰蓝色，喉部和胸部灰色，两胁黄绿色，背部绿色。雌鸟头部烟灰色，无眼圈。

【区系分布】东洋型，在安徽为留鸟，分布于皖南山区，见于绩溪。

【生活习性】在山地混交林成群活动，取食昆虫，常与其他小型鸟类混群，形似柳莺但更粗壮且不灵活。

【受胁和保护等级】LC（IUCN，2017）。

◉ 摄影　张海波

褐顶雀鹛　Dusky Fulvetta

拉丁名	*Alcippe brunnea*
目科属	雀形目 PASSERIFORMES
	画眉科 Timaliidae（Laughingthrushes，Babblers，Fulvettas）
	雀鹛属 *Alcippe* Blyth，1844

【**俗　称**】褐雀鹛

【**形态特征**】体长约14cm的褐色雀鹛，头顶和上体棕褐色，有黑色的眉纹，面颊灰色，下体灰白色。嘴深褐色，脚粉红色。

【**区系分布**】东洋型，华南亚种 *A.b.superciliaris* 在安徽为留鸟。见于鹞落坪、清凉峰、黄山。

【**生活习性**】栖息于山地常绿林或混交林下的灌丛中，常集小群活动。

【**受胁和保护等级**】LC（IUCN，2017）；LC（中国物种红色名录，2004）；中国三有保护鸟类。

◉ 摄影　林清贤

灰眶雀鹛　Grey-cheeked Fulvetta

拉丁名	*Alcippe morrisonia*
目科属	雀形目 PASSERIFORMES
	画眉科 Timaliidae（Laughingthrushes，Babblers，Fulvettas）
	雀鹛属 *Alcippe* Blyth，1844

【形态特征】体长约 14cm 的灰褐色鹛，头灰蓝色，具深色侧冠纹，眼圈灰白色，上体和两翼褐色，下体皮黄色。虹膜红色，嘴黑褐色，脚淡粉红色。

【区系分布】东洋型，东南亚种 *A.m.hueti* 在安徽为留鸟，见于霍山佛子岭、金寨、岳西（美丽乡、鹞落坪）、青阳九华山、清凉峰、石台、牯牛降、宁国西津河、黄山。

【生活习性】在山区林下的灌丛中活动，性吵闹，集小群活动，见人后发出急促的"喳喳喳"告警声，繁殖期发出优美的鸣声。

【受胁和保护等级】LC（IUCN，2017）；LC（中国物种红色名录，2004）。

陆鸟

● 摄影　夏家振、张忠东

319

栗耳凤鹛　Striated Yuhina

拉丁名	*Yuhina torqueola*
目科属	雀形目 PASSERIFORMES
	画眉科 Timaliidae（Laughingthrushes，Babblers，Fulvettas）
	凤鹛属 *Yuhina* Hodgson，1836

【形态特征】体长约 13cm 且带凤头的鹛，头冠灰色，具栗色的面颊，上体灰色，下体白色，虹膜褐色，嘴红褐色而先端色深，脚橘红色。

【区系分布】东洋型，指名亚种 *Y.t.torqueola* 在安徽为留鸟。分布于安徽（郑光美，2018），见于黄山猴谷（虞磊，2012）、清凉峰。

【生活习性】栖息于山区阔叶林中，喜集小群，多在树冠下层活动。

【受胁和保护等级】LC（IUCN，2017）。

◎ 摄影　张忠东、高厚忠

灰头鸦雀 Grey-headed Parrotbill

拉丁名	*Paradoxornis gularis*
目科属	雀形目 PASSERIFORMES
	鸦雀科 Paradoxornithidae（Parrotbills）
	鸦雀属 Paradoxornis Gould，1836

【形态特征】体长约 18cm 的灰褐色鸦雀，头灰色，具长的黑色眉纹，嘴橘黄色，大而厚实，喉部黑色，上体和尾棕褐色，下体白色，尾长度适中。

【区系分布】东洋型，华南亚种 *P.g.fokiensis* 在安徽为留鸟，见于鹞落坪、清凉峰、黄山、太平城关、宣城、石台、牯牛降。

【生活习性】集小群活动，性吵闹，主食昆虫，亦取食植物果实和种子。

【受胁和保护等级】LC（IUCN，2017）；LC（中国物种红色名录，2004）；中国三有保护鸟类。

◉ 摄影　卜标、白林壮

棕头鸦雀　Vinous-throated Parrotbill

拉丁名	*Paradoxornis webbianus*
目科属	雀形目 PASSERIFORMES
	鸦雀科 Paradoxornithidae（Parrotbills）
	鸦雀属 *Paradoxornis* Gould，1836

【俗　　称】黄腾

【形态特征】体长约 12cm 的褐色鸦雀。喙短，头、上背及两翼红棕色，尾长，尾羽暗褐色。

【区系分布】东洋型，长江亚种 *P.w.suffusus* 在安徽为留鸟，见于全省各地：明光女山湖、滁州（皇甫山、琅琊山等）、阜阳、亳州、涡阳、淮南（淮河大桥、山南）、合肥（义城、大房郢水库、大蜀山、董铺水库、安徽大学、骆岗机场、清溪公园等）、肥西（圆通山、紫蓬山）、长丰埠里、巢湖、六安（金安区、横排头水库）、霍山（太平、黑石渡、吴家呼）、金寨（青山、长岭、梅山等）、岳西（包家乡、鹞落坪）、青阳（陵阳、九华山、二圣殿等）、马鞍山、芜湖（市郊、机场等）、安庆（机场、沿江滩地）、升金湖、武昌湖、菜子湖、宣城、宁国西津河、清凉峰、石台（牯牛降等）、黄山（猴谷、屯溪等）、歙县。

【生活习性】常见，集小群活动，发出 piupiupiu 的联络叫声，但雄鸟在繁殖期善斗，营巢于茂密的低矮灌丛，巢呈深杯状，卵蓝色。

【受胁和保护等级】LC（IUCN，2017）；LC（中国物种红色名录，2004）；中国三有保护鸟类。

安徽省鸟类分布名录与图鉴

短尾鸦雀　Short-tailed Parrotbill

拉丁名	*Paradoxornis davidianus*
	雀形目 PASSERIFORMES
目科属	鸦雀科 Paradoxornithidae（Parrotbills）
	鸦雀属 *Paradoxornis* Gould，1836

【俗　　称】挂墩鸦雀

【形态特征】体长约 10cm 的褐色鸦雀，头栗色，喉部黑色，上体灰色，尾短、栗褐色。虹膜褐色，嘴及脚淡粉色。

【区系分布】东洋型，指名亚种 *P.d.davidianus* 在安徽为留鸟。见于石台（史杰，2013；侯银续，2014）；牯牛降（李永民等，2012）、宣城、宁国西津河、黟县、休宁。

【生活习性】在密林中活动，与棕头鸦雀习性类似而容易被误认或忽略。

【受胁和保护等级】LC（IUCN，2017）；中国三有保护鸟类。

326

● 摄影　黄丽华

震旦鸦雀　Reed Parrotbill

拉丁名	*Paradoxornis heudei*
目科属	雀形目 PASSERIFORMES
	鸦雀科 Paradoxornithidae（Parrotbills）
	鸦雀属 *Paradoxornis* Gould，1836

【形态特征】体长约 18cm 且尾长的鸦雀，嘴黄色粗厚具钩，头灰色，具显著的黑色眉纹，颏、喉及腹中心近白色，上背黄褐色具黑色纵纹，两胁黄褐色，中央尾羽棕褐色，外侧尾羽黑色。

【区系分布】古北型，指名亚种 *P.h.heudei* 在安徽为留鸟，见于宿州沱河湿地、固镇、五河沱湖、亳州、淮南淮河湿地、合肥、巢湖、石台。

【生活习性】主要活动于长江以北的各处芦苇荡，尤其在采煤沉降区常见。性活泼，在芦苇丛中取食各种昆虫。

【受胁和保护等级】NT（IUCN，2017）；NT 几近符合 VU（中国物种红色名录，2004）；中国三有保护鸟类。

◎ 摄影　夏家振

点胸鸦雀　Spot-breasted Parrotbill

拉丁名	*Paradoxornis guttaticollis*
目科属	雀形目 PASSERIFORMES
	鸦雀科 Paradoxornithidae（Parrotbills）
	鸦雀属 *Paradoxornis* Gould，1836

【形态特征】体长约 18cm 的鸦雀，胸上具深色的倒 V 字形细纹，头顶及颈、背赤褐色，耳羽后端具显著的黑色斑块，上体余部红褐色，下体皮黄色。虹膜褐色，嘴橙黄色，脚蓝灰色。

【区系分布】东洋型，在安徽为留鸟，皖南的部分低山区可见，近年观测于歙县（方剑波，2013）、石台（汪浩，2014），为安徽省鸟类分布新记录。

【生活习性】栖于灌丛、次生植被及高草丛。集小群活动。

【受胁和保护等级】LC（IUCN，2017）；中国三有保护鸟类。

棕扇尾莺　Zitting Cisticola

拉丁名	*Cisticola juncidis*
目科属	雀形目 PASSERIFORMES
	扇尾莺科 Cisticolidae（Cisticolas）
	扇尾莺属 *Cisticola* Kaup，1829

【形态特征】体长约 10cm 的褐色莺，有浅褐色贯眼纹和皮黄色眉纹，头顶具黑色纵纹，上体棕褐色具黑色羽干纹，下体白色，两胁沾棕黄色。尾凸状，次端部黑色，尾尖白色。

【区系分布】东洋型，普通亚种 *C.j.tinnabulans* 在安徽为留鸟和夏候鸟。见于蒙城、涡阳、五河、滁州（皇甫山、琅琊山、滁州师范学院等）、阜阳、淮南（孔店等）、合肥（大蜀山、安徽大学、骆岗机场、义城等）、肥东、肥西圆通山、长丰埠里、巢湖、六安金安区、舒城河棚、芜湖、升金湖、黄湖、武昌湖、菜子湖、青阳九华山、清凉峰、石台、牯牛降、黄山。

【生活习性】栖息于开阔的荒草地和农田，尤其喜欢在水边活动，求偶期站在高草丛顶端鸣叫。能在空中悬停或做投弹式降落，作波状炫耀飞行时发出一连串清脆的 zit 声。

【受胁和保护等级】LC（IUCN，2017）；LC（中国物种红色名录，2004）。

● 摄影　高厚忠、夏家振、黄丽华

金头扇尾莺　Golden-headed Cisticola

拉丁名	*Cisticola exilis*
目科属	雀形目 PASSERIFORMES
	扇尾莺科 Cisticolidae（Cisticolas）
	扇尾莺属 *Cisticola* Kaup，1829

【俗　　称】黄头扇尾莺

【形态特征】体长约 11cm 且具褐色纵纹的莺，繁殖期的雄鸟头顶金黄色，脸淡黄褐色，腰部褐色，背黑色，具灰褐色羽缘。翅黑色具暗栗色羽缘。雌鸟和非繁殖期的雄鸟头顶密布黑色条纹，尾深褐色，尾端皮黄色。非繁殖期的金头扇尾莺与棕扇尾莺的区别：金头扇尾莺的眉纹淡皮黄色且与颈侧及颈背同色；而棕扇尾莺的眉纹白色与颈侧、颈背的红棕色有别。

【区系分布】东洋型，华南亚种 *C.e.courtoisi* 在安徽为留鸟。见于青阳（九华山、吴家山）、清凉峰、泾县、黄山、太平谭家桥。

【生活习性】单独或成对活动，喜栖息于高草地、稻田和芦苇丛生境。性胆怯，常于突出的高草上停歇，飞行呈波浪状，在空中悬停时尾作上下摇摆。

【受胁和保护等级】LC（IUCN，2017）；LC（中国物种红色名录，2004）。

● 摄影　夏家振

〔条纹〕山鹪莺　Striated Prinia

拉丁名	*Prinia crinigera*
目科属	雀形目 PASSERIFORMES
	扇尾莺科 Cisticolidae（Cisticolas）
	山鹪莺属 *Prinia* Horsfield，1821

【形态特征】体长约 16.5cm 且具深色纵纹的鹪莺，尾长而呈楔型，头顶皮黄色具黑色纵纹，上体灰褐色具黑色纵纹，下体白色，两胁及臀部沾皮黄色，胸部具黑色斑纹。华中亚种 *P.c.catharia* 褐色重且多纵纹；华南亚种 *P.c.parumstriata* 多灰色并具褐色点斑，额具细纹，下体显白。

【区系分布】东洋型，中国有 5 个亚种，华南亚种和华中亚种在安徽为留鸟。见于六安横排头水库、青阳（吴家山、九华山龙池、陵阳）、宣城、清凉峰、黄山。

【生活习性】常在耕地活动，在突出的高草和灌丛停歇。

【受胁和保护等级】LC（IUCN，2017）；LC（中国物种红色名录，2004）。

黄腹山鹪莺 Yellow-bellied Prinia

拉丁名	*Prinia flaviventris*
目科属	雀形目 PASSERIFORMES
	扇尾莺科 Cisticolidae（Cisticolas）
	山鹪莺属 *Prinia* Horsfield，1821

【俗　　名】黄腹鹪莺、灰头鹪莺

【形态特征】体长约 13cm 的橄榄色鹪莺，头灰色，嘴及眼先黑色，喉及上胸白色，下胸及腹部黄色，具白色短眉纹，虹膜红褐色，上体橄榄绿色，腿部黄褐色，脚橘黄色。

【区系分布】东洋型，华南亚种 *P.f.sonitans* 在安徽为留鸟。分布于安徽淮河以南。

【生活习性】少见，高可至海拔 900 米。喜活动于芦苇沼泽、高草地或灌丛生境。性胆小而惧生，藏

匿于高草或芦苇丛中，常立于高枝上鸣叫。

【受胁和保护等级】LC（IUCN，2017）。

纯色山鹪莺 Plain Prinia

拉丁名	*Prinia inornata*
目科属	雀形目 PASSERIFORMES
	扇尾莺科 Cisticolidae（Cisticolas）
	山鹪莺属 *Prinia* Horsfield，1821

【俗　　称】褐头鹪莺、纯色鹪莺

【形态特征】体长约15cm的棕色莺，特点是虹膜红褐色，具淡色眉纹，上体灰褐色，下体皮黄色，楔形尾甚长。嘴近黑色，脚粉红色。

【区系分布】东洋型，华南亚种 *P.i.extensicauda* 在安徽为留鸟。见于阜阳、长丰、合肥（南艳湖、义城等）、巢湖、庐江汤池、岳西（汤池、鹞落坪）、黄湖、升金湖、清凉峰、宣城、黄山（汤口、焦村等）。

【生活习性】习性与棕扇尾莺近似，秋季集群活动时较易见到，在荒草地、农田、沼泽地活动。

【受胁和保护等级】LC（IUCN，2017）；LC（中国物种红色名录，2004）。

山鹛　Chinese Hill Warbler

拉丁名	*Rhopophilus pekinensis*
目科属	雀形目 PASSERIFORMES
	莺科 Sylviidae（Old World Warblers）
	山鹛属 *Rhopophilus* Giglioli *et* Salvadori，1870

【形态特征】体长约 17cm 的莺。眉纹偏灰，具黑色髭纹。体型似鹪莺。上体烟褐色，密布近黑色纵纹；额、喉及胸白色，下体余部白色，两胁及腹部具栗色纵纹，有时沾黄褐色；尾长且具褐色纵纹，外侧尾羽羽缘白色。

【区系分布】古北型，仅分布于中国北方，是我国特有鸟种。指名亚种 *R.p.pekinensis* 分布于河北北

部、河南西部、山东、山西南部等地。省内摄于淮北相山（张凯旋，2014 年 10 月），为安徽省鸟类分布新记录。

【生活习性】典型的山区鸟类，栖息于山中灌丛、芦苇丛和低矮树木间，常在灌丛的基部钻来钻去。在非繁殖期结群活动。

【受胁和保护等级】LC（IUCN，2017）；中国三有保护鸟类。

鳞头树莺　Asian Stubtail

拉丁名	*Urosphena squameiceps*
目科属	雀形目 PASSERIFORMES
	莺科 Sylviidae（Old World Warblers）
	短尾莺属 *Urosphena* Swinhoe，1877

【形态特征】体长约 10cm 的尾短莺，头顶黑色具鳞状斑纹，具浅色的眉纹和深色的贯眼纹，上体纯褐色，下体白色，两胁及臀皮黄色。

【区系分布】古北型，在安徽为旅鸟。拍摄于合肥（高厚忠，2014 年 4 月 17 日）、马鞍山（东门草，2013 年 4 月）。

【生活习性】单独或成对活动，春季迁徙时平原地区偶尔可见到，在地面取食各种昆虫。

【受胁和保护等级】LC（IUCN，2017）；中国三有保护鸟类。

◉ 摄影　高厚忠、黄丽华

远东树莺　Manchurian Bush Warbler

拉丁名	*Cettia canturians*
目科属	雀形目 PASSERIFORMES
	莺科 Sylviidae（Old World Warblers）
	树莺属 *Cettia* Bonaparte，1834

【形态特征】体长约17cm的褐色莺，具皮黄色眉纹和黑色贯眼纹，背部棕褐色，头顶、翅及尾羽偏红褐色；下体污白色，胸及两胁沾皮黄色。

【区系分布】古北型，过去曾作为短翅树莺的普通亚种 *Cettia diphone canturians*，现为独立鸟种。在安徽为夏候鸟。见于全省各地：蒙城、涡阳、滁州（皇甫山、滁州师范学院、琅琊山等）、来安、明

光女山湖、合肥（安徽大学、义城）、肥西（圆通山、紫蓬山）、巢湖、金寨长岭公社、霍山太平、六安金安区、岳西（美丽乡、鹞落坪）、安庆沿江滩地、升金湖、青阳（九华山、陵阳）、宣城、清凉峰、黄山（汤口、屯溪等）。

【生活习性】繁殖于平原、丘陵地区，鸣声先为"呼呼呼"的起音，后转为3声的"呼噜呼"爆破音结尾，常单独活动，性胆怯，喜隐蔽，常只闻其声，不见其身。

【受胁和保护等级】LC（IUCN，2017）；LC（中国物种红色名录，2004）。

● 摄影　黄丽华、夏家振

短翅树莺　Japanese Bush Warbler

拉丁名	*Cettia diphone*
目科属	雀形目 PASSERIFORMES
	莺科 Sylviidae（Old World Warblers）
	树莺属 *Cettia* Bonaparte，1834

【俗　　称】日本树莺

【形态特征】体长约 15cm 的橄榄褐色树莺。具明显的皮黄白色眉纹和近黑色的贯眼纹。下体乳白色，有弥漫型淡皮黄色胸带，两胁及尾下覆羽橄榄褐色。颜色较远东树莺稍浅淡，下体较白。

【区系分布】古北型，普通亚种 *C.d.sakhalinensis* 在安徽为旅鸟，分布于安徽（郑光美，2018），见于宣城（郝帅丞，2018 年 5 月 5 日）。安徽省内分布的短翅树莺与远东树莺可能存在野外误认。

【生活习性】单独活动，栖息于茂密的竹林灌丛及草地，高可至海拔 3000 米，鸣声较远东树莺更短促。

【受胁和保护等级】LC（IUCN，2017）。

强脚树莺　Brownish-flanked Bush Warbler

拉丁名	*Cettia fortipes*
目科属	雀形目 PASSERIFORMES
	莺科 Sylviidae（Old World Warblers）
	树莺属 *Cettia* Bonaparte，1834

【俗　　称】八音鸟、山树莺

【形态特征】体长约 12cm 的浅褐色莺，具皮黄色眉纹和黑褐色的贯眼纹，上体橄榄褐色，翼、尾及两胁偏黄褐色，翼角具月牙形白斑；下体近白色，胸、胁、尾下覆羽沾棕色。

【区系分布】东洋型，华南亚种 *C.f.davidiana* 在安徽为留鸟。见于明光女山湖、滁州皇甫山、阜阳、合肥（大蜀山等）、六安金安区、霍山（青枫岭天河、石家河韩冲、马家河林场、白马尖、多云尖）、岳西（美丽公社、鹞落坪）、金寨（梅山、青山、长岭公社等）、马鞍山、芜湖（市郊、机场等）、青阳（九华山、九华街、陵阳）、安庆沿江滩地、升金湖、清凉峰、石台、牯牛降、宣城、宁国西津河、黄山、歙县等。

【生活习性】喜栖息于山地，单独或成对活动，行踪极隐蔽很难见到，鸣声为独特的前哨音"ju——"紧接爆破音"归去"，过耳难忘，但冬季甚安静。

【受胁和保护等级】LC（IUCN，2017）；LC（中国物种红色名录，2004）。

◉ 摄影　夏家振

黄腹树莺　Yellowish-bellied Bush Warbler

拉丁名	*Cettia acanthizoides*
目科属	雀形目 PASSERIFORMES
	莺科 Sylviidae（Old World Warblers）
	树莺属 *Cettia* Bonaparte，1834

【形态特征】体长约 11cm 的褐色树莺，上体全褐色，眉纹皮黄色，具深色的贯眼纹，喉部白色，颊及胸部灰色，下腹部黄白色。似体型较大的强脚树莺，但色彩较淡，腹部多黄色，喉及上胸灰色较重，下腹部较白。

【区系分布】东洋型，指名亚种 *C.a.acanthizoides* 在安徽为夏候鸟和留鸟，分布于安徽南部（郑光美，2018；赵正阶，2001）；见于金寨长岭公社、霍山（青枫岭天河、马家河林场）、岳西（美丽乡、鹞落坪）、青阳九华山、望江。

【生活习性】少见，栖息于海拔 600~1200 米处的混交林，在浓密的灌丛中活动，鸣声独特，叫声为单音节。

【受胁和保护等级】LC（IUCN，2017）；LC（中国物种红色名录，2004）。

● 摄影　卜标

棕褐短翅莺　Brown Bush Warbler

拉丁名	*Bradypterus luteoventris*
目科属	雀形目 PASSERIFORMES
	莺科 Sylviidae（Old World Warblers）
	短翅莺属 *Bradypterus* Swainson，1837

【形态特征】体长约14cm的褐色莺，上体土褐色，脸颊、胸侧及两胁黄褐色，下体白色，臀部皮黄褐色，两翼及尾部均宽短。

【区系分布】东洋型，指名亚种 *B.l.luteoventris* 在安徽为留鸟，见于黄山（常麟定，1936；郑作新，1976；赵正阶，2001）。有学者将指名亚种 *B.l.luteoventris* 与云南亚种 *B.l.ticehursti* 合并（郑光美，2018）。

【生活习性】栖息于高海拔山地的灌丛中，行踪隐秘。

【受胁和保护等级】LC（IUCN，2017）；LC（中国物种红色名录，2004）。

◎摄影　卜标

矛斑蝗莺 Lanceolated Warbler

拉丁名	*Locustella lanceolata*
目科属	雀形目 PASSERIFORMES
	莺科 Sylviidae（Old World Warblers）
	蝗莺属 *Locustella* Kaup，1829

【形态特征】体长约 12.5cm 且具褐色纵纹的莺，上体橄榄褐色具黑色纵纹，下体白色沾赭黄色，胸部及两胁具黑色纵纹。眉纹皮黄色浅淡而不显著，尾端无白色斑。

【区系分布】古北型，指名亚种 *L.l.lanceolata* 在安徽为旅鸟，见于肥西紫蓬山（王岐山等，1979）。拍摄于合肥市中国科技大学西区（黄丽华，2015 年 5 月 23 日）。

【生活习性】喜在稻田、沼泽等生境单独活动。

【受胁和保护等级】LC（IUCN，2017）；LC（中国物种红色名录，2004）；中国三有保护鸟类。

● 摄影　钱栎岫、黄丽华

小蝗莺 Rusty-rumped Warbler

拉丁名	*Locustella certhiola*
目科属	雀形目 PASSERIFORMES
	莺科 Sylviidae（Old World Warblers）
	蝗莺属 *Locustella* Kaup，1829

【形态特征】体长约 15cm 且具褐色纵纹的莺，头顶及上体褐色具黑色纵纹，眉纹皮黄色，两翼及尾红褐色，尾羽具黑色亚端斑和白色端斑。下体近白色，胸及两胁皮黄。

【区系分布】古北型，东北亚种 *L.c.minor* 繁殖于中国东北，迁徙时见于华东省份，在安徽为旅鸟，见于当涂石臼湖（王岐山等，1986）、合肥（虞磊，2017 年 4 月）。目前 *L.c.minor* 与 *L.c.certhiola* 已合并为指名亚种 *L.c.certhiola*（郑光美，2018）。北方亚种 *L.c.rubescens* 在安徽为冬候鸟，见于合肥磨店（虞磊，2018 年 1 月 5 日）。

【生活习性】迁徙时见于平原地带的麦田和灌丛中，常单独活动，取食昆虫。

【受胁和保护等级】LC（IUCN，2017）；LC（中国物种红色名录，2004）。

◉摄影 薛琳

北蝗莺　Middendorff's Warbler

拉丁名	*Locustella ochotensis*
目科属	雀形目 PASSERIFORMES
	莺科 Sylviidae（Old World Warblers）
	蝗莺属 *Locustella* Kaup，1829

【形态特征】体长约 16cm 的褐色莺，上体橄榄褐色至黄褐色，具皮黄色眉纹和浅褐色贯眼纹，下体白色，两胁皮黄褐色，尾较长，尾端白色。

【区系分布】古北型，指名亚种 *L.o.ochotensis* 在安徽为旅鸟，见于合肥（侯银续、虞磊、秦维泽等，2013）。

【生活习性】喜草地或芦苇丛。常单独活动，性机警、活泼。

【受胁和保护等级】LC（IUCN，2017）；中国三有保护鸟类。

◉ 摄影　秦皇岛市观（爱）鸟协会

斑背大尾莺 Marsh Grassbird

拉丁名	*Locustella pryeri*
目科属	雀形目 PASSERIFORMES
	莺科 Sylviidae（Old World Warblers）
	蝗莺属 *Locustella* Kaup，1829

【形态特征】体长约 10cm 且栖息于芦苇丛中的莺，上体棕褐色而布满黑色纵纹，眉纹色淡；下体白色，两胁及尾下覆羽皮黄色，尾楔形，较长。

【区系分布】古北型，汉口亚种 *L.p.sinensis* 繁殖于黑龙江、辽宁及河北湿地，越冬于长江中下游湖泊湿地。在安徽为冬候鸟，见于巢湖、宿松黄大湖（胡小龙，2001 年 5 月 2 日）；黄湖、泊湖（朱文中等，2010）。

【生活习性】栖息于湖泊、沼泽等湿地周边的芦苇荡和芦荻生境，性惧生、善隐匿。

【受胁和保护等级】NT（IUCN，2017）；VU（中国物种红色名录，2004）；中国三有保护鸟类。

◉ 摄影　夏家振

黑眉苇莺　Black-browed Reed Warbler

拉丁名	*Acrocephalus bistrigiceps*
	雀形目 PASSERIFORMES
目科属	莺科 Sylviidae（Old World Warblers）
	苇莺属 *Acrocephalus* Naumann，1811

【形态特征】体长约13cm的褐色苇莺，上体棕褐色，眉纹皮黄色，眉纹上方具与之平行的黑色侧冠纹；下体偏白。两胁及尾下覆羽皮黄色，胸、腹沾皮黄色。

【区系分布】古北型，在安徽为旅鸟。迁徙季节见于全省各地：滁州（琅琊山等）、亳州、涡阳、合肥、舒城河棚、芜湖、升金湖、武昌湖、菜子湖、黄山猴谷。

【生活习性】秋季迁徙时安静，但春季在繁殖地善鸣，活动于湖泊、河流、水塘、沼泽等湿地周边的农田、芦苇荡等生境。

【受胁和保护等级】LC（IUCN，2017）；LC（中国物种红色名录，2004）；中国三有保护鸟类。

◉ 摄影　夏家振、李航

钝翅苇莺 Blunt-winged Warbler

拉丁名	*Acrocephalus concinens*
目科属	雀形目 PASSERIFORMES
	莺科 Sylviidae（Old World Warblers）
	苇莺属 *Acrocephalus* Naumann，1811

【俗　　称】钝翅稻田苇莺

【形态特征】体长约 14cm 的棕褐色苇莺，两翼短圆，白色的短眉纹于眼后变模糊且窄，眉上无纹；上体橄榄褐色，腰部棕褐色，下体白色，胸侧及两胁具皮黄色。

【区系分布】古北型，钝翅苇莺指名亚种 *A.c.concinens* 曾作为稻田苇莺普通亚种 *Acrocephalus agricola concinens*，现为独立鸟种。在安徽为夏候鸟，分布于安徽（郑光美，2018）；见于六安、庐江汤池。

【生活习性】喜在农田、灌丛活动，行踪隐蔽。

【受胁和保护等级】LC（IUCN，2017）；LC（中国物种红色名录，2004）。

东方大苇莺 Oriental Reed Warbler

拉丁名	*Acrocephalus orientalis*
目科属	雀形目 PASSERIFORMES
	莺科 Sylviidae（Old World Warblers）
	苇莺属 *Acrocephalus* Naumann，1811

【俗　　称】黄狗

【形态特征】体长约 19cm 的褐色莺。上体浅褐色，眉纹淡黄色，贯眼纹黑褐色，上嘴黑而下嘴肉色；飞羽暗褐色，有窄的浅棕色羽缘，尾羽棕褐色，呈凸状；下体污白沾棕色，喉、胸部具深色纵纹，胸侧、两胁黄褐色，脚灰色。

【区系分布】古北型，分布于华北和华南等地。原作为大苇莺普通亚种 *Acrocephalus arundinaceus orientalis*，现为独立鸟种。在安徽为夏候鸟，见于萧县皇藏峪、阜阳、亳州、涡阳、蒙城、滁州（琅琊山、皇甫山等）、明光女山湖、淮南、瓦埠湖、合肥（安徽大学、义城等）、巢湖、怀远、六安金安区、贵池牛头山马料湖、休宁、宣城、升金湖、武昌湖、菜子湖、歙县。

【生活习性】喜栖息于湖泊、河流、水塘边的芦苇丛中，常在枝头发出蛙鸣般的"jia-jia-ji-"的响亮叫声，常被大杜鹃寄生，冬季则安静。

【受胁和保护等级】LC（IUCN，2017）；LC（中国物种红色名录，2004）。

● 摄影　夏家振、高厚忠

厚嘴苇莺　Thick-billed Warbler

拉丁名	*Acrocephalus aedon*
目科属	雀形目 PASSERIFORMES
	莺科 Sylviidae（Old World Warblers）
	苇莺属 *Acrocephalus* Naumann，1811

【俗　　称】厚嘴篱莺、厚嘴芦莺

【形态特征】体长约 20cm 的苇莺，体色棕褐色且无纵纹，嘴粗短，无深色眼线和浅色眉纹，下嘴色淡，下体白，胸侧及两胁沾皮黄色，尾长而凸。

【区系分布】古北型，东北亚种 *A.a.rufescens* 在安徽为旅鸟。见于六安横排头水库（王岐山等，1994年5月26日）、合肥植物园（史杰，2015年5月18日）。该种曾被列入芦莺属（*Phragamaticola*），其后被归入苇莺属（*Acrocephalus*），原中文名为芦莺（郑作新，1976），后改为厚嘴苇莺，世界鸟类学家联合会（IOC）现又将其归为靴篱莺属（*Iduna*），为了统一，我们仍将其保留在苇莺属。原

rufescens 亚种名（郑作新，1976，1987），后被 Watson（1985）改名为 *stegmanni* 亚种，郑光美仍沿用 *rufescens* 亚种名（郑光美，2018）。

【生活习性】迁徙季节栖息于平原地区的农田、灌丛、林地，行踪隐蔽，喜安静。

【受胁和保护等级】LC（IUCN，2017）；LC（中国物种红色名录，2004）。

● 摄影　夏家振

褐柳莺　Dusky Warbler

拉丁名	*Phylloscopus fuscatus*
目科属	雀形目 PASSERIFORMES
	莺科 Sylviidae（Old World Warblers）
	柳莺属 *Phylloscopus* Boie，1826

【形态特征】体长约 11cm 的褐色莺，上体灰褐色，飞羽具橄榄色的翼缘，具明显的皮黄色眉纹和深褐色贯眼纹（指名亚种眉纹后端棕色）。下体乳白色，胸及两胁沾黄褐色，臀部沾黄色。虹膜褐色；上嘴色深，下嘴基部肉红色；脚肉褐色。

【区系分布】古北型，指名亚种 *P. f. fuscatus* 在安徽为冬候鸟，见于安徽（郑光美，2018）各地：

阜阳、涡阳、蒙城、芜湖、巢湖、合肥（安徽大学、义城、大蜀山）、升金湖、宣城、黄山。

【生活习性】常单独或成对在灌丛下活动，取食各种昆虫，冬季发出嗒嗒叫声。

【受胁和保护等级】LC（IUCN，2017）；中国三有保护鸟类。

● 摄影　夏家振

棕腹柳莺　Buff-throated Warbler

拉丁名	*Phylloscopus subaffinis*
目科属	雀形目 PASSERIFORMES
	莺科 Sylviidae（Old World Warblers）
	柳莺属 *Phylloscopus* Boie，1826

【形态特征】体长约 10.5cm 的橄榄绿色柳莺，上体自额至尾上覆羽呈橄榄绿褐色，具明显的暗黄色眉纹，两翅无翼斑，下体棕黄色。上嘴黑褐色，下嘴淡褐色，基部肉黄色；脚暗褐色。

【区系分布】东洋型，在安徽为夏候鸟，见于石台牯牛降山顶、黄山。

【生活习性】夏季成对在山顶地带活动，隐藏在密林灌丛下。

【受胁和保护等级】LC（IUCN，2017）；LC（中国物种红色名录，2004）；中国三有保护鸟类。

◉ 摄影　杨远方

巨嘴柳莺　Radde's Warbler

拉丁名	*Phylloscopus schwarzi*
目科属	雀形目 PASSERIFORMES
	莺科 Sylviidae（Old World Warblers）
	柳莺属 *Phylloscopus* Boie，1826

【形态特征】体长约 12.5cm 的橄榄褐色柳莺，嘴厚而似山雀。上体橄榄褐色，尾下覆羽棕褐色，眉纹皮黄色，由前往后逐渐变淡，贯眼纹深褐色，面颊散布深色斑点，下体污白色，胸及两胁沾皮黄色，尾下覆羽黄褐色。

【区系分布】古北型，在安徽为旅鸟，分布于安徽（郑光美，2018）。

【生活习性】常在地面活动，单独或集小群，动作略显笨拙，两翼和尾常颤动。

【受胁和保护等级】LC（IUCN，2017）；中国三有保护鸟类。

◉ 摄影　杨远方

黄腰柳莺　Pallas's Leaf Warbler

拉丁名	*Phylloscopus proregulus*
目科属	雀形目 PASSERIFORMES
	莺科 Sylviidae（Old World Warblers）
	柳莺属 *Phylloscopus* Boie，1826

【俗　　称】柳串儿、绿豆雀

【形态特征】体长约 9cm 的黄绿色柳莺，上体鲜亮的黄绿色，眉纹和顶冠纹黄绿色，腰黄色，新换的体羽眼先橘黄色；翅和尾黑褐色，外翻羽缘黄绿色，翅上具两道黄白色翼斑。下体白色，臀及尾下覆羽稍沾黄绿色。

【区系分布】古北型，在安徽为旅鸟和冬候鸟。见于全省各地：阜阳、涡阳、蒙城、滁州（皇甫山、琅琊山等）、合肥（安徽大学、义城、大蜀山、清溪公园等）、巢湖、金寨、鹞落坪、马鞍山、芜湖、青阳九华山、升金湖、清凉峰、宣城、宁国西津河、黄山（汤口、屯溪等）。

【生活习性】冬季活泼并逐渐南迁，鸣声为优美的颤音，常单独或成对活动，在枝叶间取食各种昆虫。

【受胁和保护等级】LC（IUCN，2017）；LC（中国物种红色名录，2004）；中国三有保护鸟类。

◉ 摄影　张忠东

黄眉柳莺　Yellow-browed Warbler

拉丁名	*Phylloscopus inornatus*
目科属	雀形目 PASSERIFORMES
	莺科 Sylviidae（Old World Warblers）
	柳莺属 *Phylloscopus* Boie，1826

【形态特征】体长约 11cm 的橄榄绿色柳莺，色彩较黄腰柳莺暗淡。眉纹淡黄绿色而无顶冠纹；飞羽黑褐色，外翈羽缘黄绿色，翅上具两道黄白色翼斑。下体白色，胸、两胁及尾下覆羽稍沾黄绿色。虹膜褐色；上嘴黑褐色，下嘴基部肉黄色；脚粉褐色。

【区系分布】古北型，在安徽为旅鸟。迁徙季节见于全省：涡阳、萧县皇藏峪、滁州（皇甫山、琅琊山等）、来安、阜阳、合肥（安徽医科大学、安徽大学、大蜀山、董铺水库等）、六安横排头水库、金寨（青山、长岭）、鹞落坪、当涂湖阳、芜湖（市郊、机场等）、青阳九华山、安庆沿江滩地、升金湖、清凉峰、牯牛降、宣城、黄山。

【生活习性】性活泼，常在树枝间不停地穿飞捕虫，鸣声为单音。

【受胁和保护等级】LC（IUCN，2017）；LC（中国物种红色名录，2004）；中国三有保护鸟类。

陆鸟

● 摄影 夏家振

安徽省鸟类分布名录与图鉴

淡眉柳莺 Hume's Warbler

拉丁名	*Phylloscopus humei*
目科属	雀形目 PASSERIFORMES
	莺科 Sylviidae（Old World Warblers）
	柳莺属 *Phylloscopus* Boie，1826

【形态特征】体长约 10cm 的橄榄灰色柳莺，具显著的浅色长眉纹，贯眼纹色深，上体橄榄灰色，翅具两道淡黄色翼斑，顶冠纹暗灰色，下体污白色。上嘴黑色，下嘴基部色淡；腿黑褐色。

【区系分布】古北型，西北亚种 *P.h.mandellii* 在安徽为夏候鸟，拍摄、录音于黄山（章麟，2013）。为安徽省鸟类分布新记录。

【生活习性】在高海拔山区活动，性惧生，不易被发现。

【受胁和保护等级】LC（IUCN，2017）；中国三有保护鸟类。

◉ 摄影 秦皇岛市观（爱）鸟协会

极北柳莺　Arctic Warbler

拉丁名	*Phylloscopus borealis*
目科属	雀形目 PASSERIFORMES
	莺科 Sylviidae（Old World Warblers）
	柳莺属 *Phylloscopus* Boie，1826

【形态特征】体长约 12cm 的橄榄灰色柳莺，具显著的黄白色长眉纹，上体灰橄榄色；大覆羽先端淡黄色形成一道黄白色翼斑，中覆羽羽尖成第二道模糊的翼斑；下嘴和腿肉褐色；下体略白，两胁沾褐橄榄色。

【区系分布】古北型，指名亚种 *P.b.borealis* 在安徽为旅鸟，分布于全省各地：萧县皇藏峪、滁州（皇

甫山等）、阜阳、涡阳、合肥（安徽大学、大蜀山等）、肥西紫蓬山、长丰埠里、巢湖、庐江汤池、六安横排头水库、岳西汤池、青阳九华山、宣城、黄山（双溪镇等）。

【生活习性】迁徙时间明显晚于其他柳莺，秋季安静而春季喜鸣叫。

【受胁和保护等级】LC（IUCN，2017）；LC（中国物种红色名录，2004）；中国三有保护鸟类。

◉ 摄影　夏家振、高厚忠

双斑绿柳莺　Two-barred Warbler

拉丁名	*Phylloscopus plumbeitarsus*
目科属	雀形目 PASSERIFORMES
	莺科 Sylviidae（Old World Warblers）
	柳莺属 *Phylloscopus* Boie，1826

【形态特征】体长约 12cm 的上体深绿色柳莺，具明显的白色长眉纹，无顶冠纹，上体呈橄榄绿色，翅具两道淡黄色翼斑；下体白，腰部橄榄绿色，嘴较长，下嘴基部粉色，腿蓝灰色。与暗绿柳莺的区别为大翼斑较宽、较明显，并具黄白色的小翼斑，上体色较深且绿色较重，下体更白。

【区系分布】古北型，在安徽为旅鸟。分布于安徽（郑光美，2018），见于鹞落坪。曾作为暗绿柳莺的东北亚种 *Phylloscopus trochiloides plumbeitarsus*。

【生活习性】迁徙季节常与其他柳莺混淆而不易发现，常成小群活动于林缘、道旁林间及灌丛。

【受胁和保护等级】LC（IUCN，2017）；中国三有保护鸟类。

◉摄影　高厚忠

淡脚柳莺 Pale-legged Leaf Warbler

拉丁名	*Phylloscopus tenellipes*
目科属	雀形目 PASSERIFORMES
	莺科 Sylviidae（Old World Warblers）
	柳莺属 *Phylloscopus* Boie，1826

【俗　　称】灰脚柳莺

【形态特征】体长约 11cm 的色暗柳莺，上体橄榄褐色，翅具两道皮黄色翼斑，腰及尾上覆羽橄榄褐色；白色的长眉纹显著，贯眼纹深橄榄色；嘴大，上嘴色深，下嘴带粉色；下体白色，两胁沾皮黄色，脚浅粉色。

【区系分布】古北型，在安徽为旅鸟，分布于安徽（郑光美，2018），见于六安横排头（王岐山等，1995 年 5 月 16 日）、宣城。

【生活习性】迁徙时易和其他柳莺混淆而被忽略。

【受胁和保护等级】LC（IUCN，2017）；LC（中国物种红色名录，2004）；中国三有保护鸟类。

●摄影　吕晨枫

冕柳莺　Eastern Crowned Warbler

拉丁名	*Phylloscopus coronatus*
目科属	雀形目 PASSERIFORMES
	莺科 Sylviidae（Old World Warblers）
	柳莺属 *Phylloscopus* Boie，1826

【形态特征】体长约 12cm 的黄橄榄色柳莺，上体橄榄绿色，头顶羽色较暗沾褐色，腰及尾上覆羽为淡黄绿色。顶冠纹及眉纹淡黄色，贯眼纹暗褐色。翅暗褐色，外翈羽缘黄绿色，翅上具一道淡黄色翼斑。下体银白色，与黄色的臀部形成对比。上嘴黑褐色，下嘴橘黄色；脚肉色。

【区系分布】古北型，在安徽为旅鸟。见于滁州（琅琊山等）、合肥、青阳（九华山、柯村等）、宣城。

【生活习性】栖息于林地及林缘，与其他鸟类混群，通常见于较大树木的树冠层。

【受胁和保护等级】LC（IUCN，2017）；LC（中国物种红色名录，2004）；中国三有保护鸟类。

◉ 摄影　夏家振、李航

冠纹柳莺　Blyth's Leaf Warbler

拉丁名	*Phylloscopus reguloides*
目科属	雀形目 PASSERIFORMES
	莺科 Sylviidae（Old World Warblers）
	柳莺属 *Phylloscopus* Boie，1826

【形态特征】体长约10.5cm且色彩鲜艳的柳莺，上体橄榄绿色，有淡黄色顶冠纹，向后延伸至后颈，头顶两侧侧冠纹为绿灰黑色；贯眼纹暗褐色，眉纹皮黄色；翅暗褐色，具两道淡黄绿色翼斑。下体灰白色，有时略沾黄色，尾下覆羽白色，微沾黄色。

【区系分布】东洋型，华南亚种 *P.r.fokiensis* 在安徽为夏候鸟。见于淮南（淮河大桥、孔店）、合肥（董铺水库、清溪公园等）、肥西紫蓬山、长丰埠里、巢湖、金寨（青山、长岭、长岭公社河口队等）、霍山白马尖、岳西（美丽公社、鹞落坪）、清凉峰、牯牛降、黄山（北海清凉台、汤岭关下、猴谷等）。

【生活习性】在本省山区繁殖，夏季发出似山雀的优美叫声，性极活泼而难以看清，轮番鼓翅时显露出其黄色的胁部，有时倒悬于树枝下方取食。

【受胁和保护等级】LC（IUCN，2017）；LC（中国物种红色名录，2004）；中国三有保护鸟类。

● 摄影　钟平华、白林壮

黑眉柳莺　Sulphur-breasted Warbler

拉丁名	*Phylloscopus ricketti*
目科属	雀形目 PASSERIFORMES
	莺科 Sylviidae（Old World Warblers）
	柳莺属 *Phylloscopus* Boie，1826

【**形态特征**】体长约 10.5cm 且色彩鲜艳的柳莺，上体亮橄榄绿色，两翅及尾暗褐色，颈、背具灰色细纹。贯眼纹及宽阔的侧冠纹黑色，顶冠纹黄色，下体及眉纹鲜黄色。虹膜暗褐色；上嘴褐色，下嘴橙黄色；脚肉色。

【**区系分布**】东洋型，在安徽为夏候鸟，见于皖南山区。

【**生活习性**】繁殖期在山区发出独特优美的鸣声；非繁殖期则安静，单独活动。

【**受胁和保护等级**】LC（IUCN，2017）；中国三有保护鸟类。

摄影　贾陈喜

比氏鹟莺　Bianchi's Warbler

拉丁名	*Seicercus valentini*
目科属	雀形目 PASSERIFORMES
	莺科 Sylviidae（Old World Warblers）
	鹟莺属 *Seicercus* Swainson，1837

【形态特征】体长约 13cm 的黄色鹟莺，包括指名亚种 *S.v.valentini* 和挂墩亚种 *S.v.latouchei* 两个亚种。挂墩亚种顶冠纹灰色，侧冠纹黑色止于额上，其下方带有灰色条纹；下体黄色，有完整的金黄色眼圈，具一道黄色翼斑。指名亚种侧冠纹更黑，且眼前更长一些，顶冠纹灰色多，绿色少。

【区系分布】东洋型，原属于金眶鹟莺的华南亚种（*Seicercus burkii valentini*），繁殖于华中及东南部，部分鸟至云南越冬。挂墩亚种在安徽为夏候鸟，见于黄山、牯牛降（虞磊，2012 年 -2016 年）。

【**生活习性**】栖息于山地阔叶林中，繁殖期善于鸣叫。

【**受胁和保护等级**】LC（IUCN，2017）；LC（中国物种红色名录，2004）。

◉ 摄影　杨远方

淡尾鹟莺　Plain-tailed Warbler

拉丁名	*Seicercus soror*
目科属	雀形目 PASSERIFORMES
	莺科 Sylviidae（Old World Warblers）
	鹟莺属 *Seicercus* Swainson，1837

【形态特征】体长约 13cm 的黄色鹟莺，眼圈黄色，灰色的顶冠纹及黑色的侧冠纹止于额上。与比氏鹟莺接近，无翼斑；前额绿色较多，尾羽白色较多。原同属于金眶鹟莺 *Seicercus burkii*，因鸣声不同而相互区别。

【区系分布】东洋型，在安徽为夏候鸟。见于金寨（青山、长岭等）、霍山马家河、鹞落坪。

【生活习性】习性和分布于皖南的比氏鹟莺近似。

【受胁和保护等级】LC（IUCN，2017）；LC（中国物种红色名录，2004）。

◎ 摄影　夏家振

栗头鹟莺　Chestnut-crowned Warbler

拉丁名	*Seicercus castaniceps*
目科属	雀形目 PASSERIFORMES
	莺科 Sylviidae（Old World Warblers）
	鹟莺属 *Seicercus* Swainson，1837

【形态特征】体长约 9cm 的橄榄色莺，顶冠纹红褐色，侧冠纹及贯眼纹黑色，眼圈白，面颊及胸部灰色，翼斑黄色，下腹部及腰部黄色。虹膜褐色；上嘴黑色，下嘴橙黄色；脚角质灰色。

【区系分布】东洋型，华南亚种 *S.c.sinensis* 分布于华中及华南，在安徽为留鸟，见于黄山（侯银续、马号号、虞磊，2016 年 5 月 13 日）、清凉峰（李春林，2017）。

【生活习性】成对活动，性活泼，在密林中取食各种昆虫，不甚惧人。

【受胁和保护等级】LC（IUCN，2017）。

● 摄影　杨远方、夏家振

棕脸鹟莺 Rufous-faced Warbler

拉丁名	*Abroscopus albogularis*
目科属	雀形目 PASSERIFORMES
	莺科 Sylviidae（Old World Warblers）
	拟鹟莺属 *Abroscopus* Baker，E.C.S，1930

【形态特征】体长约10cm且色彩鲜艳的莺，头棕栗色，顶冠纹浅棕色沾橄榄绿色，侧冠纹黑色，喉部白色，具细密的黑色纵纹。上体绿色，下体白色，上胸、两胁、腰及尾下覆羽黄色。

【区系分布】东洋型，华南亚种 *A.a.fulvifacies* 在安徽为留鸟，淮河以南山区均有分布。见于合肥大蜀山、金寨（梅山、青山等）、鹞落坪、青阳（甘露寺、岔泉岭、九华山）、马鞍山、宣城、清凉峰、石台（牯牛降等）、黄山（猴谷、屯溪等）、歙县。

【生活习性】行踪隐蔽难见，喜在竹林中集小群活动，夏季发出类似昆虫中油葫芦鸣叫般的"铃铃铃"颤音。

【受胁和保护等级】LC（IUCN，2017）；LC（中国物种红色名录，2004）。

◉ 摄影　夏家振

戴菊 Goldcrest

拉丁名	*Regulus regulus*
目科属	雀形目 PASSERIFORMES
	戴菊科 Regulidae（Goldcrests）
	戴菊属 *Regulus* Cuvier，1800

【形态特征】体长约 9cm 且色彩艳丽似柳莺的小型鸟类。顶冠纹金黄色或橘红色，眼周色浅，有黑色的侧冠纹，上体橄榄绿色，下体灰色，两胁黄绿。

【区系分布】古北型，东北亚种 *R.r.japonensis* 在安徽为冬候鸟。分布于安徽（郑光美，2018）。见于合肥（植物园、大蜀山）。

【生活习性】秋冬季偶见于淮河以南的丘陵地区，习性似山雀。

【受胁和保护等级】LC（IUCN，2017）；中国三有保护鸟类。

◉ 摄影　杨远方

红胁绣眼鸟　Chestnut-flanked White-eye

拉丁名	*Zosterops erythropleurus*
目科属	雀形目 PASSERIFORMES
	绣眼鸟科 Zosteropidae（White-eyes）
	绣眼鸟属 *Zosterops* Vigors *et* Horsfield，1827

【俗　　称】紫边

【形态特征】体长约 12cm 的小型鸟类，上体和两翼黄绿色，有白色眼圈；下体灰白色，喉、上胸及尾下覆羽鲜硫黄色，两肋栗红色，雄性更加鲜艳。

【区系分布】古北型，在安徽为旅鸟。分布于安徽（郑光美，2018），拍摄于阜阳、合肥（高厚忠，2011年5月2日），见于安徽大学（马号号，2010年12月26日）。

【生活习性】常与暗绿绣眼鸟混群迁徙，但数量较少，习性与暗绿绣眼鸟相似。

【受胁和保护等级】LC（IUCN，2017）；中国三有保护鸟类。

● 摄影　高厚忠

暗绿绣眼鸟　Japanese White-eye

拉丁名	*Zosterops japonicus*
目科属	雀形目 PASSERIFORMES
	绣眼鸟科 Zosteropidae（White-eyes）
	绣眼鸟属 *Zosterops* Vigors *et* Horsfield，1827

【俗　　称】青档、竹叶青、柳丁、黄豆瓣

【形态特征】体长约 10cm 的小型鸟类，上体橄榄绿色，眼周有白圈。下体白色，喉、上胸及尾下覆羽黄色。与红胁绣眼鸟的区别是两胁无栗红色斑纹，且个体较短小，毛色较暗淡，前额黄色。

【区系分布】东洋型，普通亚种 *Z.j.simplex* 在安徽为夏候鸟和留鸟。见于全省各地：萧县皇藏峪、阜阳、亳州、蒙城、涡阳、明光女山湖、滁州（皇甫山、琅琊山、醉翁亭等）、合肥（安徽大学、大蜀山等）、肥西（圆通山、紫蓬山）、六安（横排头等）、金寨（青山、长岭）、霍山（马家河、磨子潭、白马尖）、马鞍山、芜湖（市郊、机场等）、岳西（包家乡、沙凸嘴、鹞落坪）、青阳（九华山、柯村）、升金湖、宣城、宁国西津河、清凉峰、石台、牯牛降、黄山（汤口、屯溪等）、歙县。

【生活习性】主要在山区繁殖，迁徙时全省可见，在大别山高海拔地区繁殖的个体数量较多，喜取食蚜虫、花蜜，筑巢于茂密的矮树上，巢为吊篮状或杯状，叫声像小鸡，但声音颤抖，如"ji--"。秋季集群迁徙至江南越冬。

【受胁和保护等级】LC（IUCN，2017）；LC（中国物种红色名录，2004）；安徽省Ⅱ级保护动物（1992）；中国三有保护鸟类。

◉摄影　夏家振、张忠东

中华攀雀 Chinese Penduline Tit

拉丁名	*Remiz consobrinus*
目科属	雀形目 PASSERIFORMES
	攀雀科 Remizidae（Penduline Tits）
	攀雀属 *Remiz* Jarocki，1819

【俗　　称】攀雀、洋红儿

【形态特征】体长约 11cm 的攀雀，头顶灰色，具黑色脸罩，背棕色，下体皮黄色，尾呈凹形。雌鸟及幼鸟似雄鸟，但色暗，脸罩略呈深色。

【区系分布】古北型，在安徽为旅鸟和冬候鸟。原作为攀雀的东北亚种 *Remiz pendulinus consobrinus*。迁徙季节见于沿江平原及江淮丘陵：涡阳、淮南孔店、瓦埠湖、合肥（义城、大蜀山）、当涂（石臼湖、湖阳）。

【生活习性】栖息于近水的苇丛及柳、桦、杨等阔叶树间，主要以昆虫为食，亦食植物的叶、花、芽、花粉和汁液。迁徙季节可见于水边芦苇丛中。

【受胁和保护等级】LC（IUCN，2017）；LC（中国物种红色名录，2004）；中国三有保护鸟类。

● 摄影　夏家振

银喉长尾山雀　Long-tailed Tit

拉丁名	*Aegithalos glaucogularis*
目科属	雀形目 PASSERIFORMES
	长尾山雀科 Aegithalidae（Long-tailed Tits）
	长尾山雀属 *Aegithalos* Hermann，1804

【俗　　称】银脸山雀

【形态特征】体长约 16cm 的灰色山雀，原指名亚种 *A.c.caudatus* 已提升为独立鸟种，命名为北长尾山雀；长江亚种 *A.c.glaucogularis* 和华北亚种 *A.c.vinaceus* 仍称为银喉长尾山雀。长江亚种面颊和头顶灰白色，具宽的黑眉纹，喉部有一黑色斑，下体灰色，胸灰棕色，腹沾葡萄红色。尾长、黑色带白边。幼

鸟下体色浅，胸棕色。

【区系分布】古北型，是中国特有鸟种，长江亚种在安徽为留鸟。分布于全省各地：萧县皇藏峪、阜阳、亳州、蒙城、涡阳、滁州（皇甫山、琅琊山、醉翁亭等）、来安、淮南、合肥（义城、大房郢水库、大蜀山、安徽大学、董铺水库、清溪公园等）、肥东、肥西紫蓬山、长丰埠里、巢湖、庐江汤池、金寨（青山、长岭）、岳西（汤池、鹞落坪）、马鞍山、芜湖、安庆沿江滩地、菜子湖、青阳（九华山、二圣殿）、宣城、宁国西津河、清凉峰、牯牛降、黄山。

【生活习性】各种生境均有分布，集小群活动，发出吱吱的叫声，性活泼，在低矮的灌木密丛中筑巢，巢呈球形，繁殖较早。

【受胁和保护等级】LC（IUCN，2017）；LC（中国物种红色名录，2004）；中国三有保护鸟类。

● 摄影　夏家振、张忠东

Black

红头长尾山雀　Black-throated Tit

拉丁名	*Aegithalos concinnus*	
目科属	雀形目 PASSERIFORMES	
	长尾山雀科 Aegithalidae（Long-tailed Tits）	
	长尾山雀属 *Aegithalos* Hermann，1804	

【俗　　称】小熊猫

【形态特征】体长约10cm且色彩丰富的山雀，头顶至后枕栗红色，有宽的黑色贯眼纹。上体蓝灰色，尾长，外侧尾羽有楔形白斑。下体颏、喉白色，喉中部有黑色肚兜斑，胸腹白色，胸部有宽的栗红色胸带。脚橘红色。

【区系分布】东洋型，指名亚种 *A.c.concinnus* 在安徽为留鸟。见于滁州（皇甫山、琅琊山等）、淮南舜耕山、合肥（董铺水库、大蜀山等）、肥西（圆通山、紫蓬山）、巢湖、舒城小涧冲林场、金寨（青山、长岭公社）、霍山吴家呼、芜湖（市郊、机场等）、岳西（美丽乡、沙凸嘴、鹞落坪）、菜子湖、升金湖、青阳九华山、宣城、宁国西津河、清凉峰、石台、牯牛降、黄山、歙县。

【生活习性】习性与银喉长尾山雀类似，叫声尖细连续，如"zi-zi-zi-zi-zi-"。

【受胁和保护等级】LC（IUCN，2017）；LC（中国物种红色名录，2004）；中国三有保护鸟类。

◉摄影　夏家振、张忠东

沼泽山雀　Marsh Tit

拉丁名	*Parus palustris*
目科属	雀形目 PASSERIFORMES
	山雀科 Paridae（Tits）
	山雀属 *Parus* Linnaeus，1758

【俗　　称】红子

【形态特征】体长约 13cm 的灰色山雀，头顶、额、喉黑色，脸颊至颈侧白色，上体灰褐色，无翼斑或项纹；下体苍白色，两胁沾灰棕色，尾稍长。虹膜褐色，嘴黑色，脚铅黑色。

【区系分布】古北型，华北亚种 *P.p.hellmayri* 在安徽为留鸟，见于明光女山湖、巢湖、庐江汤池、鹞落坪、亳州、淮北。

【生活习性】成对活动，在树洞中营巢，性情活泼，鸣声响亮清脆。

【受胁和保护等级】LC（IUCN，2017）；LC（中国物种红色名录，2004）；中国三有保护鸟类。

煤山雀　Coal Tit

拉丁名	*Parus ater*
目科属	雀形目 PASSERIFORMES
	山雀科 Paridae（Tits）
	山雀属 *Parus* Linnaeus，1758

【俗　　称】贝子

【形态特征】体长约11cm的山雀，头部黑色，具长羽冠，面颊部和枕部白色，喉部黑色，腹白色，上体灰色，翅上两道白色翼斑明显。

【区系分布】古北型，挂墩亚种 *P.a.kuatunensis* 在安徽为留鸟。分布于安徽东南部（郑光美，2018；赵正阶，2001），主要在皖南山区的高海拔地区零星分布，在黄山风景区较多。见于祁门历溪牯牛降山顶、黄山、清凉峰，2012年合肥有记录，可能是逃逸鸟。

【生活习性】集群活动，在松树间取食种子和昆虫。

【受胁和保护等级】LC（IUCN，2017）；LC（中国物种红色名录，2004）；中国三有保护鸟类。

黄腹山雀　Yellow-bellied Tit

拉丁名	*Parus venustulus*
目科属	雀形目 PASSERIFORMES
	山雀科 Paridae（Tits）
	山雀属 *Parus* Linnaeus，1758

【俗　　称】点子

【形态特征】体长约 11cm 的黑黄色山雀，雄鸟头和上背黑色，颊及后颈有白色斑块，背部青绿色，翼上具两排白色点斑；下体黄色，颏至上胸黑色，尾短。雌鸟无黑色特征。

【区系分布】东洋型，在安徽为留鸟和冬候鸟。见于滁州（皇甫山、琅琊山等）、亳州、淮南八公山、合肥（安徽大学、大蜀山、清溪公园）、肥西紫蓬山、金寨（青山、长岭公社）、霍山（白马尖、多云尖）、岳西（美丽乡、鹞落坪）、芜湖、青阳（九华山、道僧洞）、太湖花凉亭水库、菜子湖、升金湖、宣城、石台、清凉峰、黄山（汤口、北海、屯溪等）。

【生活习性】夏季在本省的山区繁殖，冬季则常见于全省各处，集大群活动并南迁，取食昆虫及植物种子，繁殖期鸣声优美。

【受胁和保护等级】LC（IUCN，2017）；LC（中国物种红色名录，2004）；中国三有保护鸟类。

◉ 摄影　张忠东、夏家振

大山雀　Cinereous Tit

拉丁名	*Parus cinereus*
目科属	雀形目 PASSERIFORMES
	山雀科 Paridae（Tits）
	山雀属 *Parus* Linnaeus，1758

【**俗　　称**】黑子、白脸山雀

【**形态特征**】体长约 14cm 的山雀，头黑，颊有大型白斑，上背、翼上覆羽及腰部黄绿色，下背至尾上覆羽蓝灰色，最外侧尾羽白色；翅上有灰白色翼带；下体腹部淡黄色，雄鸟由喉至臀贯一条宽的黑色纵纹，雌鸟的中央黑纹未达腿基。华北亚种 *P.c.minor*（即 *Parus major minor*）仅上背部黄绿色，下体灰白或浅黄，雌鸟中央黑纹较窄细且可达尾下覆羽。

【**区系分布**】古北型，安徽有 2 个亚种，均为留鸟。华北亚种在安徽分布于淮北和江淮丘陵：淮北、萧县皇藏峪、宿州、阜阳、临泉、亳州、涡阳、蒙城、蚌埠、阜阳、六安、淮南、瓦埠湖、明光女山湖、来安、滁州琅琊山、肥东、合肥（安徽大学）、长丰埠里、巢湖中庙。华南亚种 *P.c.commixtus* 分布于淮河以南地区：滁州皇甫山、合肥大蜀山、肥西（紫蓬山、圆通山）、霍山（白马尖、黑石渡、磨子潭、太平）、金寨（长岭、青山、梅山）、岳西（包家乡、鹞落坪、汤池）、芜湖、青阳（九华山、陵阳）、清

凉峰、牯牛降、宿松柳平乡、安庆、宣城、宁国西津河、马鞍山、芜湖、铜陵、池州、菜子湖、升金湖、黄山（北海等）、歙县。

【生活习性】平原和山区均能见到，成对活动，喜栖息在针叶林，叫声为响亮的"吱吱嘿"，取食昆虫和植物种子。繁殖早，在洞中营巢，产卵数量多。

【受胁和保护等级】LC（IUCN，2017）；LC（中国物种红色名录，2004）；中国三有保护鸟类。

◉ 摄影　夏家振

普通鸸 Eurasion Nuthatch

拉丁名	*Sitta europaea*
	雀形目 PASSERIFORMES
目科属	鸸科 Sittidae（Nuthatches）
	鸸属 *Sitta* Linnaeus，1758

【形态特征】体长约 13cm 的灰色鸸，上体蓝灰色，有黑色贯眼纹，喉部白色，胸及下体棕黄色，胁部栗色。

【区系分布】古北型。华东亚种 *S.e.sinensis* 在安徽为留鸟，见于金寨（长岭公社、白马寨等）、霍山漫水河公社毛竹园、鹞落坪、青阳九华山、清凉峰、黄山。

【生活习性】在山区活动，冬季落叶后易发现，在树干和树枝上取食。性活泼，行动敏捷，能在树干

上向上或向下攀行。

【受胁和保护等级】LC（IUCN，2017）；LC（中国物种红色名录，2004）。

◉ 摄影　张忠东

红翅旋壁雀　Wallcreeper

拉丁名	*Tichodroma muraria*
目科属	雀形目 PASSERIFORMES
	旋壁雀科 Tichodromidae（Wallcreeper）
	旋壁雀属 *Tichodroma* Illiger，1811

【俗　　称】石花儿

【形态特征】体长约16cm的灰色雀，尾短，嘴长，两翼具明显的绯红色斑纹，非繁殖羽：喉部白色，头顶及脸颊沾褐色。

【区系分布】古北型。普通亚种 *T.m.nepalensis* 在安徽为冬候鸟，仅有零星分布记录。安徽（J.D.D.La Touche，1931），拍摄于黄山（DESHAN，2007年1月2日）。

【生活习性】栖息于多石的高山崖壁，如黄山山顶的裸岩，常在悬崖峭壁上攀爬取食。

【受胁和保护等级】LC（IUCN，2017）；LC（中国物种红色名录，2004）。

◉ 摄影 秦皇岛市观（爱）鸟协会

叉尾太阳鸟　Fork-tailed Sunbird

拉丁名	*Aethopyga christinae*		
目科属	雀形目 PASSERIFORMES		
	太阳鸟科 Nectariniidae（Sunbirds）		
	太阳鸟属 *Aethopyga* Cabanis，1851		

【**俗　　称**】燕尾太阳鸟

【**形态特征**】体长约10cm的小型太阳鸟，嘴细长而下弯，雄鸟头顶及颈背金属绿色，上体橄榄绿色，腰部金黄色，尾羽金属绿色，中央两根尾羽羽轴先端尖细延长呈叉状；头侧黑色，有金属绿色的髭纹，下喉部绛紫红色，下体浅绿白色。雌鸟上体橄榄绿色，腰部黄色，下体绿色。

【**区系分布**】古北型。东洋型，华南亚种 *A.c.latouchii* 在安徽为留鸟，见于安庆（2016年10月），祁门牯牛降（2017年8月22日，李春林等）。

【**生活习性**】生性活泼，动作敏捷，常单独或正对活动，栖息于低海拔的林地中，取食各种植物花蜜，亦食小型昆虫。

【**受胁和保护等级**】LC（IUCN，2017）；中国三有保护鸟类。

● 摄影　张忠东

山麻雀　Russet Sparrow

拉丁名	*Passer cinnamomeus*
目科属	雀形目 PASSERIFORMES
	雀科 Passeridae（Old World Sparrows）
	麻雀属 *Passer* Brisson，1760

【俗　　称】红头麻雀

【形态特征】体长约 14cm 的栗色麻雀，体型较〔树〕麻雀纤细，雄鸟头顶和上体为鲜艳的栗红色，面颊白色，喉部黑，下体灰白色或沾皮黄色。雌鸟具深色的贯眼纹及皮黄色长眉纹。

【区系分布】东洋型。普通亚种 *P.c.rutilans* 在安徽为留鸟，主要分布在淮河以南的山区。见于蚌埠、滁州（皇甫山、琅琊山等）、淮南孔店、合肥、肥东浮槎山、肥西紫蓬山、金寨（青山、长岭公社等）、岳西（包家乡、鹞落坪）、芜湖机场、马鞍山、青阳九华山、休宁上溪口、升金湖、清凉峰、石台、牯牛降、宣城、黄山（猴谷、屯溪等）、歙县、太平谭家桥。山麻雀种名由 *Passer rutilans* 更改为 *P.cinnamomeus*（Mlíkovský，2011），故原指名亚种 *Passer rutilans rutilans* 更改为普通亚种 *Passer cinnamomeus rutilans*。

【生活习性】全省都能见到，但数量少，皖南和大别山的山地村镇内数量较多，繁殖地似乎尽量避开

〔树〕麻雀集中分布的地区，栖息海拔较〔树〕麻雀高，鸣声较〔树〕麻雀尖利，常成对活动。

【受胁和保护等级】LC（IUCN，2017）；LC（中国物种红色名录，2004）；中国三有保护鸟类。

◉摄影　张忠东、夏家振

〔树〕麻雀　Eurasian Tree Sparrow

拉丁名	*Passer montanus*
目科属	雀形目 PASSERIFORMES
	雀科 Passeridae （Old World Sparrows）
	麻雀属 *Passer* Brisson，1760

【俗　　称】麻雀、家雀

【形态特征】体长约 14cm 且最为人熟悉的麻雀，头顶和上背为褐色，白色的面颊有一块黑斑，喉部黑色，雌雄同色。

【区系分布】广布型。普通亚种 *P.m.saturatus* 在安徽为留鸟，全省分布，见于萧县皇藏峪、淮北、亳州、蒙城、涡阳、阜阳、明光女山湖、滁州（皇甫山、琅琊山、滁州师范学院等）、瓦埠湖、合肥（市郊、义城、大房郢水库、大蜀山、安徽大学、骆岗机场、董铺水库、清溪公园）、长丰、肥东、肥西（圆通山、紫蓬山）、巢湖、庐江汤池、六安金安区、金寨（梅山、青山等）、霍山黑石渡、岳西（鹞落坪、汤池）、青阳（城关、陵阳、九华山）、马鞍山、芜湖（市郊、机场等）、安庆沿江滩地、升金湖、龙感湖、黄湖、大官湖、泊湖、武昌湖、菜子湖、破罡湖、白荡湖、枫沙湖、陈瑶湖、宣城、宁国西津河、清凉峰、石台、牯牛降、黄山（屯溪等）、歙县。

【生活习性】高度伴人而居的鸟类，最为人所熟识，筑巢于建筑物洞内，一年可繁殖数窝，但实际每窝成活的幼鸟数量并不多，夏季成对活动，取食昆虫哺育幼鸟，秋冬季集群吃各种谷物和草籽，但近年种群数量逐步下降，冬季已难见到大群。

【受胁和保护等级】LC（IUCN，2017）；NT几近符合VU（中国物种红色名录，2004）；中国三有保护鸟类。

◎ 摄影　高厚忠

白腰文鸟　White-rumped Munia

拉丁名	*Lonchura striata*
目科属	雀形目 PASSERIFORMES
	梅花雀科 Estrildidae（Munias）
	文鸟属 *Lonchura* Sykes，1832

【**俗　　称**】十姐妹

【**形态特征**】体长约 11cm 的深褐色文鸟，特征为腰部和下腹部白色，上体暗沙褐色具细小的白色羽干纹，嘴铅灰色。

【**区系分布**】东洋型。华南亚种 *L.s.swinhoei* 在安徽为留鸟。见于滁州皇甫山、亳州、淮南舜耕山、合肥（安徽大学等）、庐江汤池、六安（金安区、横排头水库）、霍山石家河、金寨、岳西（汤

池、鹊落坪）、马鞍山、当涂湖阳、青阳（陵阳、九华山等）、芜湖（市郊、机场等）、升金湖、宣城、宁国西津河、石台、清凉峰、牯牛降、黄山（汤口、浮溪、屯溪等）、歙县。

【**生活习性**】栖息于全省的平原区和低山区，也在城镇中活动，集小群，在树上营巢，以草为巢材，取食各种谷物和草籽。

【**受胁和保护等级**】LC（IUCN，2017）；LC（中国物种红色名录，2004）。

◉ 摄影　高厚忠、夏家振

斑文鸟 Scaly-breasted Munia

拉丁名	*Lonchura punctulata*
	雀形目 PASSERIFORMES
目科属	梅花雀科 Estrildidae（Munias）
	文鸟属 *Lonchura* Sykes，1832

【形态特征】体长约10cm的褐色文鸟，上体褐色，杂白色纵纹，额、喉暗栗褐色，嘴粗厚呈黑褐色。下体白色，两胁具深色鳞状斑纹。

【区系分布】东洋型。华南亚种 *L.p.topela* 在安徽为留鸟，主要分布于安徽南部：滁州皇甫山、马鞍山、当涂湖阳、青阳（九华山、陵阳）、金寨、芜湖机场、宣城、宁国西津河、石台、清凉峰、牯牛降、黄山、歙县。

【生活习性】常集群活动，习性与白腰文鸟相似。

【受胁和保护等级】LC（IUCN，2017）；LC（中国物种红色名录，2004）。

◎摄影　高厚忠、夏家振

燕雀　Brambling

拉丁名	*Fringilla montifringilla*
目科属	雀形目 PASSERIFORMES
	燕雀科 Fringillidae（Finches and Allies）
	燕雀属 *Fringilla* Linnaeus，1758

【**俗　　称**】虎皮

【**形态特征**】体长约 16cm 的雀，成年雄鸟头、颈及背部黑色，喉、胸部和肩斑棕色，腹部白色，雌鸟头灰褐色。

【**区系分布**】古北型。在安徽为冬候鸟，全省分布，见于滁州（琅琊山、皇甫山、滁州师范学院等）、阜阳、临泉、亳州、蒙城、合肥（安徽农业大学、安徽大学、大房郢水库、清溪公园、大蜀山等）、肥西紫蓬山、长丰埠里、巢湖、金寨长岭公社、鹞落坪、当涂湖阳、芜湖、青阳（九华山、柯村等）、宿松（华阳、二姑畈）、武昌湖、升金湖、清凉峰、宣城、宁国西津河、黄山（汤口、屯溪等）。

【**生活习性**】冬季集大群活动，有时数量可达数万只一群，性安静，常在地面取食各种植物种子。

【**受胁和保护等级**】LC（IUCN，2017）；LC（中国物种红色名录，2004）；中国三有保护鸟类。

黄雀　Eurasian Siskin

拉丁名	*Carduelis spinus*
目科属	雀形目 PASSERIFORMES
	燕雀科 Fringillidae（Finches and Allies）
	金翅属 *Carduelis* Brisson，1760

【俗　　称】黄鸟、黄巧

【形态特征】体长约 11.5cm 而浑圆的黄色雀，头顶和喉部黑色，面颊及腹部、腰部均为黄色，具细碎的纵纹，两翅具显著的黑黄色翼斑，尾黑色。

【区系分布】古北型，在安徽为冬候鸟，冬季主要在淮河以南越冬，迁徙时全省可见：滁州皇甫山、阜阳、亳州、合肥（大蜀山、清溪公园）、金寨（青山等）、鹞落坪、安庆沿江滩地、青阳九华山、石台、牯牛降、宣城、黄山（汤口、屯溪等）。

【生活习性】集群活动，在树上取食植物种子，发出"叽哩－叽哩"的叫声。

【受胁和保护等级】LC（IUCN，2017）；LC（中国物种红色名录，2004）；中国三有保护鸟类。

◉摄影　高厚忠、胡云程

金翅雀 Grey-capped Greenfinch

拉丁名	*Carduelis sinica*
目科属	雀形目 PASSERIFORMES
	燕雀科 Fringillidae（Finches and Allies）
	金翅属 *Carduelis* Brisson，1760

【俗　　称】金翅

【形态特征】体长约 13cm 的黄褐色雀，具宽阔的金黄色翼斑。雄鸟头灰色，背部和腹部黄褐色，臀部、翼斑和尾边缘黄色；雌鸟色暗。

【区系分布】广布型。指名亚种 *C.s.sinica* 在安徽为留鸟，全省分布，见于萧县皇藏峪、明光（女山湖、老嘉山林场）、滁州（皇甫山、琅琊山、铜矿山等）、阜阳、亳州、蒙城、涡阳、淮南山南、瓦埠湖、合肥（安徽医科大学、义城、大蜀山、董铺水库、安徽大学、骆岗机场、清溪公园）、肥西紫蓬山、六安金安区、金寨（白马寨、青山）、鹞落坪、马鞍山、芜湖（市郊、机场等）、青阳（九华山、陵阳等）、安庆沿江滩地、泊湖、武昌湖、菜子湖、升金湖、清凉峰、石台、牯牛降、宣城、宁国西津河、黄山、歙县。

【生活习性】繁殖期成对活动，喜欢在柏树林中活动，取食各种植物种子，冬季集群，飞翔时发出"叽吟吟"的叫声。

【受胁和保护等级】LC（IUCN，2017）；LC（中国物种红色名录，2004）；中国三有保护鸟类。

● 摄影　高厚忠、夏家振

普通朱雀 Common Rosefinch

拉丁名	*Carpodacus erythrinus*
目科属	雀形目 PASSERIFORMES
	燕雀科 Fringillidae（Finches and Allies）
	朱雀属 *Carpodacus* Kaup，1829

【俗　　称】麻料、朱雀

【形态特征】体长约 15cm 的朱雀，头红色，上体灰褐色，腹部白色，繁殖期的雄鸟头、胸、腰部及两翼具鲜亮的红色。雌鸟上体青灰褐色，下体白色。

【区系分布】古北型。东北亚种 *C.e.grebnitskii* 在安徽为旅鸟和冬候鸟，分布于安徽（郑光美，2018），见于滁州、合肥、清凉峰、休宁、升金湖。

【生活习性】迁徙季节与各种鹀混群迁徙，但数量极少。

【受胁和保护等级】LC（IUCN，2017）；LC（中国物种红色名录，2004）；中国三有保护鸟类。

◎摄影　夏家振、李航

北朱雀　Pallas's Rosefinch

拉丁名	*Carpodacus roseus*
目科属	雀形目 PASSERIFORMES
	燕雀科 Fringillidae（Finches and Allies）
	朱雀属 *Carpodacus* Kaup，1829

【形态特征】体长约 16cm 的朱雀，体形矮胖，尾略长。雄鸟头、下背部、下体红色，额部和下颏有白毛；雌鸟色暗淡，上体多褐色纵纹，额部和腰部粉色，下体皮黄色具纵纹，沾粉色。

【区系分布】古北型。指名亚种 *C.r.roseus* 在安徽为冬候鸟，分布于安徽（郑光美，2018）。

【生活习性】栖息于针叶林中，也在灌丛覆盖的山坡和平原的榆、柳林中活动，取食杂草种子、浆果和叶。

【受胁和保护等级】LC（IUCN，2017）；中国三有保护鸟类。

◉ 摄影　秦皇岛市观（爱）鸟协会

锡嘴雀　Hawfinch

拉丁名	*Coccothraustes coccothraustes*
目科属	雀形目 PASSERIFORMES
	燕雀科 Fringillidae（Finches and Allies）
	锡嘴雀属 *Coccothraustes* Brisson，1760

【形态特征】体长约 17cm 的褐色雀，体形矮胖，嘴粗厚具锡金属光泽，眼周和喉部黑色，头部和胸部棕色，两翼灰黑色，肩部色淡，尾很短。

【区系分布】古北型。指名亚种 *C.c.coccothraustes* 在安徽为冬候鸟，见于淮北、滁州（皇甫山、琅琊山等）、临泉、合肥（稻香楼、义城、大蜀山等）、肥东、巢湖、青阳（九华山、杜村乡等）、宣城、清凉峰、牯牛降、黄山。

【生活习性】个体数量少，冬季常与黑尾蜡嘴雀混群，习性与蜡嘴雀相同。

【受胁和保护等级】LC（IUCN，2017）；LC（中国物种红色名录，2004）；中国三有保护鸟类。

● 摄影　夏家振

黑尾蜡嘴雀　Yellow-billed Grosbeak

拉丁名	*Eophona migratoria*
目科属	雀形目 PASSERIFORMES
	燕雀科 Fringillidae（Finches and Allies）
	蜡嘴雀属 *Eophona* Gould，1851

【俗　　称】铜嘴、皂子

【形态特征】体长约 17cm 的黑色及灰色雀，嘴黄色而粗大，先端黑色。雄鸟头、尾和两翼黑色，上体灰褐色；雌鸟头部灰色。

【区系分布】古北型。指名亚种 *E.m.migratoria* 在安徽为旅鸟和冬候鸟，近年来逐渐少见，长江亚种 *E.m.sowerbyi* 在安徽为留鸟。均全省分布，见于明光女山湖、滁州（皇甫山、琅琊山等）、亳州、蒙城、涡阳、阜阳、淮南山南、瓦埠湖、合肥（安徽大学、大蜀山、义城、大房郢水库、董铺水库、骆岗机场、清溪公园等）、肥西（紫蓬山、圆通山等）、肥东、长丰埠里、巢湖、六安金安区、金寨、鹞落坪、马鞍山、芜湖（市郊、机场等）、安庆沿江滩地、升金湖、武昌湖、菜子湖、青阳（九华山等）、宣城、宁国西津河、清凉峰、石台、黄山、太平城郊。

【生活习性】雄鸟在繁殖期发出优美婉转的叫声，在非繁殖期则仅发出单音。冬季集群活动，取食各种植物种子。

【受胁和保护等级】LC（IUCN，2017）；LC（中国物种红色名录，2004）；中国三有保护鸟类。

◉摄影　张忠东、夏家振

黑头蜡嘴雀　Japanese Grosbeak

拉丁名	*Eophona personata*
目科属	雀形目 PASSERIFORMES
	燕雀科 Fringillidae（Finches and Allies）
	蜡嘴雀属 *Eophona* Gould，1851

【俗　　称】大蜡嘴、梧桐

【形态特征】体长约 20cm 的壮实的雀，成鸟嘴纯黄色而硕大，头黑色，但比黑尾蜡嘴雀雄鸟的黑色部分少，上体浅灰色，雌雄同色。

【区系分布】古北型。东北亚种 *E.p.magnirostris* 在安徽为冬候鸟，迁徙时江北平原区容易见到，越冬分散后难以发现。见于安徽各地：萧县皇藏峪、滁州皇甫山、淮南（泉山湖、孔店、十涧湖）、合肥（大蜀山、董铺水库等）、巢湖、庐江汤池、芜湖、安庆机场、鹞落坪、武昌湖、菜子湖、宁国西津河、黄山（汤口、屯溪等）。

【生活习性】常混于黑尾蜡嘴雀群中，取食植物种子。

【受胁和保护等级】LC（IUCN，2017）；LC（中国物种红色名录，2004）；中国三有保护鸟类。

● 摄影　夏家振

凤头鹀　Crested Bunting

拉丁名	*Melophus lathami*
目科属	雀形目 PASSERIFORMES
	鹀科 Emberizidae（Buntings）
	凤头鹀属 *Melophus* Swainson，1837

【俗　　称】凤头雀

【形态特征】体长约 17cm 且带凤头的深色鹀。雄鸟辉黑色，两翼及尾栗色；雌鸟深橄榄褐色，布满纵纹。

【区系分布】东洋型。在安徽为夏候鸟，分布于大别山和皖南山区，见于舒城河棚、青阳（陵阳、九华山、三天门等）、芜湖机场、宣城、清凉峰、石台、牯牛降、黄山（汤口、屯溪等）、太平谭家桥。

【生活习性】栖息于丘陵开阔地带和多草的山坡，在地面活动，性活泼，冬季常在稻田取食。

【受胁和保护等级】LC（IUCN，2017）；LC（中国物种红色名录，2004）；中国三有保护鸟类。

◉ 摄影　吕晨枫、夏家振

蓝鹀 Slaty Bunting

拉丁名	*Emberiza siemsseni*
目科属	雀形目 PASSERIFORMES
	鹀科 Emberizidae（Buntings）
	鹀属 *Emberiza* Linnaeus，1758

【形态特征】体长约 13cm 的灰蓝色鹀。雄鸟深蓝色，下腹及尾下覆羽白色。雌鸟体褐色，头、颈及上胸部栗色，下腹部也是白色。虹膜褐色，嘴黑色，脚肉黄色。

【区系分布】东洋型，是中国特有鸟种，在安徽为留鸟。分布于皖南山区和大别山区：舒城小涧冲、霍

山马家河林场、金寨（白马寨、天堂寨、螺丝坳林场）、岳西（包家乡、鹞落坪）、清凉峰、牯牛降、宣城、黄山。

【生活习性】少见，在大别山和皖南山区的高海拔地区繁殖，繁殖期发出优美的鸣叫，平原地区很少见到。

【受胁和保护等级】LC（IUCN，2017）；LC（中国物种红色名录，2004）；中国三有保护鸟类。

●摄影　夏家振、杨远方

白头鹀 Pine Bunting

拉丁名	*Emberiza leucocephalos*			
目科属	雀形目 PASSERIFORMES			
	鹀科 Emberizidae （Buntings）			
	鹀属 *Emberiza* Linnaeus，1758			

【形态特征】体长 17cm 的鹀，具有独特的头部图纹和小羽冠。雄鸟具白色冠纹和黑色侧冠纹，耳羽部（颊纹）白色，边缘黑色，喉部栗色，胸带白色。雌鸟色淡，嘴上下颜色不一，下髭纹白，腰部栗色。

【区系分布】古北型，在安徽为冬候鸟，主要在淮河以北的平原低山区越冬，见于阜阳太和。

【生活习性】冬季喜在农田、荒地及梨园集小群活动。

【受胁和保护等级】LC（IUCN，2017）；中国三有保护鸟类。

三道眉草鹀　Meadow Bunting

拉丁名	*Emberiza cioides*
目科属	雀形目 PASSERIFORMES
	鹀科 Emberizidae（Buntings）
	鹀属 *Emberiza* Linnaeus，1758

【俗　　称】三道眉

【形态特征】体长约 16cm 的棕色鹀。雄鸟有醒目的黑白色头部条纹和栗色的胸带；雌鸟色淡，眉纹及其他纹路皮黄色。

【区系分布】东洋型。普通亚种 *E.c.castaneiceps* 在安徽为留鸟，见于全省各地：淮北、萧县皇藏峪、明光女山湖、滁州（皇甫山、琅琊山等）、阜阳、亳州、蒙城、涡阳、合肥（大蜀山、安徽大学等）、肥东、肥西紫蓬山、巢湖、金寨（长岭公社、青山等）、霍山黑石渡、岳西（包家乡、美丽乡、沙凸嘴、鹞落坪）、升金湖、芜湖、青阳（九华山、陵阳、长垅、柯村等）、宣城、清凉峰、石台、牯牛降、黄山（汤口、屯溪等）。

【生活习性】成对活动，繁殖期善鸣，在矮树和灌丛中营巢。

【受胁和保护等级】LC（IUCN，2017）；LC（中国物种红色名录，2004）；中国三有保护鸟类。

◉ 摄影 张忠东、夏家振、高厚忠

白眉鹀　Tristram's Bunting

拉丁名	*Emberiza tristrami*
目科属	雀形目 PASSERIFORMES
	鹀科 Emberizidae（Buntings）
	鹀属 *Emberiza* Linnaeus，1758

【形态特征】体长约 15cm 且眉纹白色的鹀，雄鸟头黑色，顶冠纹、眉纹及颚纹白色，雌鸟头部色淡呈皮黄色。

【区系分布】古北型。在安徽为旅鸟和冬候鸟，分布于全省各地：滁州（皇甫山、琅琊山）、阜阳、涡阳、瓦埠湖、合肥（安徽大学、大房郢水库、大蜀山等）、肥东、金寨、鹞落坪、青阳九华山、芜湖、大

官湖、升金湖、清凉峰、牯牛降、宣城、黄山（汤口、屯溪等）。

【生活习性】在平原、丘陵的林间活动，主食各种植物种子。

【受胁和保护等级】LC（IUCN，2017）；LC（中国物种红色名录，2004）；中国三有保护鸟类。

● 摄影 夏家振

栗耳鹀　Chestnut-eared Bunting

拉丁名	*Emberiza fucata*
目科属	雀形目 PASSERIFORMES
	鹀科 Emberizidae（Buntings）
	鹀属 *Emberiza* Linnaeus，1758

【俗　　称】赤胸鹀、赤脸雀

【形态特征】体长约 16cm 的鹀。雄鸟的栗色耳羽与灰色头顶和颈部形成鲜明对比，喉部白色，胸口有黑色纵纹；雌鸟与非繁殖期的雄鸟色淡，但耳羽栗色。挂墩亚种 *E.f.kuatunensis* 色深且上体较红，具狭窄的胸带。

【区系分布】古北型。安徽有 2 个亚种，指名亚种 *E.f.fucata* 为冬候鸟，挂墩亚种为夏候鸟。见于滁州皇甫山、鹞落坪、升金湖、清凉峰等。其中指名亚种见于黄山、青阳（九华山、陵阳）、舒城河棚；挂墩亚种见于合肥大蜀山、肥西（圆通山、紫蓬山）、金寨（长岭公社双尖寺、白马寨林场、天堂寨）。

【生活习性】冬春季单独或成对在低山、丘陵林间活动，以各种植物种子为食。

【受胁和保护等级】LC（IUCN，2017）；LC（中国物种红色名录，2004）；中国三有保护鸟类。

⊙ 摄影　杨远方

小鹀 Little Bunting

拉丁名	*Emberiza pusilla*	
目科属	雀形目 PASSERIFORMES	
	鹀科 Emberizidae（Buntings）	
	鹀属 *Emberiza* Linnaeus，1758	

【形态特征】体长约 13cm 而具纵纹的鹀，雌雄同色，头部具条纹，上体褐色带深色纵纹，下体偏白，胸及两胁具黑色纵纹。

【区系分布】古北型。在安徽为旅鸟和冬候鸟，见于全省各地：滁州（皇甫山、滁州师范学院、琅琊山）、阜阳、亳州、蒙城、合肥（大蜀山、安徽大学、董铺水库、义城）、肥西紫蓬山、肥东、巢湖、庐江汤池、金寨、霍山吴家呼、岳西（鹞落坪、汤池）、芜湖（市郊、机场等）、黄湖、泊湖、升金湖、青阳（九华山等）、清凉峰、牯牛降、宣城、黄山（汤口、屯溪等）、太平太平渔场。

【生活习性】常与其他鹀混群，主食各种植物的种子。

【受胁和保护等级】LC（IUCN，2017）；LC（中国物种红色名录，2004）；中国三有保护鸟类。

◎ 摄影　张忠东、夏家振

黄眉鹀　Yellow-browed Bunting

拉丁名	*Emberiza chrysophrys*
目科属	雀形目 PASSERIFORMES
	鹀科 Emberizidae（Buntings）
	鹀属 *Emberiza* Linnaeus，1758

【形态特征】体长约 15cm 且具明黄色眉纹的鹀，与白眉鹀近似，但眉纹颜色不同，下体更白且多纵纹，翼斑也更白，下体黑色纵纹更明显。

【区系分布】古北型。在安徽为冬候鸟，见于全省各地：滁州（皇甫山、琅琊山、醉翁亭）、阜阳、涡阳、淮南舜耕山、合肥（大蜀山、安徽大学、骆岗机场、董铺水库、清溪公园、东郊等）、长丰埠里、金寨、霍山佛子岭上游吴家呼、马鞍山、芜湖、岳西（来榜、鹞落坪）、升金湖、黄湖、泊湖、武昌湖、菜子湖、青阳（九华山、陵阳）、清凉峰、石台、牯牛降、宣城、宁国西津河、黄山（汤口等）。

【生活习性】冬春季全省平原地区可见，常与其他鹀混群，主食各种植物的种子。

【受胁和保护等级】LC（IUCN，2017）；LC（中国物种红色名录，2004）；中国三有保护鸟类。

田鹀 Rustic Bunting

拉丁名	*Emberiza rustica*
目科属	雀形目 PASSERIFORMES
	鹀科 Emberizidae（Buntings）
	鹀属 *Emberiza* Linnaeus，1758

【形态特征】体长约 14.5cm 的鹀，头部具有黑色条纹，具小的羽冠，颈、背、胸带栗色，腹部白色。两胁具纵纹，雌鸟色较淡。

【区系分布】古北型。指名亚种 *E.r.rustica* 在安徽为冬候鸟，见于全省各地：滁州、临泉、亳州、合肥（大蜀山、安徽大学、义城、骆岗机场等）、肥东、肥西紫蓬山、巢湖、庐江汤池、金寨、岳西（鹞落坪、汤池）、芜湖、安庆沿江滩地、升金湖、黄湖、泊湖、武昌湖、菜子湖、宣城、黄山。

【生活习性】冬季常集群在高草丛、芦苇荡中活动。

【受胁和保护等级】VU（IUCN，2017）；LC（中国物种红色名录，2004）；中国三有保护鸟类。

◎摄影　夏家振、高厚忠

黄喉鹀　Yellow-throated Bunting

拉丁名	*Emberiza elegans*
目科属	雀形目 PASSERIFORMES
	鹀科 Emberizidae（Buntings）
	鹀属 *Emberiza* Linnaeus，1758

【俗　　称】春暖、探春

【形态特征】体长约 15cm 的鹀。雄鸟有显著的黑色羽冠，过眼纹与颊部黑色，喉及宽阔的眉纹黄色，胸口有一块黑色围领斑，腹部白色。雌鸟色淡，以皮黄色为主。

【区系分布】古北型。东北亚种 *E.e.ticehursti* 在安徽为冬候鸟，见于全省各地：滁州（皇甫山、琅琊山等）、阜阳、亳州、淮南（泉山湖、淮河大桥）、合肥（大蜀山、安徽大学、骆岗机场、大房郢水库、清溪公园、安医大等）、肥东、肥西紫蓬山、巢湖、金寨（古碑区古路岭等）、鹞落坪、芜湖、安庆沿江滩地、升金湖、青阳（九华山、陵阳）、牯牛降、宣城、宁国西津河、黄山。

【生活习性】冬季在低山区灌丛内可见，小群活动，繁殖期鸣声优美。

【受胁和保护等级】LC（IUCN，2017）；LC（中国物种红色名录，2004）；中国三有保护鸟类。

●摄影　胡云程、张忠东、夏家振

黄胸鹀　Yellow-breasted Bunting

拉丁名	*Emberiza aureola*
目科属	雀形目 PASSERIFORMES
	鹀科 Emberizidae（Buntings）
	鹀属 *Emberiza* Linnaeus，1758

【**俗　　称**】禾花雀

【**形态特征**】体长约 15cm 且色彩艳丽的鹀。雄鸟头顶及颈、背栗色，颊及喉部黑色，领环和胸腹部明黄色，具栗色的胸带，有白色肩斑。雌鸟多沙色，有深色的侧冠纹，眉纹皮黄色。

【**区系分布**】古北型。指名亚种 *E.a.aureola* 和东北亚种 *E.a.ornata* 在安徽为旅鸟。迁徙季节见于全省

各地：滁州琅琊山、淮南淮河大桥、阜阳、合肥（义城、大蜀山等）、六安、金寨长岭公社、武昌湖、菜子湖、青阳（九华山等）、芜湖、清凉峰、牯牛降、黄山。

【生活习性】集群活动，取食植物种子，以往迁徙季节尤其是春季数量较多，近年来因被非法捕捉贩卖到广东食用，以及栖息地的破坏，数量急剧下降，已很少见到。

【受胁和保护等级】EN（IUCN，2017）；NT 几近符合 VU（中国物种红色名录，2004）；中国三有保护鸟类。

◎摄影　李航、裴志新

栗鹀　Chestnut Bunting

拉丁名	*Emberiza rutila*
目科属	雀形目 PASSERIFORMES
	鹀科 Emberizidae（Buntings）
	鹀属 *Emberiza* Linnaeus，1758

【俗　　称】金钟

【形态特征】体长约 15cm 的栗色和黄色鹀。雄鸟头部、上体和胸部栗色，下腹部黄色；雌鸟色暗淡，具深色条纹。

【区系分布】古北型。在安徽为旅鸟，迁徙季节见于全省各地：萧县皇藏峪、滁州（南门外、琅琊山）、瓦埠湖、合肥（安徽医科大学、大蜀山等）、金寨、升金湖、青阳九华山、宣城、清凉峰、黄山。

【生活习性】与黄胸鹀一样被捕捉贩卖，春季迁徙期数量较黄胸鹀多，但近年来已不多见。

【受胁和保护等级】LC（IUCN，2017）；LC（中国物种红色名录，2004）；中国三有保护鸟类。

灰头鹀　Black-faced Bunting

拉丁名	*Emberiza spodocephala*
目科属	雀形目 PASSERIFORMES
	鹀科 Emberizidae（Buntings）
	鹀属 *Emberiza* Linnaeus，1758

【形态特征】体长约 14cm 的青灰色及黄色鹀。指名亚种 *E.s.spodocephala* 的雄鸟头、颈、背及喉灰色，眼先及颏黑色；上体余部浓栗色具黑色纵纹，肩部有一块白斑，下体浅黄或近白；雌鸟及冬季雄鸟头橄榄色，贯眼纹及月牙形下颊纹皮黄色。西北亚种 *E.s.sordida* 头部较指名亚种多绿灰色。日本亚种 *E.s.personata* 的上胸及喉黄色。

【区系分布】古北型。安徽有 3 个亚种，其中指名亚种和日本亚种为冬候鸟，西北亚种为旅鸟。全省分布：滁州（皇甫山、琅琊山等）、阜阳、蒙城、涡阳、瓦埠湖、合肥（安徽大学、安徽农业大学、安徽医科大学、大房郢水库、大蜀山、清溪公园、董铺水库、义城等）、肥东、长丰、巢湖、庐江汤池、金寨、霍山黑石渡、马鞍山、芜湖、岳西（鹞落坪、汤池）、安庆沿江滩地、武昌湖、菜子湖、升金湖、青阳九华山、清凉峰、牯牛降、宣城、宁国西津河、黄山（汤口、屯溪等）。

【生活习性】集小群活动，分布于各种生境。冬季仅发出单音，不断地弹尾并显露外侧尾羽的白色羽

缘。春季在灌丛中常发出优美的鸣声，主食各种植物种子。

【受胁和保护等级】LC（IUCN，2017）；LC（中国物种红色名录，2004）；中国三有保护鸟类。

◉ 摄影　张忠东、夏家振

苇鹀　Pallas's Bunting

拉丁名	*Emberiza pallasi*
	雀形目 PASSERIFORMES
目科属	鹀科 Emberizidae（Buntings）
	鹀属 *Emberiza* Linnaeus，1758

【形态特征】体长约 14cm 的鹀。雄鸟头黑，下颏纹白色，颈圈白而下体灰，上体具灰色、黑色横斑；雌鸟浅皮黄色，头顶、上背、胸及两胁具深色纵纹。

【区系分布】古北型。东北亚种 *E.p.polaris* 在安徽为旅鸟，见于安徽（郑光美，2018）、阜阳、合肥义城、瓦埠湖、庐江汤池、金寨青山。

【生活习性】栖息于芦苇丛中及荒草地生境，成对或集小群活动，主食植物种子。

【受胁和保护等级】LC（IUCN，2017）；LC（中国物种红色名录，2004）；中国三有保护鸟类。

◉ 摄影　夏家振

红颈苇鹀　Ochre-rumped Bunting

拉丁名	*Emberiza yessoensis*
目科属	雀形目 PASSERIFORMES
	鹀科 Emberizidae（Buntings）
	鹀属 *Emberiza* Linnaeus，1758

【**形态特征**】体长约 15cm 的鹀。雄鸟头黑色，似苇鹀，但无白色的下颊纹，腰及颈、背棕色；雌鸟下体少纵纹且色淡，颈背粉棕色。

【**区系分布**】古北型，东北亚种 *E.y.continentalis* 在安徽为冬候鸟，见于宿松黄大湖（胡小龙，2001年5月2日）、泊湖、黄湖（朱文中等，2010）、肥东长临河（胖马，2014年4月）。

【**生活习性**】喜在湿地周边活动，习性与苇鹀相似。

【**受胁和保护等级**】NT（IUCN，2017）；NT 几近符合 VU（中国物种红色名录，2004）；中国三有保护鸟类。

芦鹀　Reed Bunting

拉丁名	*Emberiza schoeniclus*
目科属	雀形目 PASSERIFORMES
	鹀科 Emberizidae（Buntings）
	鹀属 *Emberiza* Linnaeus，1758

【俗　　称】大山家雀儿、大苇容

【形态特征】体长约 15cm 的鹀类，具显著的白色下髭纹。繁殖期雄鸟似苇鹀，但上体多棕色。雌鸟及非繁殖期雄鸟头部的黑色多褪去，头顶及耳羽具杂斑，眉纹皮黄色。与苇鹀的区别为芦鹀小覆羽棕色，苇鹀小覆羽灰色。

【区系分布】古北型。在安徽为冬候鸟。东北亚种 *E.s.minor* 繁殖于黑龙江等东北地区，越冬于长江下游江苏镇江、南京等地，安徽有此亚种分布。疆西亚种 *E.s.pallidior* 分布于西伯利亚，中国分布于新疆西部喀什、西南部喀喇昆仑山、北部玛纳斯河、甘肃中南部、内蒙古包头，越冬于广东、香港、澳门等地，迁徙途经湖南、江苏、浙江、福建，安徽见于升金湖、宣城。

【生活习性】小群或单独活动，性颇活泼，常飞翔于低树、芦苇丛、高草地之间，时而追逐，时而隐藏，冬春季仅在省内湿地有零星记录。

【受胁和保护等级】LC（IUCN，2017）；中国三有保护鸟类。

○ 摄影　夏家振

铁爪鹀 Lapland Longspur

拉丁名	*Calcarius lapponicus*
目科属	雀形目 PASSERIFORMES
	鹀科 Emberizidae（Buntings）
	铁爪鹀属 *Calcarius* Bechstein，1802

【俗　　称】铁爪子、铁雀、雪眉子

【形态特征】体长约16cm的鹀。雄鸟的头、喉及胸呈黑色，眉纹及颈侧白色，下颈浓栗色，背部赤锈色，并具黑色纵斑，下体白色，两胁有纵纹。雌鸟羽色与雄鸟相似，但较浅淡；头部黑色部分呈褐色，侧冠纹略黑，喉和胸带棕褐色，下体乳白色，胁部条纹黑色，宽而浓重。

【区系分布】古北型，繁殖于北极区的苔原冻土带，越冬至南方的草地及沿海地区。东北亚种 *C.l.coloratus* 在安徽沿江平原为冬候鸟。

【生活习性】多在地上活动，后趾爪特长，栖息于草地、沼泽地、平原田野、丘陵的稀疏山林。食物主要为野生植物种子，十分耐寒。

【受胁和保护等级】LC（IUCN，2017）；中国三有保护鸟类。

参考文献

[1] 安徽省绩溪县清凉峰考察队.绩溪县清凉峰自然资源考察报告.野生动物资源调查与保护,1987,第八集:22-25.

[2] 安徽省林业厅.安徽省陆生野生动植物资源.合肥:合肥工业大学出版社,2006.

[3] 曹垒,鲁善翔,杨捷频,沈显生.绿鹭的繁殖习性观察.动物学研究,2002,23(2):180-184.

[4] 陈璧辉.漫谈扬子鳄自然保护区.野生动物资源调查与保护,1984,第七集:19-21.

[5] 陈锦云,周立志.安徽沿江浅水湖泊越冬水鸟群落的集团结构.生态学报,2011,18(31):5323-5331.

[6] 陈军林,周立志,许仁鑫,韩德民,刘彬,曹玲亮,王勋,薛委委.巢湖湖岸带鸟类多样性的初步研究.动物学杂志,2010,45(3):139-147.

[7] 陈领.古北和东洋界在我国东部的精确划界——据两栖动物.动物学研究,2004,25(5):369-377.

[8] 程炳功.安徽鸟类——新纪录.徽州师专学报(自然科学版),1988(2):7.

[9] 程元启,曹垒,马克·巴特,徐文彬等.安徽升金湖国家级自然保护区2008/2009年越冬水鸟调查报告.合肥:中国科学技术大学出版社,2009.

[10] 戴传银.安徽绩溪发现淡绿鹛.动物学杂志,2016,51(2):280.

[11] 高本刚.皖西六安地区药用动物资源调查报告.野生动物资源调查与保护,1987,第八集:104-111.

[12] 顾长明.安徽省2005年度长江中下游水鸟调查工作圆满结束.野生动物学报,2005(4):48.

[13] 顾长明.安徽省结束2004冬季湿地水鸟调查.野生动物学报,2004(2):22.

[14] 郭超文,董永文.安徽四种野生鸟类的核型分析.安徽师范大学学报(自然科学版),1991(3):50-54.

[15] 国际鸟盟.中国大陆重要自然栖地——重点鸟区.中国大陆重要自然栖地重点鸟区编委会,2009:163-172.

[16] 韩德民,王岐山.勺鸡的生态研究.动物学研究,1993,14(1):27-34.

[17] 侯银续,高厚忠,马号号,虞磊,张保卫.安徽省鸟类分布新纪录——松雀鹰.安徽农业科学,2012,40(32):15713-15714.

[18] 侯银续,金磊,虞磊,张保卫.安徽省鸟类分布新纪录——白额鹱.安徽农业科学,2012,40(33):16054-16076.

[19] 侯银续,秦维泽,虞磊,杨龙婴.安徽省鸟类新纪录——北蝗莺.安徽农业科学,2013,41(02):499,544.

[20] 侯银续,史杰,褚玉鹏,桂涛,虞磊,江浩,杨捷频,方剑波,王灿,胖马,张政欢,张保卫.安徽省鸟类分布新纪录——宝兴歌鸫.野生动物学报,2014,35(3):357-360.

[21] 侯银续,虞磊,高厚忠,史杰,李春林,张虹旋.安徽省鸟类分布新记录——灰脸鵟鹰.安徽农业科学,2013,41(10):4406-4408.

[22] 侯银续,张黎黎,胡边走,周波,宫蕾,罗子君,高厚忠,虞磊,周立志,江浩,顾长明.安徽省鸟类分布新纪录——白鹈鹕.野生动物,2013,34(1):61-62.

[23] 侯银续,周立志,杨陈,王岐山.越冬地东方白鹳的繁殖干扰.动物学研究,2007,28(4):344-352.

[24] 胡小龙,耿德民.安徽发现黑冠鹃隼.动物学杂志,1995,30(5):24-25.

[25] 胡小龙,王岐山.白冠长尾雉生态的研究.野生动物,1981(4):39-44.

[26] 黄山风景区管理委员会.黄山珍稀动物.北京:中国林业出版社,2006:1-87.

[27] 江红星,徐文彬,钱法文,楚国忠.栖息地演变与人为干扰对升金湖越冬水鸟的影响.应用生态学报,2007,18(8):1832–1836.

[28] 雷富民,卢建利,刘耀,屈延华,尹祚华.中国鸟类特有种及其分布格局.动物学报,2002,48(5):599–610.

[29] 雷富民,卢汰春.中国鸟类特有种.北京:科学出版社,2006.

[30] 雷富民,屈延华,卢建利,尹祚华,卢汰春.关于中国鸟类特有种名录的核定.动物分类学报,2002,27(4):857–864.

[31] 李炳华,陈璧辉.牯牛降的鸟兽及其生态.韩也良主编,牯牛降科学考察集.北京:中国展望出版社,1990:281–299.

[32] 李炳华,陈璧辉.珠颈斑鸠生态学的初步观察.安徽师范大学学报(自然科学版),1978,1(2):87–93.

[33] 李炳华,陈璧辉.皖南的白鹇初步调查.野生动物资源调查与保护,1979,第三集:24–27.

[34] 李炳华,陈璧辉.皖南白鹇的分布及生态初步调查.动物学杂志,1984(4):15–18.

[35] 李炳华.安徽珍稀鸟类.安徽林业,1984(1):10–11.

[36] 李炳华.皖南的白颈长尾雉.野生动物,1985(5):18–20.

[37] 李炳华.牯牛降自然保护区鸟类区系和若干生态的研究:I区系组成.安徽师范大学学报(自然科学版),1987(2):50–60.

[38] 李炳华.牯牛降自然保护区鸟类区系及若干生态的研究:II若干生态资料.安徽师范大学学报(自然科学版),1988(1):51–63.

[39] 李炳华.安徽雉科鸟类的初步研究.安徽师范大学学报(自然科学版),1992(3):76–81.

[40] 李莉,崔鹏,徐海根,万雅琼,雍凡,侯银续,马号号,虞磊.安徽鹞落坪繁殖季节鸟类物种组成比较研究.野生动物学报,2017,38(1):52–62.

[41] 李永民,姜双林,聂超,余倩,聂传朋.安徽颍州西湖省级湿地自然保护区鸟类资源调查初报.四川动物,2010,29(2):240–243.

[42] 李永民,吴孝兵,段秀文.芜湖市鸟类组成及分布.城市环境与城市生态,2012,25(1):22–27.

[43] 李永民,吴孝兵.芜湖市冬夏季鸟类多样性分析.应用生态学报,2006,17(2):269–274.

[44] 李永民,薛辉,吴孝兵,顾长明,陈文豪,吴建中.安徽牯牛降发现短尾鸦雀.动物学杂志,2013,48(1):86.

[45] 林祖贤.红嘴相思鸟的资源利用及迁徙.野生动物资源调查与保护,1978,第二集:22–25.

[46] 刘彬,周立志,汪文革,沈三宝,韩德民.大别山山地次生林鸟类群落集团结构的季节变化.动物学研究,2009,30(3):277–287.

[47] 刘昌利,葛红军,张庆磊,李光杰.六安市鹭类资源及生活习性的初步观察.中国林副特产,2005,77(4):43–45.

[48] 刘春生,李传斌,吴万能,孟冀辉.安徽省啮齿动物的区系分布和地理区划.兽类学报,1985,5(2):111–118.

[49] 刘绪友,刘嵩.蓝翅八色鸫的繁殖生态研究.中国鸟类学研究.北京:中国林业出版社,1996:235–238.

[50] 刘子祥,唐梓钧,舒服,赵冬冬,邓学建.安徽阜阳发现白头鹀.动物学杂志,2013,48(3):398.

[51] 罗子君,周立志,顾长明.阜阳市重要湿地夏季鸟类多样性研究.生态科学,2012,31(5):530–537.

[52] 麦伟强,张继俊,郑世林,刘绪友,贾华萍.人工巢箱招引丝光椋鸟的初步观察.野生动物资源调查与保护,1982,第五集:61–65.

[53] 蒲发光.金寨天马国家级自然保护区鸟类多样性监测.农技服务,2013,30(7):761–762,765.

[54] 钱国祯,虞快.天目山习见鸟类的若干生态学问题的初步研究·区系动态.华东师范大学学报,1964(2):85–98.

[55] 升金湖考察组.建立升金湖水禽自然保护区考察报告.野生动物资源调查与保护,1987,第八集:70–71.

[56] 孙江,周开亚,高安利.长江下游江面江岸鸟类调查简报.动物学杂志,1994,29(1):23–28.

[57] 孙全辉,张正旺.气候变暖对我国鸟类分布的影响.动物学杂志,2000,35(6):45–48.

［58］ 孙跃岐,鲁长虎,鲁亚平,王延年.安徽省女山湖繁殖鸟类及群落种的多样性.野生动物,1997,95(1):21-24.

［59］ 唐鑫生,程从应,胡优贵.黄山机场鸟类调查与鸟击防范对策探讨.生物学杂志,2008,25(6):46-50.

［60］ 汪松,解焱.中国物种红色名录第一卷:红色名录.北京:高等教育出版社,2009.

［61］ 王剑.安徽省五种鸟类新纪录.黄山学院学报,2010,12(3):52-53.

［62］ 王岐山,胡小龙,邢庆仁,熊成培,林祖贤.安徽黄山的鸟类及兽类初步调查.野生动物资源调查与保护,1978,第二集:26-47.

［63］ 王岐山,胡小龙,邢庆仁,熊成培,林祖贤.安徽黄山的鸟兽资源调查报告.安徽大学学报(自然科学版),1981(2):138-158.

［64］ 王岐山,胡小龙,邢庆仁.安徽石臼湖的水禽.安徽大学学报(自然科学版),1983(1):115-124.

［65］ 王岐山,胡小龙,邢庆仁.当涂石臼湖的水禽.野生动物资源调查与保护,1983,第四集:29-34.

［66］ 王岐山,胡小龙.安徽鸟类新纪录.野生动物资源调查与保护,1977,第一集:27-33.

［67］ 王岐山,胡小龙.安徽九华山鸟类调查报告.安徽大学学报(自然科学版),1978(1):56-84.

［68］ 王岐山,胡小龙.白冠长尾雉的食物分析.野生动物资源调查与保护,1979,第三集:11-12.

［69］ 王岐山,胡小龙.合肥市及其附近地区鸟类调查报告.安徽大学学报(自然科学版),1979(2):60-88.

［70］ 王岐山,胡小龙.勺鸡的生态观察.动物学杂志,1983(5):8-9,40.

［71］ 王岐山,胡小龙.安徽鸟类新纪录.四川动物,1986,5(1):36-37.

［72］ 王岐山,林祖贤.白头鹤在安徽首次发现.野生动物资源调查与保护,1979,第三集:9-10.

［73］ 王岐山,马鸣,高育仁.中国动物志·鸟纲第5卷·鹤形目鸻形目鸥形目.北京:科学出版社,2006.

［74］ 王岐山,施葵初,朱文中.东方白鹳在安庆营巢繁殖再考察.中国鹤类通讯,2002,6(1):30-31.

［75］ 王岐山,邢庆仁,胡小龙,熊成培.安徽大别山北坡鸟类初步调查.野生动物资源调查与保护,1979,第三集:28-48.

［76］ 王岐山,邢庆仁,胡小龙,熊成培.安徽大别山北坡鸟类.野生动物,1983(3):55-57.

［77］ 王岐山,杨兆芬.东方白鹳研究现状.安徽大学学报(自然科学版),1995,19(1):82-99.

［78］ 王岐山.安徽陈瑶湖的野鸭及其狩猎方法.安徽大学学报(自然科学版),1963(5):87-96.

［79］ 王岐山.安徽琅琊山的鸟类.动物学杂志,1965,7(4):163-168.

［80］ 王岐山.鸢的食性资料.动物学杂志,1975(2):43.

［81］ 王岐山.安徽省夏季常见鸟类的野外识别.野生动物资源调查与保护,1979,第二集:61-78.

［82］ 王岐山.安徽陆栖脊椎动物研究简史及名录.野生动物资源调查与保护,1983,第四集:48-58.

［83］ 王岐山.安徽动物地理区划.安徽大学学报(自然科学版),1986(1):45-58.

［84］ 王岐山.长江中下游越冬鹤类现状.湿地与水禽保护(东北亚)国际研讨会论文集,北京:中国林业出版社,1998.

［85］ 王松,鲍方印.皇甫山鸟类分布规律的研究.安徽农业技术师范学院学报,1999,13(4):62-65.

［86］ 王宗英,路有成.芜湖市鸟类的生态分布.安徽师范大学学报(自然科学版),1989(4):41-49.

［87］ 吴诚和.安徽植物区系的探讨.植物学报,1982,24(5):468-476.

［88］ 吴诚和.牯牛降自然保护区森林植被简介.野生动物资源调查与保护,1984,第七集:27.

［89］ 吴海龙,顾长明.安徽鸟类图志.芜湖:安徽师范大学出版社,2017.

［90］ 吴诗华,王岐山.马鬃岭自然保护区简介.野生动物资源调查与保护,1984,第七集:63.

［91］ 吴诗华.萧县皇藏峪自然保护区.野生动物资源调查与保护,1984,第七集:95-101.

［92］ 吴侠中,丁吉智,程荣海,刘绪友.皇甫山自然保护区.野生动物资源调查与保护,1984,第七集:79-81,91-94.

［93］ 吴侠中.皖东林区鸟类资源.野生动物资源调查与保护,1987,第八集:121-125.

[94] 夏灿玮.安徽省鸟类科的新纪录——戴菊科(戴菊).四川动物,2011,30(2):246.

[95] 项澄生,殷永正.萧县皇藏峪的鸟类.野生动物资源调查与保护,1983,第四集:35-42.

[96] 邢庆仁.当涂县鹤类资源的演变.野生动物资源调查与保护,1987,第八集:112-114.

[97] 徐麟木.安徽省肥东发现中华秋沙鸭.野生动物,1988(2):40.

[98] 颜重威,赵正阶,郑光美等.中国野鸟图鉴.台北:台湾翠鸟文化事业有限公司,1996,58.

[99] 杨陈,周立志,朱文中,侯银续.越冬地东方白鹳繁殖生物学的初步研究.动物学报,2007,53(2):215-226.

[100] 杨二艳,周立志,方建民.长江安庆段滩地鸟类群落多样性及其季节动态.林业科学,2014,50(4):77-83.

[101] 杨森,李春林,杨阳,周盛,鲍明霞,周立志.安徽省鸟类新纪录——栗头鹟莺和赤嘴潜鸭.四川动物,2017,36(2):187.

[102] 尹莉.安徽升金湖发现珍稀候鸟彩鹬和雪雁.大自然,2014,37(3):36-37.

[103] 约翰·马敬能,卡伦·菲利普斯,何芬奇.中国鸟类野外手册.长沙:湖南教育出版社,2000.

[104] 张荣祖.中国动物地理.北京:科学出版社,1999.

[105] 张兴桃,高贵珍.芜湖机场锥形面内鸟类调查.宿州师专学报,2003,18(1):86-88.

[106] 张雁云,张正旺,董路,丁平,丁长青,马志军,郑光美.中国鸟类红色名录评估.生物多样性,2016,24(5):568-577.

[107] 张有瑜,周立志,王岐山,王新建,邢雅俊.安徽省繁殖鸟类分布格局和热点区分析.生物多样性,2008,16(3):305-312.

[108] 赵凯,张宏,顾长明,吴海龙.安徽省七种鸟类新纪录.动物学杂志,2017,52(2):1-5.

[109] 赵正阶主编.中国鸟类志·上卷:非雀形目.长春:吉林科学出版社,2001.

[110] 赵正阶主编.中国鸟类志·下卷:雀形目.长春:吉林科学出版社,2001.

[111] 赵彬彬,桂正文,邹宏硕,姚棋,李春林.安徽省鸟类新纪录——叉尾太阳鸟.四川动物,2018,1:91.

[112] 郑光美.中国鸟类分类与分布名录(第二版).北京:科学出版社,2011.

[113] 郑光美.中国鸟类分类与分布名录(第三版).北京:科学出版社,2018.

[114] 郑作新,钱燕文.安徽黄山的鸟类初步调查.动物学杂志,1960,4(1):10-14.

[115] 郑作新,徐亚君.草鸮在安徽南部的发现.动物学杂志,1963,5(3):122.

[116] 郑作新.中国鸟类分布目录.I.非雀形目:1-329;II.雀形目:1-591.北京:科学出版社,1955-58.

[117] 郑作新.中国鸟类分布名录(第二版).北京:科学出版社,1976.

[118] 郑作新.中国鸟类种和亚种分类名录大全.北京:科学出版社,1994.

[119] 郑作新.中国鸟类系统检索(第三版).北京:科学出版社,2002.

[120] 周立志,李进华,尹华宝,芮伟,王翔,刘奇,徐思琦,桂学琴,严睿文.三种重金属元素在鹭卵中富集特征的初步研究.应用生态学报,2005,16(10):1932-1937.

[121] 周立志,李进华,张磊,仇文娜,于振伟,杨浅,陈春玲.颍上八里河自然保护区鹭卵3种重金属残留分析.动物学杂志,2006,41(2):48-52.

[122] 周立志,宋榆钧,马勇,宣言.紫蓬山区国家级森林公园繁殖鸟类资源及保护对策.野生动物,1998,19(6):14-15.

[123] 周立志,宋榆钧,王岐山,冯绍周.仙八色鸫繁殖习性及雏鸟生长的研究.东北师范大学学报(自然科学版),1998(3):84-88.

[124] 周立志,宋榆钧,宣言.紫蓬山区国家级森林公园春夏季鸟类群落生态的初步研究.林业科技,1998,23(5):24-27.

［125］ 周立志.安徽省鸟类分布新记录——震旦鸦雀.安徽大学学报(自然科学版),2010,34(4):91-92.

［126］ 周世锷.安徽滁县地区食虫鸟类调查.野生动物,1991(6):20-23.

［127］ 周业勇.合肥市野生鸟类图志.合肥:安徽科学技术出版社,2017.

［128］ 朱文中,周立志.安庆沿江湖泊湿地生物多样性及其保护与管理.合肥:合肥工业大学出版社,2010:150-155.

［129］ 朱文中.安徽安庆发现东方白鹳营巢繁殖.中国鹤类通讯,2001,5(2):30-31.

［130］ Barter M,Chen L,Cao L,Lei G.Waterbird survey of the middle and lower Yangtze River floodplain in late January and early February 2004.Beijing:China Forestry Publishing House,2004.

［131］ Barter M,Lei G,Cao L.Waterbird survey of the middle and lower Yangtze River floodplain (February 2005)［R］.Beijing:China Forestry Publishing House,2006.

［132］ Cao L.,Barter M,Lei G.New Anatidae population estimates for eastern China:implications for flyway population sizes.Biological Conservation,2008,141:2301-2309.

［133］ Chen J.Y.,Zhou L.Z.,Zhou B.,Xu R.X.,Zhu W.Z.,Xu W.B.Seasonal dynamics of wintering waterbirds in two shallow lakes along Yangtze River in Anhui Province.Zoological Research,2011,32(5):540-548.

［134］ Chong,L.T.(常麟定).Notes on some birds of Honan and south Anhwei.Sinensia.,1936,7(4):459-470.

［135］ Davis,W.B.,and B.P.Glass.Notes on eastern Chinese birds.Auk,1951,68(1):86-91.

［136］ Del Hoyo J.Handbook of the birds of the world alive.Lynx Editions,2015.

［137］ Harry R.Caldwell,John C.Caldwell.South China birds.Shanghai:Hester May Vanderburgh,1931:1-447.

［138］ Hoffmann R.S.The southern boundary of the Palaearctic Realm in China and adjacent countries.Acta Zoologica Sinica,2001,47:121-131.

［139］ Howard R.,Moore,A.A complete checklist of the birds of the world.Oxford:Oxford University Press,1980:1-701.

［140］ Huang W.J.The demarcation line between the Palaearctic and Oriental regions in eastern China.In:Kawamichi,T.Contemporary Mammalogy in China and Japan.Proceeding of joint Symposium on Mammalogy in China and Japan,pp.133 - 141.The Mammalogical Society of Japan,1985,Osaka.

［141］ Kolthoff,K.Studies on birds in the Chinese provinces of Kiangsu and Anhwei,1921-1922.Göteborgy kungl.Vetenak.Vitterh.Samh.Handl.1932,5 Földjen,Ser.B.3:1-190.

［142］ La Touche,J.D.D.1925-34.A handbook of the birds of eastern China(Chihil,Shantung,Kiangsu,Anhwei,Kiangsi,Chekiang,Fohkien and Kwangtung Provinces).1:xx,1-500,1925-30;2:xxiii,1-566,1931-34.Taylor and Francis,1925-34,London.

［143］ Malcolm C.Coulter,A.Lawrence Bryan,Jr.,Wang Q.S.,Hu X.L.,Gu C.M.Observations on Oriental White Storks and other waterbirds at Shengjin Lake,11-21 January,Biology and conservation of the Oriental White Stork Ciconia boyciana,1989:115-128.

［144］ Mlíkovsky J. Correct name for the Asian Russet Sparrow. Chinese Birds, 2011, 2:109-110.

［145］ Gee,N.Gist,Lacy I.Moffett,G.D.Wilder.A tentative list of Chinese birds.Part I.The Peking society of natural history,1926-27.Founded 1925.I:xii,1-370.

名录附表

目、科、属	种	亚种	淮北平原	江淮丘陵	皖西山地	沿江平原	皖南山地	居留型	地理型	IUCN	保护级别	CITES
一、潜鸟目												
（一）潜鸟科												
1. 潜鸟属	1. 黑喉潜鸟	1. 北方亚种 *Gavia arctica viridigularis*	+					迷	古	LC 2017	三有	
二、䴙䴘目												
（二）䴙䴘科												
2. 小䴙䴘属	2. 小䴙䴘	2. 普通亚种 *Tachybaptus ruficollis poggei*	+	+	+	+	+	留	广	LC 2017	三有	
3. 䴙䴘属	3. 凤头䴙䴘	3. 指名亚种 *Podiceps cristatus cristatus*	+	+	+	+	+	冬、留	古	LC 2017	三有	
	4. 黑颈䴙䴘	4. 指名亚种 *Podiceps nigricollis nigricollis*				+		冬	古	LC 2017	三有	
	5. 角䴙䴘	5. 指名亚种 *Podiceps auritus auritus*		+		+		旅、冬	古	VU 2017	国Ⅱ	
三、鹱形目												
（三）鹱科												
4. 猛鹱属	6. 白额鹱	6.*Calonectris leucomelas*		+				迷	广	NT 2017	三有	
四、鹈形目												
（四）鹈鹕科												
5. 鹈鹕属	7. 卷羽鹈鹕	7.*Pelecanus crispus*	+	+	+	+		旅、冬	古	VU 2017	国Ⅱ	Ⅰ
	8. 斑嘴鹈鹕	8.*Pelecanus philippensis*		+				夏	东	NT 2017	国Ⅱ	Ⅰ
	9. 白鹈鹕	9.*Pelecanus onocrotalus*	+			+		迷	古	LC 2017	国Ⅱ	
（五）鸬鹚科												
6. 鸬鹚属	10. 普通鸬鹚	10. 中国亚种 *Phalacrocorax carbo sinensis*	+	+	+	+	+	冬、留	广	LC 2017	省Ⅱ、三有	
五、鹳形目												
（六）鹭科												
7. 鹭属	11. 苍鹭	11. 普通亚种 *Ardea cinerea jouyi*	+	+	+	+	+	冬、留	广	LC 2017	三有	
	12. 草鹭	12. 普通亚种 *Ardea purpurea manilensis*	+	+	+	+		夏	东	LC 2017	三有	
	13. 大白鹭	13. 指名亚种 *Ardea alba alba*	+	+	+	+	+	冬	古	LC 2017	三有	Ⅲ
		14. 普通亚种 *Ardea alba modesta*	+	+	+	+	+	冬、留	古	LC 2017	三有	Ⅲ
	14. 中白鹭	15. 指名亚种 *Ardea intermedia intermedia*	+	+	+	+	+	夏	东	LC 2017	三有	

续表

属	种	亚种/学名						居留型	区系	IUCN	保护	
8. 白鹭属	15. 白鹭	16. 指名亚种 *Egretta garzetta garzetta*	+	+	+	+	+	留、夏	广	LC 2017	三有	Ⅲ
	16. 黄嘴白鹭	17. *Egretta eulophotes*				+		冬	古	VU 2017	国Ⅱ	
9. 牛背鹭属	17. 牛背鹭	18. 普通亚种 *Bubulcus ibis coromandus*	+	+	+	+	+	夏	东	LC 2017	三有	Ⅲ
10. 池鹭属	18. 池鹭	19. *Ardeola bacchus*	+	+	+	+	+	夏	东	LC 2017	三有	
11. 绿鹭属	19. 绿鹭	20. 黑龙江亚种 *Butorides striatus amurensis*		+	+	+		旅	东	LC 2017	三有	
		21. 华南亚种 *Butorides striatus actophila*				+	+	夏	东	LC 2017	三有	
12. 夜鹭属	20. 夜鹭	22. 指名亚种 *Nycticorax nycticorax nycticorax*	+	+	+	+	+	留	广	LC 2017	三有	
13. 虎斑鳽属	21. 海南鳽	23. *Gorsachius magnificus*			+			夏	东	EN 2017	国Ⅱ	
14. 苇鳽属	22. 黄苇鳽	24. *Ixobrychus sinensis*	+	+	+	+	+	夏	东	LC 2017	三有	
	23. 紫背苇鳽	25. *Ixobrychus eurhythmus*		+	+	+	+	旅	古	LC 2017	三有	
	24. 栗苇鳽	26. *Ixobrychus cinnamomeus*	+	+	+	+	+	夏	东	LC 2017	三有	
15. 黑鳽属	25. 黑苇鳽	27. 指名亚种 *Dupetor flavicollis flavicollis*	+	+	+	+	+	夏	东	LC 2017	三有	
16. 麻鳽属	26. 大麻鳽	28. 指名亚种 *Botaurus stellaris stellaris*	+	+	+	+	+	冬	古	LC 2017	三有	
（七）鹳科												
17. 鹳属	27. 黑鹳	29. *Ciconia nigra*	+	+		+	+	冬、旅	古	LC 2017	国Ⅰ	Ⅱ
	28. 东方白鹳	30. *Ciconia boyciana*	+	+		+	+	冬、留	古	EN 2017	国Ⅰ	Ⅰ
（八）鹮科												
18. 白鹮属	29. 黑头白鹮	31. *Threskiornis melanocephalus*				+		旅	古	NT 2017	国Ⅱ	
19. 朱鹮属	30. 朱鹮	32. *Nipponia nippon*		+		+	+	留	古	EN 2017	国Ⅰ	Ⅰ
20. 彩鹮属	31. 彩鹮	33. *Plegadis falcinellus*	+					旅	广	LC 2017	国Ⅱ	
21. 琵鹭属	32. 白琵鹭	34. 指名亚种 *Platalea leucorodia leucorodia*	+			+	+	冬	古	LC 2017	国Ⅱ	Ⅱ
	33. 黑脸琵鹭	35. *Platalea minor*		+		+	+	冬	古	EN 2017	国Ⅱ	Ⅱ
六、雁形目												
（九）鸭科												
22. 天鹅属	34. 大天鹅	36. *Cygnus cygnus*	+	+		+		冬	古	LC 2017	国Ⅱ	
	35. 小天鹅	37. 欧亚亚种 *Cygnus columbianus bewickii*	+	+	+	+	+	冬	古	LC 2017	国Ⅱ	
23. 雁属	36. 鸿雁	38. *Anser cygnoides*	+	+		+	+	冬	古	VU 2017	省Ⅱ、三有	
	37. 豆雁	39. 西伯利亚亚种 *Anser fabalis sibiricus*	+	+		+	+	冬	古	LC 2017	省Ⅱ、三有	
	38. 短嘴豆雁	40. 指名亚种 *Anser serrirostris serrirostris*	+	+		+	+	冬	古	LC 2017	省Ⅱ、三有	
	39. 白额雁	41. 太平洋亚种 *Anser albifrons frontalis*	+	+		+		冬	古	LC 2017	国Ⅱ	
	40. 小白额雁	42. *Anser erythropus*		+		+		冬	古	VU 2017	省Ⅱ、三有	

续表

属	种	亚种/学名						居留型	区系	IUCN	保护	CITES
23. 雁属	41. 灰雁	43. 东方亚种 *Anser anser rubrirostris*	+	+		+	+	冬	古	LC 2017	省Ⅱ、三有	
	42. 雪雁	44. 指名亚种 *Anser caerulescens caerulescens*				+		迷	古	LC 2017	省Ⅱ、三有	
	43. 斑头雁	45 *Anser indicus*				+		迷	古	LC 2017	省Ⅱ、三有	
24. 黑雁属	44. 黑雁	46. 黑腹亚种 *Branta bernicla nigricans*				+		迷	古	LC 2017	省Ⅱ、三有	
	45. 红胸黑雁	47 *Branta ruficollis*				+		迷	古	VU 2017	国Ⅱ	Ⅱ
25. 麻鸭属	46. 赤麻鸭	48 *Tadorna ferruginea*	+	+		+		冬	古	LC 2017	三有	
	47. 翘鼻麻鸭	49 *Tadorna tadorna*	+	+		+	+	冬	古	LC 2017	三有	
26. 棉凫属	48. 棉凫	50. 指名亚种 *Nettapus coromandelianus coromandelianus*		+				夏	东	LC 2017	三有	
27. 鸳鸯属	49. 鸳鸯	51 *Aix galericulata*	+	+		+	+	冬、留	古	LC 2017	国Ⅱ	
28. 鸭属	50. 赤颈鸭	52 *Anas penelope*	+	+		+	+	冬	古	LC 2017	三有	Ⅲ
	51. 赤膀鸭	53. 指名亚种 *Anas strepera strepera*	+	+		+	+	冬	古	LC 2017	三有	
	52. 罗纹鸭	54 *Anas falcata*	+	+		+	+	冬	古	NT 2017	三有	
	53. 花脸鸭	55 *Anas formosa*	+	+		+	+	冬	古	LC 2017	三有	Ⅱ
	54. 绿翅鸭	56. 指名亚种 *Anas crecca crecca*	+	+	+	+	+	冬	古	LC 2017	三有	Ⅲ
	55. 绿头鸭	57. 指名亚种 *Anas platyrhynchos platyrhynchos*	+	+	+	+	+	冬、留	古	LC 2017	三有	
	56. 斑嘴鸭	58. 普通亚种 *Anas poecilorhyncha zonorhyncha*	+	+		+	+	冬、留	古	LC 2017	三有	
	57. 针尾鸭	59 *Anas acuta*	+	+		+		冬	古	LC 2017	三有	Ⅲ
	58. 白眉鸭	60 *Anas querquedula*	+	+		+	+	旅	古	LC 2017	三有	Ⅲ
	59. 琵嘴鸭	61 *Anas clypeata*	+	+		+		冬	古	LC 2017	三有	Ⅲ
29. 狭嘴潜鸭属	60. 赤嘴潜鸭	62 *Netta rufina*	+			+		迷	古	LC 2017	三有	
30. 潜鸭属	61. 红头潜鸭	63 *Aythya ferina*	+	+		+		冬	古	VU 2017	三有	
	62. 青头潜鸭	64 *Aythya baeri*	+	+		+		冬、留	古	CR 2017	三有	
	63. 白眼潜鸭	65 *Aythya nyroca*	+	+		+		冬	古	NT 2017	三有	
	64. 凤头潜鸭	66 *Aythya fuligula*	+	+		+		冬	古	LC 2017	三有	
	65. 斑背潜鸭	67. 东方亚种 *Aythya marila nearctica* （*mariloides*）	+			+	+	冬	古	LC 2017	三有	
31. 鹊鸭属	66. 鹊鸭	68. 指名亚种 *Bucephala clangula clangula*	+	+		+		冬	古	LC 2017	三有	
32. 海番鸭属	67. 斑脸海番鸭	69. 西伯利亚亚种 *Melanitta fusca stejnegeri*				+		冬、旅	古	VU 2017	三有	
33. 斑头秋沙鸭属	68. 斑头秋沙鸭	70 *Mergellus albellus*	+	+				冬	古	LC 2017	三有	
34. 秋沙鸭属	69. 红胸秋沙鸭	71 *Mergus serrator*		+	+		+	冬	古	LC 2017	三有	
	70. 普通秋沙鸭	72. 指名亚种 *Mergus merganser merganser*	+	+	+	+		冬	古	LC 2017	三有	

续表

属	种	学名						居留型	区系	IUCN	国家重点	CITES
34.秋沙鸭属	71.中华秋沙鸭	73.*Mergus squamatus*		+	+	+	+	冬	古	EN 2017	国Ⅰ	Ⅰ
七、鹤形目												
（十）鹤科												
35.鹤属	72.白鹤	74.*Grus leucogeranus*	+	+	+	+		冬	古	CR 2017	国Ⅰ	Ⅰ
	73.沙丘鹤	75.指名亚种 *Grus canadensis canadensis*				+		迷	广	LC 2017	国Ⅱ	Ⅱ
	74.白枕鹤	76.*Grus vipio*	+	+	+	+		冬	古	VU 2017	国Ⅱ	Ⅰ
	75.灰鹤	77.普通亚种 *Grus grus lilfordi*	+	+		+		冬	古	LC 2017	国Ⅱ	Ⅱ
	76.白头鹤	78.*Grus monacha*	+	+		+		冬	古	VU 2017	国Ⅰ	Ⅰ
	77.丹顶鹤	79.*Grus japonensis*		+		+		冬	古	EN 2017	国Ⅰ	Ⅰ
（十一）秧鸡科												
36.纹秧鸡属	78.蓝胸秧鸡	80.华南亚种 *Gallirallus striatus jouyi*	+	+		+	+	夏	东	LC 2017	三有	
37.秧鸡属	79.普通秧鸡	81.*Rallus indicus*	+	+	+	+	+	冬、旅	古	LC 2017	三有	
38.苦恶鸟属	80.红脚苦恶鸟	82.华南亚种 *Amaurornis akool coccineipes*	+	+		+	+	留	东	LC 2017	三有	
	81.白胸苦恶鸟	83.指名亚种 *Amaurornis phoenicurus phoenicurus*	+	+	+	+	+	夏	东	LC 2017	三有	
39.田鸡属	82.小田鸡	84.指名亚种 *Porzana pusilla pusilla*	+			+		旅	古	LC 2017	三有	
	83.红胸田鸡	85.普通亚种 *Porzana fusca erythrothorax*	+	+	+	+		夏	东	LC 2017	三有	
	84.斑胁田鸡	86.*Porzana paykullii*		+		+		旅	古	NT 2017	三有	
40.花田鸡属	85.花田鸡	87.*Coturnicops exquisitus*				+		旅	古	VU 2017	国Ⅱ	
41.董鸡属	86.董鸡	88.*Gallicrex cinerea*				+		夏	东	LC 2017	三有	
42.黑水鸡属	87.黑水鸡	89.指名亚种 *Gallinula chloropus chloropus*	+	+	+	+		留	东	LC 2017	三有	
43.骨顶属	88.骨顶鸡	90.指名亚种 *Fulica atra atra*	+	+		+		冬、留	古	LC 2017	三有	
（十二）鸨科												
44.大鸨属	89.大鸨	91.普通亚种 *Otis tarda dybowskii*	+	+		+		冬	古	VU 2017	国Ⅰ	Ⅱ
八、鸻形目												
（十三）三趾鹑科												
45.三趾鹑属	90.黄脚三趾鹑	92.南方亚种 *Turnix tanki blanfordii*	+	+		+	+	夏	东	LC 2017		
（十四）水雉科												
46.水雉属	91.水雉	93.*Hydrophasianus chirurgus*	+	+		+	+	夏	东	LC 2017	三有	
（十五）彩鹬科												
47.彩鹬属	92.彩鹬	94.指名亚种 *Rostratula benghalensis benghalensis*		+		+		夏、留	东	LC 2017	三有	
（十六）蛎鹬科												
48.蛎鹬属	93.蛎鹬	95.*Haematopus ostralegus*		+				迷	古	NT 2017	三有	

续表

（十七）反嘴鹬科												
49. 长脚鹬属	94. 黑翅长脚鹬	96. 指名亚种 *Himantopus himantopus himantopus*	+	+		+		旅、冬、留	古	LC 2017	三有	
50. 反嘴鹬属	95. 反嘴鹬	97. *Recurvirostra avosetta*		+		+		冬	古	LC 2017	三有	
（十八）燕鸻科												
51. 燕鸻属	96. 普通燕鸻	98. *Glareola maldivarum*	+	+		+		夏、旅	古	LC 2017	三有	
（十九）鸻科												
52. 麦鸡属	97. 凤头麦鸡	99. *Vanellus vanellus*	+	+	+	+	+	冬	古	NT 2017	三有	
	98. 灰头麦鸡	100. *Vanellus cinereus*	+	+		+	+	夏	古	LC 2017	三有	
53. 斑鸻属	99. 金斑鸻	101. *Pluvialis fulva*	+	+		+		旅	古	LC 2017	三有	
	100. 灰斑鸻	102. 指名亚种 *Pluvialis squatarola squatarola*		+		+		旅、冬	古	LC 2017	三有	
54. 鸻属	101. 长嘴剑鸻	103. *Charadrius placidus*	+	+	+	+	+	夏、留	古	LC 2017	三有	
	102. 金眶鸻	104. 普通亚种 *Charadrius dubius curonicus*	+	+		+	+	夏	广	LC 2017	三有	
	103. 环颈鸻	105. 华东亚种 *Charadrius alexandrinus dealbatus*	+	+	+	+	+	旅、冬	古	LC 2017	三有	
	104. 铁嘴沙鸻	106. 指名亚种 *Charadrius leschenaultii leschenaultii*	+	+		+	+	旅	古	LC 2017	三有	
	105. 蒙古沙鸻	107. 指名亚种 *Charadrius mongolus mongolus*		+				旅	古	LC 2017	三有	
	106. 东方鸻	108. *Charadrius veredus*		+				旅	古	LC 2017	三有	
（二十）鹬科												
55. 丘鹬属	107. 丘鹬	109. *Scolopax rusticola*	+	+		+	+	冬	古	LC 2017	三有	
56. 姬鹬属	108. 姬鹬	110. *Lymnocryptes minimus*		+				旅	古	LC 2017	三有	
57. 沙锥属	109. 孤沙锥	111. 东北亚种 *Gallinago solitaria japonica*			+			冬	古	LC 2017	三有	
	110. 扇尾沙锥	112. 指名亚种 *Gallinago gallinago gallinago*	+	+	+	+	+	冬	古	LC 2017	三有	
	111. 针尾沙锥	113. *Gallinago stenura*	+	+		+		旅	古	LC 2017	三有	
	112. 大沙锥	114. *Gallinago megala*	+	+		+		旅	古	LC 2017	三有	
58. 塍鹬属	113. 黑尾塍鹬	115. 普通亚种 *Limosa limosa melanuroides*		+		+		旅、冬	古	NT 2017	三有	
	114. 斑尾塍鹬	116. *Limosa lapponica*		+		+		旅	古	NT 2017	三有	
59. 杓鹬属	115. 小杓鹬	117. *Numenius minutus*				+		旅	古	LC 2017	国Ⅱ	I
	116. 中杓鹬	118. 华东亚种 *Numenius phaeopus variegatus*		+		+		旅	古	LC 2017	三有	
	117. 白腰杓鹬	119. 普通亚种 *Numenius arquata orientalis*	+	+		+		旅、冬	古	NT 2017	三有	
	118. 大杓鹬	120. *Numenius madagascariensis*		+		+		旅	古	EN 2017	三有	

续表

属	种名	学名						居留型	区系	IUCN	保护	附录
60. 鹬属	119. 鹤鹬	121.*Tringa erythropus*	+	+	+	+	+	冬	古	LC 2017	三有	
	120. 红脚鹬	122. 东亚亚种 *Tringa totanus terrignotae*	+	+		+		冬、旅	古	LC 2017	三有	
	121. 青脚鹬	123.*Tringa nebularia*	+	+		+	+	冬	古	LC 2017	三有	
	122. 泽鹬	124.*Tringa stagnatilis*	+	+		+		旅	古	LC 2017	三有	
	123. 白腰草鹬	125.*Tringa ochropus*	+	+	+	+	+	冬	古	LC 2017	三有	
	124. 林鹬	126.*Tringa glareola*	+	+	+	+		旅	古	LC 2017	三有	
	125. 灰尾漂鹬	127.*Tringa brevipes*		+				旅	古	NT 2017	三有	
61. 翘嘴鹬属	126. 翘嘴鹬	128.*Xenus cinereus*						旅	古	LC 2017	三有	
62. 矶鹬属	127. 矶鹬	129.*Actitis hypoleucos*	+	+	+	+	+	冬	古	LC 2017	三有	
63. 翻石鹬属	128. 翻石鹬	130. 指名亚种 *Arenaria interpres interpres*		+				旅	古	LC 2017	三有	
64. 半蹼鹬属	129. 半蹼鹬	131.*Limnodromus semipalmatus*		+		+		旅	古	NT 2017	三有	
65. 滨鹬属	130. 大滨鹬	132.*Calidris tenuirostris*						旅	古	EN 2017	三有	
	131. 红腹滨鹬	133. 普通亚种 *Calidris canutus rogersi*		+		+		旅	古	NT 2017	三有	
	132. 三趾滨鹬	134. 普通亚种 *Calidris alba rubida*						旅	古	LC 2017	三有	
	133. 红颈滨鹬	135.*Calidris ruficollis*		+				旅	古	NT 2017	三有	
	134. 青脚滨鹬	136.*Calidris temminckii*	+	+		+		旅	古	LC 2017	三有	
	135. 长趾滨鹬	137.*Calidris subminuta*	+	+			+	旅	古	LC 2017	三有	
	136. 斑胸滨鹬	138.*Calidris melanotos*		+				迷	古	LC 2017	三有	
	137. 尖尾滨鹬	139.*Calidris acuminata*		+		+		旅	古	LC 2017	三有	
	138. 弯嘴滨鹬	140.*Calidris ferruginea*		+				旅	古	NT 2017	三有	
	139. 黑腹滨鹬	141. 东方亚种 *Calidris alpina sakhalina*	+	+				冬、旅	古	LC 2017	三有	
		142. 北方亚种 *Calidris alpina centralis*				+		冬、旅	古	LC 2017	三有	
66. 阔嘴鹬属	140. 阔嘴鹬	143. 普通亚种 *Limicola falcinellus sibirica*		+				旅	古	LC 2017	三有	
67. 流苏鹬属	141. 流苏鹬	144.*Philomachus pugnax*		+		+		旅	古	LC 2017	三有	
68. 瓣蹼鹬属	142. 红颈瓣蹼鹬	145.*Phalaropus lobatus*						旅	古	LC 2017	三有	

九、鸥形目

（二十一）鸥科

属	种名	学名						居留型	区系	IUCN	保护	附录
69. 鸥属	143. 黑尾鸥	146.*Larus crassirostris*		+		+	+	冬	古	LC 2017	三有	
	144. 普通海鸥	147. 普通亚种 *Larus canus kamtschatschensis*		+		+		冬	古	LC 2017	三有	
	145. 西伯利亚银鸥	148. 东北亚种 *Larus smithsonianus mongolicus*	+			+		冬	古	LC 2017	三有	
		149. 普通亚种 *Larus smithsonianus vegae*	+			+		冬	古	LC 2017	三有	
	146. 红嘴鸥	150.*Larus ridibundus*	+	+				冬	古	LC 2017	三有	
	147. 黑嘴鸥	151.*Larus saundersi*		+				冬、旅	古	VU 2017	三有	
	148. 小鸥	152.*Larus minutus*				+		迷	古	LC 2017	国Ⅱ	
	149. 遗鸥	153.*Larus relictus*		+				冬	古	VU 2017	国Ⅰ	Ⅰ

续表

属	种	亚种/学名						居留型	区系	受胁等级	保护级别	CITES
（二十二）燕鸥科												
70. 噪鸥属	150. 鸥嘴噪鸥	154. 华东亚种 *Gelochelidon nilotica affinis*				+		迷	古	LC 2017	三有	
71. 巨鸥属	151. 红嘴巨鸥	155. *Hydroprogne caspia*		+		+		旅	广	LC 2017	三有	
72. 燕鸥属	152. 普通燕鸥	156. 东北亚种 *Sterna hirundo longipennis*	+	+		+		旅	古	LC 2017	三有	
	153. 白额燕鸥	157. 普通亚种 *Sterna albifrons sinensis*	+	+	+	+	+	夏	古	LC 2017	三有	
73. 浮鸥属	154. 灰翅浮鸥	158. 指名亚种 *Chlidonias hybrida hybrida*	+	+	+	+	+	夏、留	古	LC 2017	三有	
	155. 白翅浮鸥	159. *Chlidonias leucopterus*		+		+	+	夏、旅	古	LC 2017	三有	
十、隼形目												
（二十三）鹗科												
74. 鹗属	156. 鹗	160. *Pandion haliaetus*	+	+	+	+		旅	广	LC 2017	国Ⅱ	Ⅱ
（二十四）鹰科												
75. 黑翅鸢属	157. 黑翅鸢	161. 南方亚种 *Elanus caeruleus vociferus*	+					留	东	LC 2017	国Ⅱ	Ⅱ
76. 鹃隼属	158. 黑冠鹃隼	162. 南方亚种 *Aviceda leuphotes syama*		+	+	+	+	夏	东	LC 2017	国Ⅱ	Ⅱ
77. 蜂鹰属	159. 凤头蜂鹰	163. 东方亚种 *Pernis ptilorhynchus orientalis*	+	+		+		旅	古	LC 2017	国Ⅱ	Ⅱ
78. 鸢属	160. 黑鸢	164. 普通亚种 *Milvus migrans lineatus*	+	+	+	+	+	留	广	LC 2017	国Ⅱ	Ⅱ
79. 栗鸢属	161. 栗鸢	165. 指名亚种 *Haliastur indus indus*					+	夏	东	LC 2017	国Ⅱ	Ⅱ
80. 海雕属	162. 白尾海雕	166. 指名亚种 *Haliaeetus albicilla albicilla*	+				+	冬	古	LC 2017	国Ⅰ	Ⅰ
81. 秃鹫属	163. 秃鹫	167. *Aegypius monachus*	+	+				冬、旅	古	NT 2017	国Ⅱ	Ⅱ
82. 蛇雕属	164. 蛇雕	168. 东南亚种 *Spilornis cheela ricketti*		+		+		留	东	LC 2017	国Ⅱ	Ⅱ
83. 林雕属	165. 林雕	169. 指名亚种 *Ictinaetus malayensis malayensis*					+	留	东	LC 2017	国Ⅱ	Ⅱ
84. 雕属	166. 金雕	170. 华西亚种 *Aquila chrysaetos daphanea*	+	+	+	+		冬	古	LC 2017	国Ⅰ	Ⅱ
	167. 乌雕	171. *Aquila clanga*		+		+	+	旅、冬	古	VU 2017	国Ⅱ	Ⅱ
	168. 白肩雕	172. *Aquila heliaca*	+	+	+	+		冬、旅	古	VU 2017	国Ⅰ	Ⅰ
	169. 草原雕	173. 指名亚种 *Aquila nipalensis nipalensis*		+				旅	古	EN 2017	国Ⅱ	Ⅱ
85. 鹰雕属	170. 鹰雕	174. 福建亚种 *Spizaetus nipalensis fokiensis*					+	留	东	LC 2017	国Ⅱ	Ⅱ
86. 隼雕属	171. 白腹隼雕	175. 指名亚种 *Hieraaetus fasciata fasciata*		+	+	+	+	留	东	LC 2017	国Ⅱ	Ⅱ
87. 鹞属	172. 白腹鹞	176. 指名亚种 *Circus spilonotus spilonotus*		+		+		旅、冬	古	LC 2017	国Ⅱ	Ⅱ
	173. 白尾鹞	177. 指名亚种 *Circus cyaneus cyaneus*	+	+		+	+	冬、旅	古	LC 2017	国Ⅱ	Ⅱ
	174. 鹊鹞	178. *Circus melanoleucos*	+	+		+		旅、冬	古	LC 2017	国Ⅱ	Ⅱ

续表

88. 鹰属	175. 赤腹鹰	179 Accipiter soloensis	+	+	+	+	+	夏	东	LC 2017	国Ⅱ	Ⅱ
	176. 苍鹰	180. 普通亚种 Accipiter gentilis schvedowi	+	+		+	+	冬	古	LC 2017	国Ⅱ	Ⅱ
	177. 凤头鹰	181. 普通亚种 Accipiter trivirgatus indicus		+	+	+	+	留	东	LC 2017	国Ⅱ	Ⅱ
	178. 雀鹰	182. 北方亚种 Accipiter nisus nisosimilis	+	+	+	+	+	冬	古	LC 2017	国Ⅱ	Ⅱ
	179. 松雀鹰	183. 南方亚种 Accipiter virgatus affinis	+	+	+	+	+	留	东	LC 2017	国Ⅱ	Ⅱ
	180. 日本松雀鹰	184. 指名亚种 Accipiter gularis gularis	+	+	+	+	+	旅、冬	古	LC 2017	国Ⅱ	Ⅱ
89. 鵟鹰属	181. 灰脸鵟鹰	185. Butastur indicus	+	+	+	+	+	旅	古	LC 2017	国Ⅱ	Ⅱ
90. 鵟属	182. 普通鵟	186. 指名亚种（普通亚种） Buteo japonicus japonicus	+	+	+	+	+	冬	古	LC 2017	国Ⅱ	Ⅱ
	183. 大鵟	187 Buteo hemilasius		+	+	+	+	冬	古	LC 2017	国Ⅱ	Ⅱ
	184. 毛脚鵟	188. 北方亚种 Buteo lagopus kamtschatkensis					+	旅	古	LC 2017	国Ⅱ	Ⅱ
（二十五）隼科												
91. 小隼属	185. 白腿小隼	189. Microhierax melanoleucus					+	留	东	LC 2017	国Ⅱ	Ⅱ
92. 隼属	186. 红隼	190. 普通亚种 Falco tinnunculus interstinctus	+	+	+	+	+	留	古	LC 2017	国Ⅱ	Ⅱ
	187. 燕隼	191. 南方亚种 Falco subbuteo streichi	+	+	+	+	+	旅	古	LC 2017	国Ⅱ	Ⅱ
	188. 红脚隼	192. Falco amurensis	+	+	+		+	旅	古	LC 2017	国Ⅱ	Ⅱ
	189. 灰背隼	193. 普通亚种 Falco columbarius insignis	+	+				旅、冬	古	LC 2017	国Ⅱ	Ⅱ
	190. 游隼	194. 南方亚种 Falco peregrinus peregrinator		+		+	+	留	广	LC 2017	国Ⅱ	Ⅰ
		195. 普通亚种 Falco peregrinus calidus	+	+	+	+	+	旅、冬	广	LC 2017	国Ⅱ	Ⅰ
十一、鸮形目												
（二十六）草鸮科												
93. 草鸮属	191. 草鸮	196. 华南亚种 Tyto longimembris chinensis		+	+	+	+	留	东	LC 2017	国Ⅱ	Ⅱ
（二十七）鸱鸮科												
94. 角鸮属	192. 红角鸮	197. 东北亚种 Otus sunia stictonotus	+	+	+	+		夏	广	LC 2017	国Ⅱ	Ⅱ
		198. 华南亚种 Otus sunia malayanus		+	+		+	夏	广	LC 2017	国Ⅱ	Ⅱ
	193. 领角鸮	199. 华南亚种 Otus lettia erythrocampe		+	+		+	留	东	LC 2017	国Ⅱ	Ⅱ
95. 雕鸮属	194. 雕鸮	200. 华南亚种 Bubo bubo kiautschensis		+			+	留	广	LC 2017	国Ⅱ	Ⅱ
96. 渔鸮属	195. 黄腿渔鸮	201. Ketupa flavipes					+	留	东	LC 2017	国Ⅱ	Ⅱ

续表

属	种	亚种						居留型	区系	IUCN	保护	CITES
97. 林鸮属	196. 褐林鸮	202. 华南亚种 *Strix leptogrammica ticehursti*				+		留	东	LC 2017	国II	II
	197. 灰林鸮	203. 华南亚种 *Strix aluco nivicola*						留	古	LC 2017	国II	II
98. 鸺鹠属	198. 领鸺鹠	204. 指名亚种 *Glaucidium brodiei brodiei*		+	+		+	留	东	LC 2017	国II	II
	199. 斑头鸺鹠	205. 华南亚种 *Glaucidium cuculoides whitelyi*		+	+	+	+	留	东	LC 2017	国II	II
99. 小鸮属	200. 纵纹腹小鸮	206. 普通亚种 *Athene noctua plumipes*	+					留	古	LC 2017	国II	II
100. 鹰鸮属	201. 鹰鸮	207. 华南亚种 *Ninox scutulata burmanica*			+		+	留	广	LC 2017	国II	II
	202. 日本鹰鸮	208. 指名亚种 *Ninox japonica japonica*	+	+	+	+	+	夏	广	LC 2017	国II	II
101. 耳鸮属	203. 长耳鸮	209. 指名亚种 *Asio otus otus*	+	+		+	+	冬	古	LC 2017	国II	II
	204. 短耳鸮	210. 指名亚种 *Asio flammeus flammeus*	+	+		+	+	冬	古	LC 2017	国II	II
十二、鸡形目												
（二十八）雉科												
102. 石鸡属	205. 石鸡	211. 华北亚种 *Alectoris chukar pubescens*	+					留	古	LC 2017	省II、三有	
103. 鹧鸪属	206. 中华鹧鸪	212. 指名亚种 *Francolinus pintadeanus pintadeanus*				+		留	东	LC 2017	省II、三有	
104. 鹌鹑属	207. 鹌鹑	213.*Coturnix japonica*	+	+		+	+	冬	古	NT 2017	省II、三有	
105. 竹鸡属	208. 灰胸竹鸡	214. 指名亚种 *Bambusicola thoracicus thoracicus*		+		+	+	留	东	LC 2017	省II、三有	
106. 勺鸡属	209. 勺鸡	215. 安徽亚种 *Pucrasia macrolopha joretiana*			+			留	东	LC 2017	国II	
		216. 东南亚种 *Pucrasia macrolopha darwini*				+		留	东	LC 2017	国II	
107. 鹇属	210. 白鹇	217. 福建亚种 *Lophura nycthemera fokiensis*				+		留	东	LC 2017	国II	
108. 长尾雉属	211. 白颈长尾雉	218.*Syrmaticus ellioti*				+		留	东	NT 2017	国I	I
	212. 白冠长尾雉	219.*Syrmaticus reevesii*		+	+			留	古	VU 2017	国II	
109. 雉属	213. 雉鸡	220. 华东亚种 *Phasianus colchicus torquatus*	+	+	+	+	+	留	广	LC 2017	省II、三有	
十三、䴕形目												
（二十九）须䴕科												
110. 拟䴕属	214. 大拟啄木鸟	221. 指名亚种 *Megalaima virens virens*				+		留	东	LC 2017	省I、三有	
（三十）啄木鸟科												
111. 蚁䴕属	215. 蚁䴕	222. 指名亚种 *Jynx torquilla torquilla*	+	+		+	+	旅	古	LC 2017	省I、三有	

续表

112. 姬啄木鸟属	216. 斑姬啄木鸟	223. 华南亚种 *Picumnus innominatus chinensis*		+	+	+	+	留	东	LC 2017	省I、三有
113. 啄木鸟属	217. 星头啄木鸟	224. 华北亚种 *Dendrocopos canicapillus scintilliceps*	+					留	古	LC 2017	省I、三有
		225. 华南亚种 *Dendrocopos canicapillus nagamichii*		+	+	+	+	留	东	LC 2017	省I、三有
	218. 棕腹啄木鸟	226. 普通亚种 *Dendrocopos hyperythrus subrufinus*		+			+	旅、冬	广	LC 2017	省I、三有
	219. 大斑啄木鸟	227. 华北亚种 *Dendrocopos major cabanisi*	+					留	古	LC 2017	省I、三有
		228. 东南亚种 *Dendrocopos major mandarinus*		+	+	+	+	留	东	LC 2017	省I、三有
114. 绿啄木鸟属	220. 灰头绿啄木鸟	229. 河北亚种 *Picus canus zimmermanni*	+	+				留	古	LC 2017	省I、三有
		230. 华东亚种 *Picus canus guerini*		+				留	广	LC 2017	省I、三有
		231. 华南亚种 *Picus canus sobrinus*			+		+	留	东	LC 2017	省I、三有

十四、戴胜目

（三十一）戴胜科

115. 戴胜属	221. 戴胜	232. 指名亚种 *Upupa epops epops*	+	+	+	+	+	留	广	LC 2017	三有

十五、佛法僧目

（三十二）翠鸟科

116. 翠鸟属	222. 普通翠鸟	233. 普通亚种 *Alcedo atthis bengalensis*	+	+	+	+	+	留	广	LC 2017	三有
117. 翡翠属	223. 白胸翡翠	234. 华南亚种 *Halcyon smyrnensis fokiensis*		+	+	+	+	留	东	LC 2017	
	224. 蓝翡翠	235. *Halcyon pileata*	+	+	+	+	+	夏	东	LC 2017	三有
118. 鱼狗属	225. 斑鱼狗	236. 普通亚种 *Ceryle rudis insignis*	+	+	+	+	+	留	东	LC 2017	
119. 大鱼狗属	226. 冠鱼狗	237. 普通亚种 *Megaceryle lugubris guttulata*		+	+	+	+	留	东	LC 2017	

（三十三）蜂虎科

120. 蜂虎属	227. 蓝喉蜂虎	238. 指名亚种 *Merops viridis viridis*		+	+	+	+	夏	东	LC 2017	三有

（三十四）佛法僧科

121. 三宝鸟属	228. 三宝鸟	239. 普通亚种 *Eurystomus orientalis calonyx*	+	+	+	+	+	夏	东	LC 2017	三有

十六、鹃形目

（三十五）杜鹃科

122. 凤头鹃属	229. 红翅凤头鹃	240. *Clamator coromandus*		+	+	+	+	夏	东	LC 2017	省I、三有

续表

属	种	亚种						居留	区系	状态	保护
123. 杜鹃属	230. 大鹰鹃	241. 指名亚种 *Cuculus sparverioides sparverioides*	+	+	+	+	+	夏	东	LC 2017	省I、三有
	231. 北棕腹鹰鹃	242. *Cuculus hyperythrus*		+				旅	古	LC 2017	省I、三有
	232. 棕腹鹰鹃	243. *Cuculus nisicolor*				+		夏	东	LC 2017	省I、三有
	233. 四声杜鹃	244. 指名亚种 *Cuculus micropterus micropterus*	+	+	+	+	+	夏	广	LC 2017	省I、三有
	234. 大杜鹃	245. 华东亚种 *Cuculus canorus fallax*	+	+	+	+	+	夏	广	LC 2017	省I、三有
	235. 中杜鹃	246. 指名亚种 *Cuculus saturatus saturatus*		+	+	+		夏	东	LC 2017	省I、三有
	236. 东方中杜鹃	247. *Cuculus optatus*	+	+		+		夏	古	LC 2017	省I、三有
	237. 小杜鹃	248. *Cuculus poliocephalus*	+	+	+	+		夏	东	LC 2017	省I、三有
124. 噪鹃属	238. 噪鹃	249. 华南亚种 *Eudynamys scolopaceus chinensis*	+	+	+	+	+	夏	东	LC 2017	省I、三有
125. 鸦鹃属	239. 褐翅鸦鹃	250. 指名亚种 *Centropus sinensis sinensis*		+		+		夏	东	LC 2017	国II
	240. 小鸦鹃	251. 华南亚种 *Centropus bengalensis lignator*	+	+	+	+		夏	东	LC 2017	国II

十七、夜鹰目

（三十六）夜鹰科

126. 夜鹰属	241. 普通夜鹰	252. 普通亚种 *Caprimulgus indicus jotaka*	+	+	+	+	+	夏	广	LC 2017	省I、三有

十八、雨燕目

（三十七）雨燕科

127. 雨燕属	242. 白腰雨燕	253. 指名亚种 *Apus pacificus pacificus*		+		+	+	旅	古	LC 2017	三有
		254. 华南亚种 *Apus pacificus kanoi*					+	夏	东	LC 2017	三有
	243. 小白腰雨燕	255. 华南亚种 *Apus nipalensis subfurcatus*					+	夏	东	LC 2017	三有
128. 针尾雨燕属	244. 白喉针尾雨燕	256. 指名亚种 *Hirundapus caudacutus caudacutus*		+			+	旅	古	LC 2017	三有

十九、鸽形目

（三十八）鸠鸽科

129. 斑鸠属	245. 珠颈斑鸠	257. 指名亚种 *Streptopelia chinensis chinensis*	+	+	+	+	+	留	东	LC 2017	三有
	246. 山斑鸠	258. 指名亚种 *Streptopelia orientalis orientalis*	+	+	+	+	+	留	古	LC 2017	三有
	247. 火斑鸠	259. 普通亚种 *Streptopelia tranquebarica humilis*	+	+	+	+	+	夏	东	LC 2017	三有
	248. 灰斑鸠	260. 缅甸亚种 *Streptopelia decaocto xanthocycla*		+		+	+	冬	东	LC 2017	三有

续表

二十、雀形目												
（三十九）八色鸫科												
130.八色鸫属	249.仙八色鸫	261.指名亚种 *Pitta nympha nympha*	+	+	+		+	夏	东	VU 2017	国Ⅱ	Ⅱ
（四十）百灵科												
131.凤头百灵属	250.凤头百灵	262.东北亚种 *Galerida cristata leautungensis*	+					冬	古	LC 2017		
132.云雀属	251.云雀	263.东北亚种 *Alauda arvensis intermedia*	+	+		+	+	冬	古	LC 2017	三有	
	252.小云雀	264.长江亚种 *Alauda gulgula weigoldi*	+	+	+	+		留、夏	古	LC 2017	三有	
		265.华南亚种 *Alauda gulgula coelivox*					+	留、夏	古	LC 2017	三有	
（四十一）燕科												
133.沙燕属	253.崖沙燕	266.东北亚种 *Riparia riparia ijimae*		+		+		旅	古	LC 2017	省Ⅰ、三有	
134.燕属	254.家燕	267.普通亚种 *Hirundo rustica gutturalis*	+	+	+	+	+	夏	广	LC 2017	省Ⅰ、三有	
135.斑燕属	255.金腰燕	268.普通亚种 *Cecropis daurica japonica*	+	+	+	+	+	夏	广	LC 2017	省Ⅰ、三有	
136.毛脚燕属	256.烟腹毛脚燕	269.福建亚种 *Delichon dasypus nigrimentalis*	+	+	+	+	+	夏	东	LC 2017	省Ⅰ、三有	
（四十二）鹡鸰科												
137.鹡鸰属	257.白鹡鸰	270.普通亚种 *Motacilla alba leucopsis*	+	+	+	+	+	留	广	LC 2017	三有	
		271.东北亚种 *Motacilla alba baicalensis*	+	+			+	旅	广	LC 2017	三有	
		272.黑背眼纹亚种 *Motacilla alba lugens*		+			+	旅	广	LC 2017	三有	
		273.灰背眼纹亚种 *Motacilla alba ocularis*		+				冬、旅	广	LC 2017	三有	
	258.黄头鹡鸰	274.指名亚种 *Motacilla citreola citreola*	+					旅	古	LC 2017	三有	
	259.黄鹡鸰	275.东北亚种 *Motacilla flava macronyx*		+	+	+		旅	古	LC 2017	三有	
		276.台湾亚种 *Motacilla flava taivana*		+				旅	古	LC 2017	三有	
		277.勘察加亚种 *Motacilla flava simllima*	+					旅	古	LC 2017	三有	
	260.灰鹡鸰	278.普通亚种 *Motacilla cinerea robusta*	+	+	+	+	+	留、旅	古	LC 2017	三有	
138.山鹡鸰属	261.山鹡鸰	279. *Dendronanthus indicus*	+	+	+	+		夏	古	LC 2017	三有	
139.鹨属	262.田鹨	280.指名亚种（东北亚种）*Anthus richardi richardi*	+		+			冬	古	LC 2017	三有	
		281.华南亚种 *Anthus richardi sinensis*	+	+	+		+	夏	古	LC 2017	三有	
	263.树鹨	282.东北亚种 *Anthus hodgsoni yunnanensis*	+	+	+		+	冬	古	LC 2017	三有	
	264.红喉鹨	283 *Anthus cervinus*		+		+		冬、旅	古	LC 2017	三有	

续表

属	种	亚种						居留型	区系	保护级别		
139. 鹨属	265. 水鹨	284. 普通亚种 *Anthus spinoletta coutellii*		+				冬、旅	古	LC 2017	三有	
		285. 东北亚种 *Anthus spinoletta japonicus*	+	+		+	+	冬、旅	古	LC 2017	三有	
		286. 新疆亚种 *Anthus spinoletta blakistoni*		+		+		冬、旅	古	LC 2017	三有	
	266. 黄腹鹨	287. 日本亚种 *Anthus rubescens japonicus*	+	+	+	+		冬	古	LC 2017		
（四十三）山椒鸟科												
140. 鹃鵙属	267. 暗灰鹃鵙	288. 普通亚种 *Coracina melaschistos intermedia*	+	+	+	+	+	夏	东	LC 2017	三有	
141. 山椒鸟属	268. 小灰山椒鸟	289. *Pericrocotus cantonensis*	+	+	+	+		夏	东	LC 2017	三有	
	269. 灰山椒鸟	290. 指名亚种 *Pericrocotus divaricatus divaricatus*	+	+	+	+		旅	古	LC 2017	三有	
	270. 短嘴山椒鸟	291. *Pericrocotus brevirostris*					+	夏	东	LC 2017	三有	
	271. 赤红山椒鸟	292. 华南亚种 *Pericrocotus flammeus fohkiensis*					+	留	东	LC 2017	三有	
	272. 灰喉山椒鸟	293. 华南亚种 *Pericrocotus solaris griseogularis*					+	留	东	LC 2017	三有	
（四十四）鹎科												
142. 雀嘴鹎属	273. 领雀嘴鹎	294. 指名亚种 *Spizixos semitorques semitorques*	+	+	+	+	+	留	东	LC 2017	三有	
143. 鹎属	274. 黄臀鹎	295. 华南亚种 *Pycnonotus xanthorrhous andersoni*	+	+	+	+	+	留	东	LC 2017	三有	
	275. 白头鹎	296. 指名亚种 *Pycnonotus sinensis sinensis*	+	+	+	+	+	留	东	LC 2017	三有	
	276. 红耳鹎	297. 指名亚种 *Pycnonotus jocosus jocosus*		+		+		留	东	LC 2017	三有	
144. 灰短脚鹎属	277. 栗背短脚鹎	298. 华南亚种 *Hemixos castanonotus canipennis*		+	+		+	留	东	LC 2017	三有	
145. 短脚鹎属	278. 绿翅短脚鹎	299. 华南亚种 *Hypsipetes mcclellandii holtii*		+			+	留	东	LC 2017	三有	
	279. 黑短脚鹎	300. 东南亚种（指名亚种） *Hypsipetes leucocephalus leucocephalus*		+	+	+		夏	东	LC 2017	三有	
		301. 四川亚种 *Hypsipetes leucocephalus leucothorax*					+	夏	东	LC 2017	三有	
（四十五）叶鹎科												
146. 叶鹎属	280. 橙腹叶鹎	302. 华南亚种 *Chloropsis hardwickii melliana*					+	留	东	LC 2017	三有	
（四十六）太平鸟科												
147. 太平鸟属	281. 太平鸟	303. 普通亚种 *Bombycilla garrulus centralasiae*		+		+		冬	古	LC 2017	三有	

续表

属	种	学名						居留型	区系	IUCN	保护
147.太平鸟属	282.小太平鸟	304.*Bombycilla japonica*	+	+				冬	古	NT 2017	三有
(四十七)伯劳科											
148.伯劳属	283.虎纹伯劳	305.*Lanius tigrinus*	+	+	+	+	+	夏	广	LC 2017	省Ⅱ、三有
	284.牛头伯劳	306.指名亚种 *Lanius bucephalus bucephalus*		+	+	+	+	冬	古	LC 2017	省Ⅱ、三有
	285.红尾伯劳	307.普通亚种 *Lanius cristatus lucionensis*	+	+	+	+	+	夏	广	LC 2017	省Ⅱ、三有
		308.指名亚种 *Lanius cristatus cristatus*	+	+	+	+	+	旅	广	LC 2017	省Ⅱ、三有
		309.日本亚种 *Lanius cristatus superciliosus*	+	+	+	+	+	旅	广	LC 2017	省Ⅱ、三有
	286.棕背伯劳	310.指名亚种 *Lanius schach schach*	+	+	+	+	+	留	东	LC 2017	省Ⅱ、三有
	287.楔尾伯劳	311.指名亚种 *Lanius sphenocercus sphenocercus*	+	+		+	+	冬	古	LC 2017	省Ⅱ、三有
(四十八)黄鹂科											
149.黄鹂属	288.黑枕黄鹂	312.普通亚种 *Oriolus chinensis diffusus*	+	+	+	+	+	夏	广	LC 2017	省Ⅰ、三有
(四十九)卷尾科											
150.卷尾属	289.黑卷尾	313.普通亚种 *Dicrurus macrocercus cathoecus*	+	+	+	+	+	夏	广	LC 2017	三有
	290.灰卷尾	314.普通亚种 *Dicrurus leucophaeus leucogenis*	+	+	+	+	+	夏	东	LC 2017	三有
	291.发冠卷尾	315.普通亚种 *Dicrurus hottentottus brevirostris*	+	+	+	+	+	夏	东	LC 2017	三有
(五十)椋鸟科											
151.八哥属	292.八哥	316.指名亚种 *Acridotheres cristatellus cristatellus*	+	+	+	+	+	留	东	LC 2017	三有
152.椋鸟属	293.丝光椋鸟	317.*Sturnus sericeus*	+	+	+	+	+	留、夏	东	LC 2017	三有
	294.灰椋鸟	318.*Sturnus cineraceus*	+	+	+	+	+	留	古	LC 2017	三有
	295.紫翅椋鸟	319.北疆亚种 *Sturnus vulgaris poltaratskyi*		+	+	+		旅、冬	古	LC 2017	三有
153.北椋鸟属	296.北椋鸟	320.*Agropsar sturninus*	+			+	+	旅	古	LC 2017	三有
154.斑椋鸟属	297.黑领椋鸟	321.*Gracupica nigricollis*		+	+	+	+	留	东	LC 2017	三有
(五十一)鸦科											
155.松鸦属	298.松鸦	322.普通亚种 *Garrulus glandarius sinensis*		+	+	+	+	留	广	LC 2017	
156.蓝鹊属	299.红嘴蓝鹊	323.指名亚种 *Urocissa erythroryncha erythroryncha*		+	+	+	+	留	东	LC 2017	省Ⅰ、三有
157.灰喜鹊属	300.灰喜鹊	324.长江亚种 *Cyanopica cyanus swinhoei*	+	+	+	+	+	留	古	LC 2017	省Ⅰ、三有

续表

属	种	亚种/学名						居留型	区系	保护	三有	
158. 树鹊属	301. 灰树鹊	325. 华南亚种 *Dendrocitta formosae sinica*		+	+	+	+	留	东	LC 2017	三有	
159. 鹊属	302. 喜鹊	326. 普通亚种 *Pica pica sericea*	+	+	+	+	+	留	广	LC 2017	三有	
160. 鸦属	303. 达乌里寒鸦	327. *Corvus dauuricus*	+	+		+	+	冬	古	LC 2017	三有	
	304. 秃鼻乌鸦	328. 普通亚种 *Corvus frugilegus pastinator*	+	+		+		冬	古	LC 2017	三有	
	305. 小嘴乌鸦	329. 普通亚种 *Corvus corone orientalis*	+	+	+	+		冬	古	LC 2017		
	306. 大嘴乌鸦	330. 普通亚种 *Corvus macrorhynchos colonorum*	+	+	+	+		留	广	LC 2017		
	307. 白颈鸦	331. *Corvus pectoralis*	+	+	+	+		留	东	NT 2017		
（五十二）河乌科												
161. 河乌属	308. 褐河乌	332. 指名亚种 *Cinclus pallasii pallasii*			+		+	留	广	LC 2017		
（五十三）鹪鹩科												
162. 鹪鹩属	309. 鹪鹩	333. 普通亚种 *Troglodytes troglodytes idius*	+	+			+	冬、旅	古	LC 2017		
（五十四）岩鹨科												
163. 岩鹨属	310. 棕眉山岩鹨	334. 指名亚种 *Prunella montanella montanella*		+				冬	古	LC 2017	三有	
（五十五）鸫科												
164. 短翅鸫属	311. 白喉短翅鸫	335. 华南亚种 *Brachypteryx leucophris carolinae*					+	留	东	LC 2017		
165. 歌鸲属	312. 红尾歌鸲	336. *Luscinia sibilans*	+	+			+	旅	古	LC 2017	三有	
	313. 红喉歌鸲	337. *Luscinia calliope*	+	+			+	冬、留	古	LC 2017	三有	
	314. 蓝喉歌鸲	338. 指名亚种 *Luscinia svecica svecica*	+	+	+	+		冬、旅	古	LC 2017	三有	
	315. 蓝歌鸲	339. 指名亚种 *Luscinia cyane cyane*	+	+			+	旅	古	LC 2017	三有	
166. 鸲属	316. 红胁蓝尾鸲	340. 指名亚种 *Tarsiger cyanurus cyanurus*	+	+	+	+		冬	古	LC 2017	三有	
167. 鹊鸲属	317. 鹊鸲	341. 华南亚种 *Copsychus saularis prosthopellus*	+	+	+	+	+	留	东	LC 2017	三有	
	318. 白腰鹊鸲	342. *Copsychus malabaricus*		+				留/逃逸	东	LC 2017		
168. 红尾鸲属	319. 北红尾鸲	343. 指名亚种 *Phoenicurus auroreus auroreus*	+	+	+	+	+	留、冬	古	LC 2017	三有	
169. 水鸲属	320. 红尾水鸲	344. 指名亚种 *Rhyacornis fuliginosus fuliginosus*					+	留	东	LC 2017		
170. 溪鸲属	321. 白顶溪鸲	345. *Chaimarrornis leucocephalus*			+	+	+	夏	古	LC 2017		

续表

属	种	亚种/学名						居留型	区系	IUCN	三有	
171. 燕尾属	322. 小燕尾	346.*Enicurus scouleri*		+		+		留	东	LC 2017		
	323. 白额燕尾	347. 普通亚种 *Enicurus leschenaulti sinensis*	+	+		+		留	东	LC 2017		
172. 石鵖属	324. 黑喉石鵖	348. 东北亚种 *Saxicola maurus stejnegeri*	+	+	+	+	+	旅	古	LC 2017	三有	
	325. 灰林鵖	349. 普通亚种 *Saxicola ferrea haringtoni*	+	+	+	+	+	留	东	LC 2017		
173. 矶鸫属	326. 白喉矶鸫	350.*Monticola gularis*	+					旅	古	LC 2017		
	327. 栗腹矶鸫	351.*Monticola rufiventris*					+	留	东	LC 2017		
	328. 蓝矶鸫	352. 华南亚种 *Monticola solitarius pandoo*			+	+		夏	古	LC 2017		
		353. 华北亚种 *Monticola solitarius philippensis*	+	+	+		+	夏、旅	古	LC 2017		
174. 啸鸫属	329. 紫啸鸫	354. 指名亚种 *Myophonus caeruleus caeruleus*	+	+	+		+	留	东	LC 2017		
175. 地鸫属	330. 橙头地鸫	355. 安徽亚种 *Zoothera citrina courtoisi*	+	+	+			夏	东	LC 2017		
	331. 白眉地鸫	356. 指名亚种 *Zoothera sibirica sibirica*	+	+	+	+	+	旅	古	LC 2017	三有	
		357. 华南亚种 *Zoothera sibirica davisoni*			+			旅	古	LC 2017	三有	
	332. 怀氏虎鸫	358.*Zoothera aurea*	+	+	+	+	+	旅、冬	古	LC 2017	三有	
176. 鸫属	333. 灰背鸫	359.*Turdus hortulorum*	+	+	+	+	+	冬	古	LC 2017	三有	
	334. 乌灰鸫	360.*Turdus cardis*	+	+	+	+	+	夏	东	LC 2017	三有	
	335. 乌鸫	361. 指名亚种（普通亚种） *Turdus mandarinus mandarinus*	+	+	+	+	+	留	东	LC 2017		
	336. 白眉鸫	362.*Turdus obscurus*	+	+	+		+	旅	古	LC 2017		
	337. 白腹鸫	363.*Turdus pallidus*	+	+	+	+	+	冬	古	LC 2017	三有	
	338. 赤颈鸫	364.*Turdus ruficollis*	+	+		+		冬	古	LC 2017		
	339. 黑颈鸫	365.*Turdus atrogularis*		+				冬	古	LC 2017		
	340. 斑鸫	366.*Turdus eunomus*	+	+	+	+	+	冬	古	LC 2017	三有	
	341. 红尾斑鸫	367.*Turdus naumanni*	+	+	+	+	+	冬	古	LC 2017	三有	
	342. 宝兴歌鸫	368.*Turdus mupinensis*	+	+	+			旅、冬	古	LC 2017	三有	
（五十六）鹟科												
177. 林鹟属	343. 白喉林鹟	369. 指名亚种 *Rhinomyias brunneatus brunneatus*		+	+		+	夏	东	VU 2017	三有	
178. 鹟属	344. 灰纹鹟	370.*Muscicapa griseisticta*		+				旅	古	LC 2017	三有	
	345. 乌鹟	371. 指名亚种 *Muscicapa sibirica sibirica*	+	+	+	+	+	旅	古	LC 2017	三有	
	346. 北灰鹟	372. 指名亚种 *Muscicapa dauurica dauurica*	+	+	+		+	旅	古	LC 2017	三有	
179. 姬鹟属	347. 白眉姬鹟	373.*Ficedula zanthopygia*	+	+	+	+	+	夏	古	LC 2017	三有	
	348. 黄眉姬鹟	374. 指名亚种 *Ficedula narcissina narcissina*			+			旅	古	LC 2017	三有	

续表

属	种	学名						居留型	区系	IUCN	保护	国家
179. 姬鹟属	349. 鸲姬鹟	375.*Ficedula mugimaki*	+	+		+	+	旅	古	LC 2017	三有	
	350. 红喉姬鹟	376.*Ficedula albicilla*	+	+			+	旅	古	LC 2017	三有	
180. 蓝鹟属	351. 白腹蓝〔姬〕鹟	377. 指名亚种 *Cyanoptila cyanomelana cyanomelana*		+	+			旅	古	LC 2017		
	352. 琉璃蓝鹟	378.*Cyanoptila cumatilis*		+		+	+	旅	古	LC 2017		
181. 铜蓝仙鹟属	353. 铜蓝鹟	379. 指名亚种 *Eumyias thalassinus thalassinus*		+				旅	东	LC 2017		
182. 方尾鹟属	354. 方尾鹟	380. 西南亚种 *Culicicapa ceylonensis calochrysea*				+		夏	东	LC 2017		

（五十七）王鹟科

属	种	学名						居留型	区系	IUCN	保护	国家
183. 寿带属	355. 寿带	381. 普通亚种 *Terpsiphone paradisi incei*	+	+	+	+	+	夏	东	LC 2017	省I、三有	

（五十八）画眉科

属	种	学名						居留型	区系	IUCN	保护	国家
184. 噪鹛属	356. 黑脸噪鹛	382.*Garrulax perspicillatus*	+	+	+		+	留	东	LC 2017	三有	
	357. 黑领噪鹛	383. 华南亚种 *Garrulax pectoralis picticollis*		+	+		+	留	东	LC 2017	三有	
	358. 小黑领噪鹛	384. 华南亚种 *Garrulax monileger melli*		+	+		+	留	东	LC 2017	三有	
	359. 蓝冠噪鹛	385. 指名亚种 *Garrulax courtoisi courtoisi*					+	留	东	CR 2017	三有	
	360. 灰翅噪鹛	386. 华南亚种 *Garrulax cineraceus cinereiceps*		+	+		+	留	东	LC 2017	三有	
	361. 棕噪鹛	387.*Garrulax berthemyi*				+		留	东	LC 2017	三有	
	362. 画眉	388. 指名亚种 *Garrulax canorus canorus*	+	+	+	+	+	留	东	LC 2017	省II、三有	II
	363. 白颊噪鹛	389. 指名亚种 *Garrulax sannio sannio*			+		+	留	东	LC 2017	三有	
185. 钩嘴鹛属	364. 斑胸钩嘴鹛	390. 东南亚种 *Pomatorhinus erythrocnemis swinhoei*					+	留	东	LC 2017		
	365. 棕颈钩嘴鹛	391. 长江亚种 *Pomatorhinus ruficollis styani*		+	+	+	+	留	东	LC 2017		
186. 鹪鹛属	366. 小鳞胸鹪鹛	392. 指名亚种 *Pnoepyga pusilla pusilla*			+		+	留	东	LC 2017		
187. 鹩鹛属	367. 丽星鹩鹛	393.*Spelaeornis formosus*					+	留	东	LC 2017	三有	
188. 穗鹛属	368. 红头穗鹛	394. 普通亚种 *Stachyris ruficeps davidi*		+	+		+	留	东	LC 2017		
189. 相思鸟属	369. 红嘴相思鸟	395. 指名亚种 *Leiothrix lutea lutea*	+	+	+	+	+	留、夏	东	LC 2017	省I、三有	II
190. 鹀鹛属	370. 淡绿鹀鹛	396. *Pteruthius xanthochlorus*					+	留	东	LC 2017		
191. 雀鹛属	371. 褐顶雀鹛	397. 华南亚种 *Alcippe brunnea superciliaris*				+	+	留	东	LC 2017	三有	
	372. 灰眶雀鹛	398. 东南亚种 *Alcippe morrisonia hueti*				+	+	留	东	LC 2017		
192. 凤鹛属	373. 栗耳凤鹛	399. 指名亚种 *Yuhina torqueola torqueola*					+	留	东	LC 2017		

续表

								居留	区系	IUCN	保护	
（五十九）鸦雀科												
193.鸦雀属	374.灰头鸦雀	400.华南亚种 *Paradoxornis gularis fokiensis*			+		+	留	东	LC 2017	三有	
	375.棕头鸦雀	401.长江亚种 *Paradoxornis webbianus suffusus*	+	+	+	+	+	留	东	LC 2017	三有	
	376.短尾鸦雀	402.指名亚种 *Paradoxornis davidianus davidianus*					+	留	东	LC 2017	三有	
	377.震旦鸦雀	403.指名亚种 *Paradoxornis heudei heudei*	+	+			+	留	古	NT 2017	三有	
	378.点胸鸦雀	404. *Paradoxornis guttaticollis*					+	留	东	LC 2017	三有	
（六十）扇尾莺科												
194.扇尾莺属	379.棕扇尾莺	405.普通亚种 *Cisticola juncidis tinnabulans*	+	+	+	+	+	留、夏	东	LC 2017		
	380.金头扇尾莺	406.华南亚种 *Cisticola exilis courtoisi*					+	留	东	LC 2017		
195.山鹪莺属	381.〔条纹〕山鹪莺	407.华中亚种 *Prinia crinigera catharia*			+		+	留	东	LC 2017		
		408.华南亚种 *Prinia crinigera parumstriata*					+	留	东	LC 2017		
	382.黄腹山鹪莺	409.华南亚种 *Prinia flaviventris sonitans*		+	+	+	+	留	东	LC 2017		
	383.纯色山鹪莺	410.华南亚种 *Prinia inornata extensicauda*	+	+	+	+	+	留	东	LC 2017		
（六十一）莺科												
196.山鹛属	384.山鹛	411.指名亚种 *Rhopophilus pekinensis pekinensis*	+					留	古	LC 2017	三有	
197.短尾莺属	385.鳞头树莺	412. *Urosphena squameiceps*		+		+		旅	古	LC 2017	三有	
198.树莺属	386.远东树莺	413.*Cettia canturians*	+					夏	古	LC 2017		
	387.短翅树莺	414.普通亚种 *Cettia diphone sakhalinensis*						旅	古	LC 2017		
	388.强脚树莺	415.华南亚种 *Cettia fortipes davidiana*	+	+	+		+	留	东	LC 2017		
	389.黄腹树莺	416.指名亚种 *Cettia acanthizoides acanthizoides*			+	+	+	留、夏	东	LC 2017		
199.短翅莺属	390.棕褐短翅莺	417.指名亚种 *Bradypterus luteoventris luteoventris*					+	留	东	LC 2017		
200.蝗莺属	391.矛斑蝗莺	418.指名亚种 *Locustella lanceolata lanceolata*		+				旅	古	LC 2017	三有	

续表

属	种	亚种及学名						居留型	区系	IUCN	保护
200.蝗莺属	392.小蝗莺	419. 指名亚种 *Locustella certhiola certhiola*		+		+		旅	古	LC 2017	
		420. 北方亚种 *Locustella certhiola rubescens*		+				冬	古	LC 2017	
	393.北蝗莺	421. 指名亚种 *Locustella ochotensis ochotensis*		+				旅	古	LC 2017	三有
	394.斑背大尾莺	422. 汉口亚种 *Locustella pryeri sinensis*		+		+		冬	古	NT 2017	三有
201.苇莺属	395.黑眉苇莺	423. *Acrocephalus bistrigiceps*	+	+	+	+	+	旅	古	LC 2017	三有
	396.钝翅苇莺	424. 指名亚种 *Acrocephalus concinens concinens*		+				夏	古	LC 2017	
	397.东方大苇莺	425. *Acrocephalus orientalis*	+	+	+	+	+	夏	古	LC 2017	
	398.厚嘴苇莺	426. 东北亚种 *Acrocephalus aedon rufescens*		+	+			旅	古	LC 2017	
202.柳莺属	399.褐柳莺	427. 指名亚种 *Phylloscopus fuscatus fuscatus*	+	+		+	+	冬	古	LC 2017	三有
	400.棕腹柳莺	428. *Phylloscopus subaffinis*					+	夏	东	LC 2017	三有
	401.巨嘴柳莺	429. *Phylloscopus schwarzi*						旅	古	LC 2017	三有
	402.黄腰柳莺	430. *Phylloscopus proregulus*	+	+	+	+	+	冬、旅	古	LC 2017	三有
	403.黄眉柳莺	431. *Phylloscopus inornatus*	+	+	+	+	+	旅	古	LC 2017	三有
	404.淡眉柳莺	432. 西北亚种 *Phylloscopus humei mandellii*					+	夏	古	LC 2017	三有
	405.极北柳莺	433. 指名亚种 *Phylloscopus borealis borealis*	+	+	+	+	+	旅	古	LC 2017	三有
	406.双斑绿柳莺	434. *Phylloscopus plumbeitarsus*			+			旅	古	LC 2017	三有
	407.淡脚柳莺	435. *Phylloscopus tenellipes*			+	+		旅	古	LC 2017	三有
	408.冕柳莺	436. *Phylloscopus coronatus*		+	+	+	+	旅、夏	古	LC 2017	三有
	409.冠纹柳莺	437. 华南亚种 *Phylloscopus reguloides fokiensis*	+	+			+	夏	东	LC 2017	三有
	410.黑眉柳莺	438. *Phylloscopus ricketti*					+	夏	东	LC 2017	三有
203.鹟莺属	411.比氏鹟莺	439. 挂墩亚种 *Seicercus valentini latouchei*					+	夏	东	LC 2017	
	412.淡尾鹟莺	440. *Seicercus soror*			+			夏	东	LC 2017	
	413.栗头鹟莺	441. 华南亚种 *Seicercus castaniceps sinensis*					+	留	东	LC 2017	
204.拟鹟莺属	414.棕脸鹟莺	442. 华南亚种 *Abroscopus albogularis fulvifacies*		+	+	+	+	留	东	LC 2017	

续表

（六十二）戴菊科											
205.戴菊属	415.戴菊	443.东北亚种 *Regulus regulus japonensis*		+				冬	古	LC 2017	三有
（六十三）绣眼鸟科											
206.绣眼鸟属	416.红胁绣眼鸟	444. *Zosterops erythropleurus*	+	+				旅	古	LC 2017	三有
	417.暗绿绣眼鸟	445.普通亚种 *Zosterops japonicus simplex*	+	+	+	+	+	夏、留	东	LC 2017	省Ⅱ、三有
（六十四）攀雀科											
207.攀雀属	418.中华攀雀	446.*Remiz consobrinus*	+	+		+		旅、冬	古	LC 2017	三有
（六十五）长尾山雀科											
208.长尾山雀属	419.银喉长尾山雀	447. *Aegithalos glaucogularis*	+	+	+	+	+	留	古	LC 2017	三有
	420.红头长尾山雀	448.指名亚种 *Aegithalos concinnus concinnus*	+	+	+	+	+	留	东	LC 2017	三有
（六十六）山雀科											
209.山雀属	421.沼泽山雀	449.华北亚种 *Parus palustris hellmayri*	+	+	+			留	古	LC 2017	三有
	422.煤山雀	450.挂墩亚种 *Parus ater kuatunensis*				+		留	古	LC 2017	三有
	423.黄腹山雀	451.*Parus venustulus*	+	+	+	+	+	留、冬	东	LC 2017	三有
	424.大山雀	452.华北亚种 *Parus cinereus minor*	+	+				留	古	LC 2017	三有
		453.华南亚种 *Parus cinereus commixtus*					+	留	古	LC 2017	三有
（六十七）䴓科											
210.䴓属	425.普通䴓	454.华东亚种 *Sitta europaea sinensis*			+		+	留	古	LC 2017	
（六十八）旋壁雀科											
211.旋壁雀属	426.红翅旋壁雀	455.普通亚种 *Tichodroma muraria nepalensis*				+		冬	古	LC 2017	
（六十九）太阳鸟科											
212.太阳鸟属	427.叉尾太阳鸟	456.华南亚种 *Aethopyga christinae latouchii*				+		留	东	LC 2017	三有
（七十）雀科											
213.麻雀属	428.山麻雀	457.普通亚种 *Passer cinnamomeus rutilans*	+	+	+	+		留	东	LC 2017	三有
	429.〔树〕麻雀	458.普通亚种 *Passer montanus saturatus*	+	+	+	+	+	留	古	LC 2017	三有
（七十一）梅花雀科											
214.文鸟属	430.白腰文鸟	459.华南亚种 *Lonchura striata swinhoei*	+	+	+	+	+	留	东	LC 2017	
	431.斑文鸟	460.华南亚种 *Lonchura punctulata topela*		+	+	+	+	留	东	LC 2017	
（七十二）燕雀科											
215.燕雀属	432.燕雀	461.*Fringilla montifringilla*	+	+	+	+	+	冬	古	LC 2017	三有

续表

216. 金翅属	433. 黄雀	462.Carduelis spinus	+	+	+	+	+	冬	古	LC 2017	三有	
	434. 金翅雀	463. 指名亚种 Carduelis sinica sinica	+	+	+	+	+	留	广	LC 2017	三有	
217. 朱雀属	435. 普通朱雀	464. 东北亚种 Carpodacus erythrinus grebnitskii				+	+	冬、旅	古	LC 2017	三有	
	436. 北朱雀	465. 指名亚种 Carpodacus roseus roseus						冬	古	LC 2017	三有	
218. 锡嘴雀属	437. 锡嘴雀	466. 指名亚种 Coccothraustes coccothraustes coccothraustes	+			+	+	冬	古	LC 2017	三有	
219. 蜡嘴雀属	438. 黑尾蜡嘴雀	467. 指名亚种 Eophona migratoria migratoria	+	+	+	+	+	旅、冬	古	LC 2017	三有	
		468. 长江亚种 Eophona migratoria sowerbyi						留	古	LC 2017	三有	
	439. 黑头蜡嘴雀	469. 东北亚种 Eophona personata magnirostris	+	+	+	+	+	冬	古	LC 2017	三有	
（七十三）鹀科												
220. 凤头鹀属	440. 凤头鹀	470.Melophus lathami		+	+	+		夏	东	LC 2017	三有	
221. 鹀属	441. 蓝鹀	471.Emberiza siemsseni		+	+	+		留	东	LC 2017	三有	
	442. 白头鹀	472. Emberiza leucocephalos	+					冬	古	LC 2017	三有	
	443. 三道眉草鹀	473. 普通亚种 Emberiza cioides castaneiceps	+	+				留	东	LC 2017	三有	
	444. 白眉鹀	474.Emberiza tristrami	+	+	+	+	+	旅、冬	古	LC 2017	三有	
	445. 栗耳鹀	475. 指名亚种 Emberiza fucata fucata		+	+	+	+	冬	古	LC 2017	三有	
		476. 挂墩亚种 Emberiza fucata kuatunensis		+	+			夏	古	LC 2017	三有	
	446. 小鹀	477.Emberiza pusilla	+	+	+	+	+	冬、旅	古	LC 2017	三有	
	447. 黄眉鹀	478.Emberiza chrysophrys	+	+	+	+	+	冬	古	LC 2017	三有	
	448. 田鹀	479. 指名亚种 Emberiza rustica rustica	+	+	+	+	+	冬	古	VU 2017	三有	
	449. 黄喉鹀	480. 东北亚种 Emberiza elegans ticehursti	+	+	+	+	+	冬	古	LC 2017	三有	
	450. 黄胸鹀	481. 指名亚种 Emberiza aureola aureola	+	+	+	+		旅	古	EN 2017	三有	
		482. 东北亚种 Emberiza aureola ornata					+	旅	古	EN 2017	三有	
	451. 栗鹀	483.Emberiza rutila	+	+	+	+	+	旅	古	LC 2017	三有	
	452. 灰头鹀	484. 指名亚种 Emberiza spodocephala spodocephala	+	+		+	+	冬	古	LC 2017	三有	
		485. 日本亚种 Emberiza spodocephala personata		+		+		冬	古	LC 2017	三有	
		486. 西北亚种 Emberiza spodocephala sordida		+	+		+	旅	古	LC 2017	三有	

221. 鹀属	苇鹀	487. 东北亚种 *Emberiza pallasi polaris*	+	+			旅	古	LC 2017	三有	
	454. 红颈苇鹀	488. 东北亚种 *Emberiza yessoensis continentalis*		+		+	冬	古	NT 2017	三有	
	455. 芦鹀	489. 东北亚种 *Emberiza schoeniclus minor*			+		冬	古	LC 2017	三有	
		490. 疆西亚种 *Emberiza schoeniclus pallidior*			+		冬	古	LC 2017	三有	
222. 铁爪鹀属	456. 铁爪鹀	491. 东北亚种 *Calcarius lapponicus coloratus*			+		冬	古	LC 2017	三有	

注：物种保护级别被分为 9 类，根据数目下降速度、物种总数、地理分布、群族分散程度等标准分类，最高级别是绝灭（EX），其次是野外绝灭（EW），极危（CR）、濒危（EN）和易危（VU）3 个级别统称"受威胁"，其他顺次是近危（NT）、无危（LC）、数据缺乏（DD）、未评估（NE）。